青少年科技创新丛书

NI myDAQ 与中学创新实验

梁志成　编著

清华大学出版社
北　京

内 容 简 介

本书以传感器原理及相关物理实验为线索，介绍 NI 公司便携式数据采集器 myDAQ 及 NI ELVISmx 软件在物理实验创新中的应用。全书从三个方面对 myDAQ 及 NI ELVISmx 在物理学上的实践加以介绍。一是介绍 myDAQ 和 NI ELVISmx、LabVIEW 软件的安装，结合案例介绍传感器的一般原理与使用。二是结合案例介绍 LabVIEW 软件的编程方法及对 myDAQ 的控制。三是介绍结构化 LabVIEW 编程的基本方法，通过实际问题介绍 myDAQ 设备结合 LabVIEW 软件设计开发传感器创新物理实验的过程与方法。

本书适合高中以上对物理实验创新与虚拟仪器感兴趣的学生，也可作为进行 LabVIEW 软件开发的大学生及工程人员的参考书。

图书在版编目(CIP)数据

NI myDAQ 与中学创新实验/梁志成编著. --北京：清华大学出版社，2014(2019.6 重印)
(青少年科技创新丛书)
ISBN 978-7-302-35859-6

Ⅰ. ①N… Ⅱ. ①梁… Ⅲ. ①软件工具－程序设计－青少年读物 Ⅳ. ①TP311.56-49

中国版本图书馆 CIP 数据核字(2014)第 061768 号

责任编辑：帅志清
封面设计：刘 莹
责任校对：刘 静
责任印制：刘祎淼

出版发行：清华大学出版社
网 址：http://www.tup.com.cn，http://www.wqbook.com
地 址：北京清华大学学研大厦 A 座　　**邮 编**：100084
社 总 机：010-62770175　　**邮 购**：010-62786544
投稿与读者服务：010-62776969，c-service@tup.tsinghua.edu.cn
质量反馈：010-62772015，zhiliang@tup.tsinghua.edu.cn
印 装 者：山东润声印务有限公司
经 销：全国新华书店
开 本：185mm×260mm　　**印 张**：12.5　　**字 数**：283 千字
版 次：2014 年 7 月第 1 版　　**印 次**：2019 年 6 月第 2 次印刷
定 价：60.00 元

产品编号：051068-02

《青少年科技创新丛书》
编　委　会

序（1）

吹响信息科学技术基础教育改革的号角

（一）

信息科学技术是信息时代的标志性科学技术。信息科学技术在社会各个活动领域广泛而深入的应用，就是人们所熟知的信息化。信息化是21世纪最为重要的时代特征。作为信息时代的必然要求，它的经济、政治、文化、民生和安全都要接受信息化的洗礼。因此，生活在信息时代的人们应当具备信息科学的基本知识和应用信息技术的能力。

理论和实践表明，信息时代是一个优胜劣汰、激烈竞争的时代。谁先掌握了信息科学技术，谁就可能在激烈的竞争中赢得制胜的先机。因此，对于一个国家来说，信息科学技术教育的成败优劣，就成为关系国家兴衰和民族存亡的根本所在。

同其他学科的教育一样，信息科学技术的教育也包含基础教育和高等教育两个相互联系、相互作用、相辅相成的阶段。少年强则国强，少年智则国智。因此，信息科学技术的基础教育不仅具有基础性意义，而且具有全局性意义。

（二）

为了搞好信息科学技术的基础教育，首先需要明确：什么是信息科学技术？信息科学技术在整个科学技术体系中处于什么地位？在此基础上，明确：什么是基础教育阶段应当掌握的信息科学技术？

众所周知，人类一切活动的目的归根结底就是要通过认识世界和改造世界，不断地改善自身的生存环境和发展条件。为了认识世界，就必须获得世界（具体表现为外部世界存在的各种事物和问题）的信息，并把这些信息通过处理提炼成为相应的知识；为了改造世界（表现为变革各种具体的事物和解决各种具体的问题），就必须根据改善生存环境和发展条件的目的，利用所获得的信息和知识，制定能够解决问题的策略并把策略转换为可以实践的行为，通过行为解决问题、达到目的。

可见，在人类认识世界和改造世界的活动中，不断改善人类生存环境和发展条件这个目的是根本的出发点与归宿，获得信息是实现这个目的的基础和前提，处理信息、提炼知识和制定策略是实现目的的关键与核心，而把策略转换成行为则是解决问题、实现目的的最终手段。不难明白，认识世界所需要的知识、改造世界所需要的策略以及执行策略的行为是由信息加工分别提炼出来的产物。于是，确定目的、获得信息、处理信息、提炼知识、制定策略、执行策略、解决问题、实现目的，就自然地成为信息科学技术的基本任务。

这样，信息科学技术的基本内涵就应当包括：①信息的概念和理论；②信息的地位和作用，包括信息资源与物质资源的关系以及信息资源与人类社会的关系；③信息运动的基本规律与原理，包括获得信息、传递信息、处理信息、提炼知识、制定策略、生成行为、解决问题、实现目的的规律和原理；④利用上述规律构造认识世界和改造世界所需要的各种信息工具的原理和方法；⑤信息科学技术特有的方法论。

鉴于信息科学技术在人类认识世界和改造世界活动中所扮演的主导角色，同时鉴于信息资源在人类认识世界和改造世界活动中所处的基础地位，信息科学技术在整个科学技术体系中显然应当处于主导与基础双重地位。信息科学技术与物质科学技术的关系，可以表现为信息科学工具与物质科学工具之间的关系：一方面，信息科学工具与物质科学工具同样都是人类认识世界和改造世界的基本工具；另一方面，信息科学工具又驾驭物质科学工具。

参照信息科学技术的基本内涵，信息科学技术基础教育的内容可以归结为：①信息的基本概念；②信息的基本作用；③信息运动规律的基本概念和可能的实现方法；④构造各种简单信息工具的可能方法；⑤信息工具在日常活动中的典型应用。

（三）

与信息科学技术基础教育内容同样重要甚至更为重要的问题是要研究：怎样才能使中小学生真正喜爱并能够掌握基础信息科学技术？其实，这就是如何认识和实践信息科学技术基础教育的基本规律的问题。

信息科学技术基础教育的基本规律有很丰富的内容，其中有两个重要问题：一是如何理解中小学生的一般认知规律，二是如何理解信息科学技术知识特有的认知规律和相应能力的形成规律。

在人类（包括中小学生）一般的认知规律中，有两个普遍的共识：一是“兴趣决定取舍”，二是“方法决定成败”。前者表明，一个人如果对某种活动有了浓厚的兴趣和好奇心，就会主动、积极地探寻奥秘；如果没有兴趣，就会放弃或者消极应付。后者表明，即使有了浓厚的兴趣，如果方法不恰当，最终也会导致失败。所以，为了成功地培育人才，激发浓厚的兴趣和启示良好的方法都非常重要。

小学教育处于由学前的非正规、非系统教育转为正规的系统教育的阶段，原则上属于启蒙教育。在这个阶段，调动兴趣和激发好奇心理更加重要。中学教育的基本要求同样是要不断调动学生的学习兴趣和激发他们的好奇心理，但是这一阶段越来越重要的任务是要培养他们的科学思维方法。

与物质科学技术学科相比，信息科学技术学科的特点是比较抽象、比较新颖。因此，信息科学技术的基础教育还要特别重视人类认识活动的另一个重要规律：人们的认识过程通常是由个别上升到一般，由直观上升到抽象，由简单上升到复杂。所以，从个别的、简单的、直观的学习内容开始，经过量变到质变的飞跃和升华，才能掌握一般的、抽象的、复杂的学习内容。其中，亲身实践是实现由直观到抽象过程的良好途径。

综合以上几方面的认知规律，小学的教育应当从个别的、简单的、直观的、实际的、有趣的学习内容开始，循序渐进，由此及彼，由表及里，由浅入深，边做边学，由低年级到高年级，由小学到中学，由初中到高中，逐步向一般的、抽象的、复杂的学习内容过渡。

（四）

我们欣喜地看到，在信息化需求的推动下，信息科学技术的基础教育已在我国众多的中小学校试行多年。感谢全国各中小学校的领导和教师的重视，特别感谢广大一线教师们坚持不懈的努力，克服了各种困难，展开了积极的探索，使我国信息科学技术的基础教育在摸索中不断前进，取得了不少可喜的成绩。

由于信息科学技术本身还在迅速发展，人们对它的认识在不断深化。由于“重书本”、“重灌输”等传统教育思想和教学方法的影响，学生学习的主动性、积极性尚未得到充分发挥，加上部分学校的教学师资、教学设施和条件还不够充足，教学效果尚不能令人满意。总之，我国信息科学技术基础教育存在不少问题，亟须研究和解决。

针对这种情况，在教育部基础司的领导下，我国从事信息科学技术基础教育与研究的广大教育工作者正在积极探索解决这些问题的有效途径。与此同时，北京、上海、广东、浙江等省市的部分教师也在自下而上地联合起来，共同交流和梳理信息科学技术基础教育的知识体系与知识要点，编写新的教材。所有这些努力，都取得了积极的进展。

《青少年科技创新丛书》是这些努力的一个组成部分，也是这些努力的一个代表性成果。丛书的作者们是一批来自国内外大中学校的教师和教育产品创作者，他们怀着“让学生获得最好教育”的美好理想，本着“实践出兴趣，实践出真知，实践出才干”的清晰信念，利用国内外最新的信息科技资源和工具，精心编撰了这套重在培养学生动手能力与创新技能的丛书，希望为我国信息科学技术基础教育提供可资选用的教材和参考书，同时也为学生的科技活动提供可用的资源、工具和方法，以期激励学生学习信息科学技术的兴趣，启发他们创新的灵感。这套丛书突出体现了让学生动手和“做中学”的教学特点，而且大部分内容都是作者们所在学校开发的课程，经过了教学实践的检验，具有良好的效果。其中，也有引进的国外优秀课程，可以让学生直接接触世界先进的教育资源。

笔者看到，这套丛书给我国信息科学技术基础教育吹进了一股清风，开创了新的思路和风格。但愿这套丛书的出版成为一个号角，希望在它的鼓动下，有更多的志士仁人关注我国的信息科学技术基础教育的改革，提供更多优秀的作品和教学参考书，开创百花齐放、异彩纷呈的局面，为提高我国的信息科学技术基础教育水平作出更多、更好的贡献。

钟义信

2013 年冬于北京

序（2）

探索的动力来自对所学内容的兴趣，这是古今中外之共识。正如爱因斯坦所说：一头贪婪的狮子，如果被人们强迫不断进食，也会失去对食物贪婪的本性。学习本应源于天性，而不是强迫地灌输。但是，当我们环顾目前教育的现状，却深感沮丧与悲哀：学生太累，压力太大，以至于使他们失去了对周围探索的兴趣。在很多学生的眼中，已经看不到对学习的渴望，他们无法享受学习带来的乐趣。

在传统的教育方式下，通常由教师设计各种实验让学生进行验证，这种方式与科学发现的过程相违背。那种从概念、公式、定理以及脱离实际的抽象符号中学习的过程，极易导致学生机械地记忆科学知识，不利于培养学生的科学兴趣、科学精神、科学技能，以及运用科学知识解决实际问题的能力，不能满足学生自身发展的需要和社会发展对创新人才的需求。

美国教育家杜威指出：成年人的认识成果是儿童学习的终点。儿童学习的起点是经验，“学与做相结合的教育将会取代传授他人学问的被动的教育”。如何开发学生潜在的创造力，使他们对世界充满好奇心，充满探索的愿望，是每一位教师都应该思考的问题，也是教育可以获得成功的关键。令人感到欣慰的是，新技术的发展使这一切成为可能。如今，我们正处在科技日新月异的时代，新产品、新技术不仅改变我们的生活，而且让我们的视野与前人迥然不同。我们可以有更多的途径接触新的信息、新的材料，同时在工作中也易于获得新的工具和方法，这正是当今时代有别于其他时代的特征。

当今时代，学生获得新知识的来源已经不再局限于书本，他们每天面对大量的信息，这些信息可以来自网络，也可以来自生活的各个方面：手机、iPad、智能玩具等。新材料、新工具和新技术已经渗透到学生的生活之中，这也为教育提供了新的机遇与挑战。

将新的材料、工具和方法介绍给学生，不仅可以改变传统的教育内容与教育方式，而且将为学生提供一个实现创新梦想的舞台，教师在教学中可以更好地观察和了解学生的爱好、个性特点，更好地引导他们，更深入地挖掘他们的潜力，使他们具有更为广阔的视野、能力和责任。

本套丛书的作者大多是来自著名大学、著名中学的教师和教育产品的科研人员，他们在多年的实践中积累了丰富的经验，并在教学中形成了相关的课程，共同的理想让我们走到了一起，“让学生获得最好的教育”是我们共同的愿望。

本套丛书可以作为各校选修课程或必修课程的教材，同时也希望借此为学生提供一些科技创新的材料、工具和方法，让学生通过本套丛书获得对科技的兴趣，产生创新与发明的动力。

丛书编委会

前　言

综观当今社会，科学技术对社会发展起着重要的作用。因此，技术教育在西方发达国家，尤其是美国特别受重视。技术也因此成为中学新课改的努力目标之一。物理和技术紧密相连，但在日常物理教学中，过多渗透技术教育的内容是本末倒置的。因此，在国家鼓励的大环境下，以校本课程的形式，实现物理教育和技术教育的结合，弥补日常物理教学的不足，是一个很好的途径。

然而，在众多可选的主题中，如何选择既有明确物理意义并能与物理课程紧密相关的，又有广泛应用并处于技术前沿的主题，是笔者在设计和实施课程以来一直反复思考的命题。在经过反复观察、实践后，最终选定传感器作为课程主题。选择传感器作为课程主题的原因可以归结为以下四点。

（1）传感器和传感器技术本身是一门源于物理的现代交叉学科，是物理原理和现代工业技术、计算机技术交叉渗透作用的产物，在日常生产和生活中有着广泛的应用。

（2）传感器和传感器技术虽然起源于物理学科，但在生物、化学方面也有不少的应用。了解这方面的知识有利于学生拓宽视野，了解物理学科和其他学科的联系。

（3）在新课改新增的技术课程中，涉及的一些理论和方法都可以在这门课程中得到体现和运用，比如通用技术中的产品设计、过程控制、系统论、机器人、电子技术等方面的知识都有不同程度的体现。

（4）传感器实时数据采集分析系统就是在新课改中探究性实验的核心组成部分，而传感器和传感器技术就是这个系统的核心。学生通过学习传感器技术可以更深入地了解这些技术在探究性实验中的应用原理，更好地理解物理课程中探究性实验的实质。

由此可以看出，对学生而言，学习传感器技术可使学生受到物理和技术教育两方面的熏陶，真正成为实验和仪器的主人，而不局限于作为课堂教师的传感器实验演示的旁观者，以此培养实践、创新能力。同时，在学生进行设计性实验过程中，教师、学生共同开发闲置物理实验室资源，既通过学生的视角，开发出符合学生需要的资源，又使学生参与实验资源开发，从研究过程中学习研究，并且能进一步提高日常物理教学的效率和改善效果，使教、学、研三者有机结合，相互渗透，相互促进，实现学生-教师-学校共同发展的目的。并且，结合最近非常流行的 Arduino 开源硬件、创客活动的内容来看，无一不是和传感器紧密相连的。这也充分证明选择传感器作为课程的主题内容是具有一定创新性和前瞻性的。

本书是在笔者所开设的“传感器和创意物理实验”选修课程的讲义、案例基础上整理所得。五年以来，选修该课程的学生都能从中学到自己感兴趣的部分并有所发挥，所研究的项目在各种青少年学术科技活动、竞赛中取得优异成绩，并帮助其中部分学生成功申请国外有名的理工类大学。对于学生能从课程中学有所得，笔者在感到欣慰的同时，也感到更多的责任。如何进一步挖掘传感器这个主题在STEM教育中的应用，如何进一步紧密联系学科教学，如何进一步推动学生参与相关实践活动，是今后课程的发展目标。本书仅仅是这段长征的起点，希望各位读者能与我一道，在传感器的应用与推广上留下自己的坚实脚步。

梁志成

2013年6月于执信荷塘

目　录

第1章 认识 NI myDAQ ELVISmx 多功能掌上仪器和 LabVIEW 软件

本章内容与学习方法简介

亲爱的中学生朋友，欢迎来到仪器与创新的世界。仪器是人类感官的延伸，是帮助人们探索自然界以及工程创新的有力工具。myDAQ 设备正是国家仪器公司(National Instrument，NI 公司)基于“软件即仪器”概念推出的，适合理工类学生进行学习与探索的便携式数据采集装置。

本章主要介绍 myDAQ 设备的基本情况及其配套 myDAQ ELVISmx 软件的安装使用，并简要介绍图形化虚拟仪器开发平台——LabVIEW，以及 LabVIEW 控制 myDAQ 设备的一般思想与方法。

本章各节单独成文，一般情况可按顺序阅读。但如果你迫不及待地想要尝试 myDAQ 的神奇之处，请务必仔细研读 1.1 节、1.2 节两节并安装好软硬件后，就可以跳跃至 1.5 节开始你的 myDAQ 探索之旅了。

本章是对 myDAQ 设备以及虚拟仪器架构的宏观描述，希望读者在掌握 myDAQ 使用的基本方法的基础上，注意体会并理解虚拟仪器设备平台的软件与硬件相互配合的思想和方法，为理解余下各章中案例的设计思想以及进一步发挥自身创意打下基础。

1.1 实验好助手——NI myDAQ 多功能掌上仪器

实验离不开数据测量，NI myDAQ 创新地将硬件与 8 个现成软件定义的仪器相结合，形成基于计算机的虚拟函数发生器、示波器、数字万用表及双路电源等一整套基本实验设备，以及频谱仪、频率计、半导体特性测试仪等高级仪器。进一步使用 NI LabVIEW 系统设计软件，用户可以将仪器的功能扩展到想要的实验中去，让掌上实验室变为可能。

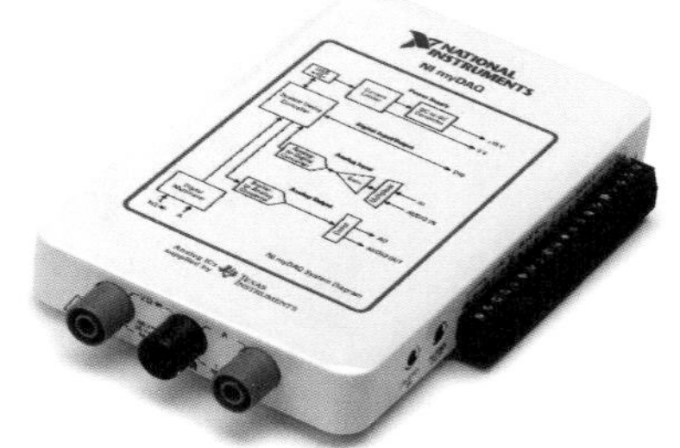

图 1.1 myDAQ 数据采集器外形

NI myDAQ 是低成本的数据采集(DAQ)设备(见图 1.1)，让学生可以随时随地测量并分析实时信号。集成、便携的 NI myDAQ 可以帮助学生以符合行业标准的工具与方法，拓展至实验室以外的动手学习(图 1.2)。

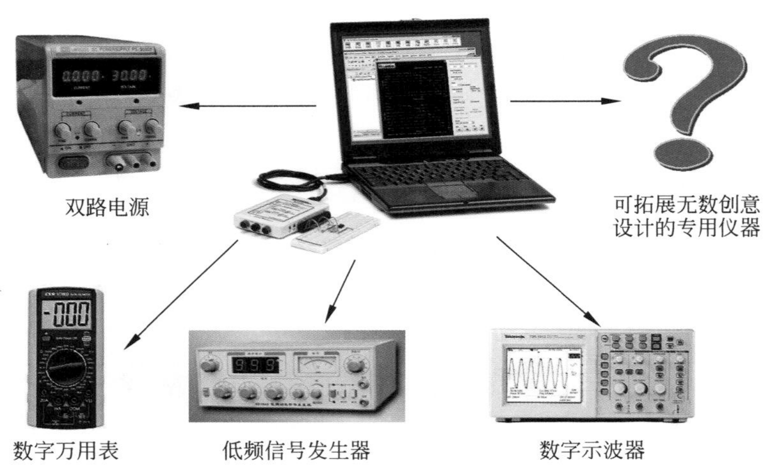

图 1.2 myDAQ 功能及其创意扩展

NI myDAQ 和 LabVIEW 的便携性和可扩展性让学生可以根据自己的灵感，自由地进行实验并开展项目，拥有自己的学习体验。学生们使用工具改进并探索理念，任由他们自己的创造力与想象力随意发挥。设计并调试这些系统为学生提供机会应对挑战，让他们将工程置于首位，从而帮助教育工作者吸引和培养出新一代的创新力量。特别针对于电子电路实验，NI myDAQ 更是与 NI Multisim 电路设计软件无缝集成，让学生可以将预先的仿真实验结果与采集到的数据进行比较，无须手动绘制模型数据并覆盖到仿真结果上。

1.2　myDAQ 多功能掌上仪器的功能与应用简介

myDAQ 是一个功能强大的便携式数据采集及控制系统，其硬件部分包括一个可编程正负电源端口、两组模拟信号输入与输出端口、一个 8 位可编程数字信号端口以及一组数字万用表(DMM)端口。

NI myDAQ 的螺钉端子 I/O 连接器如图 1.3 所示。

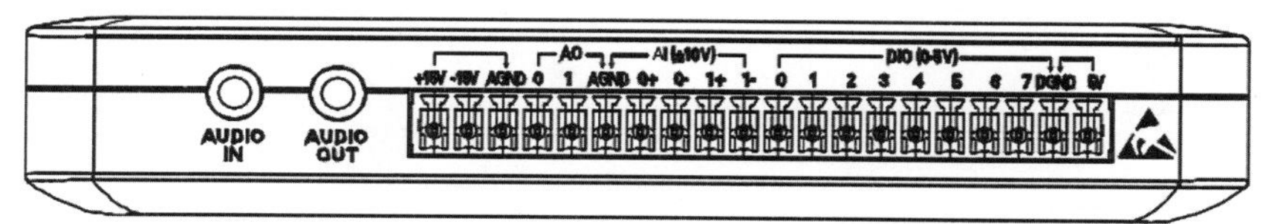

图 1.3　NI myDAQ 20 槽螺钉端子 I/O 连接器

表 1.1 给出了 NI myDAQ 上的信号描述，这些信号按其在 NI myDAQ 上所处的功能区分。

表 1.1　NI myDAQ 信号描述

信号名	参考端	类型	描　述
AUDIO IN	—	输入	音频输入——左、右音频输入立体声连接器
AUDIO OUT	—	输出	音频输出——左、右音频输出立体声连接器
+15V/−15V	AGND	输出	+15V/−15V 电源
AGND	—	—	模拟地——AI、AO、+15V 和−15V 参考端
AO 0/AO 1	AGND	输出	模拟输出通道 0 和 1
AI 0+/AI 0− AI 1+/AI 1−	AGND	输入	模拟输入通道 0 和 1
DIO<0..7>	DGND	输入/输出	数字 I/O 信号——通用数字线或计数器信号
DGND	—	—	数字地——DIO 线和+5V 电源参考端
5V	DGND	输出	5V 电源

NI myDAQ 的 DMM 连接如图 1.4 所示。

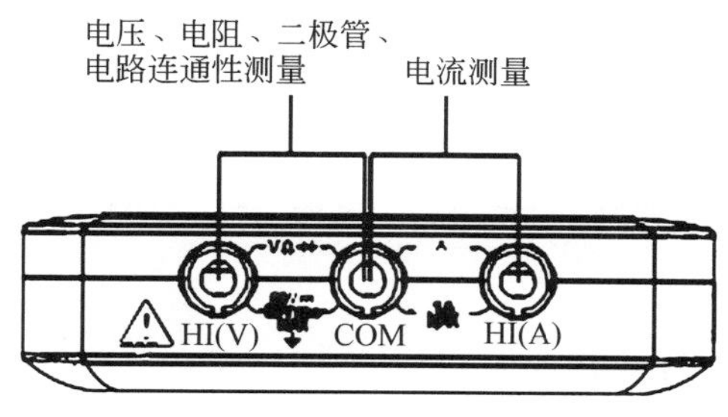

图 1.4　NI myDAQ 的 DMM 连接

DMM 信号描述见表 1.2。

表 1.2　DMM 信号描述

信号名	参考端	类型	描　　述
HI(V)	COM	输入	测量电压、电阻和二极管的正输入
COM	—	—	所有 DMM 测量的参考端
HI(A)	COM	输入	测量电流的正输入

myDAQ 设备通过结合附带的 8 个 LabVIEW 软件编写的虚拟仪器软件面板(SFP)，即可实现 8 种不同常见仪器的功能，其功能如表 1.3 所示。

表 1.3　SFP 仪器功能

SFP 仪器		描　　述
数字万用表	DMM	NI ELVISmx 数字万用表(DMM)可用于电压测量(DC 和 AC)、电流测量(DC 和 AC)、电阻测量、二极管测试和连通性测量
示波器	Scope	NI ELVISmx 示波器(Scope)提供了实验室中标准台式示波器的功能
函数发生器	FGEN	NI ELVISmx 函数发生器(FGEN)可产生标准的正弦波、方波和三角波。FGEN 使用 NI myDAQ 上的螺钉端子连接器 AO 0
波特图分析仪	Bode	函数发生器与 NI myDAQ 的模拟输入功能结合起来，就可以构建成一台波特图分析仪
动态信号分析仪	DSA	NI ELVISmx 动态信号分析仪(DSA)可以对模拟输入进行测量，也可以对信号进行各种加窗和滤波操作以及频谱分析
任意波形发生器	ARB	NI ELVISmx 任意波形发生器(ARB)可通过 NI myDAQ 的模拟输出功能产生电压信号。使用 NI 的波形编辑软件可以建立多种类型的信号
数字读	DigIn	NI ELVISmx 数字读(DigIn)能从 NI myDAQ 数字线中读出数字信号，可以一次读出 4 或 8 根数字线
数字写	DigOut	NI ELVISmx 数字写(DigOut)能将数字信号写入 NI myDAQ 数字线，可以一次写入 4 或 8 根数字线

1.3　图形化编程——NI LabVIEW 虚拟仪器开发平台

NI LabVIEW 软件是一个使用图形化编程方法的软件开发平台，具有直观、便捷、易于修改的特点。使用 LabVIEW 开发的程序通常分为前面板(Front Panel)和程序框图

(Block Diagram)两部分。前面板用于放置与仪器使用者进行交互的按键、指示灯、图表等控件;而程序框图则是编写图形化代码的位置。通过一定规则将前面板的控件和某些运算函数相连,形成具有一定运算功能的代码。

LabVIEW 与其他大多数通用编程语言存在两点主要差异。首先,进行 G 编程需要将程序框图上的图标连接在一起,之后程序框图被直接编译为计算机处理器能够执行的机器码。采用图形而非文本代表自身的 G,包含与最传统语言相同的编程概念。例如,G 包含所有标准构造,如数据类型、循环、事件处理、变量、递归、面向对象的编程。

第二个主要区别在于:由 LabVIEW 开发的 G 代码,其执行时遵照的规则是数据流,而不是大多数基于文本的编程语言(如 C 和 C++)中更传统的过程化方式(即被执行的命令序列)。G 等数据流语言(如 Agilent VEE、Microsoft Visual Programming Language、Apple Quartz Composer)将数据作为支持各类程序的主要概念。而数据流执行模式是由数据驱动的,或者说是依赖于数据的,是程序内节点间的数据流动,而非文本的顺序行,决定着执行顺序。

这种差别起初也许不大,影响却是非凡的,因为它让程序组件间的数据路径成为开发者关注的重点。LabVIEW 程序中的节点(即函数、循环等结构、子程序等)获取输入数据,处理数据并生成输出数据。一旦所有给定节点的输入都包含有效数据,该节点就会执行其逻辑,产生输出数据,并将该数据传递至数据流路径中的下一个节点。从别的节点接收数据的节点必须在别的节点执行完以后才开始执行。

1.4 LabVIEW 软件与 myDAQ 设备的安装及其功能简介

1. LabVIEW 2010 for Education(教育版)及其安装方法

随 myDAQ 套装附送一个 LabVIEW 2010 for Education(教育版)软件光盘。通过安装软件可以获得 LabVIEW 2010 教育版、NI ELVISmx 等软件。通过安装 LabVIEW 2010 软件及其附属驱动程序,能让计算机正确识别并控制 myDAQ 设备,以及获得通过 LabVIEW 编程开发的能力。

首先,将 LabVIEW DVD 光盘放入光驱中,计算机自动执行光盘上的自启动软件,弹出“自动播放”对话框,如图 1.5 所示。然后单击“运行 autorun.exe”即可开始软件安装。若程序禁止了自动播放程序,则可以打开光驱所在的驱动盘,如 E 盘,双击执行光盘中的 autorun.exe 文件。

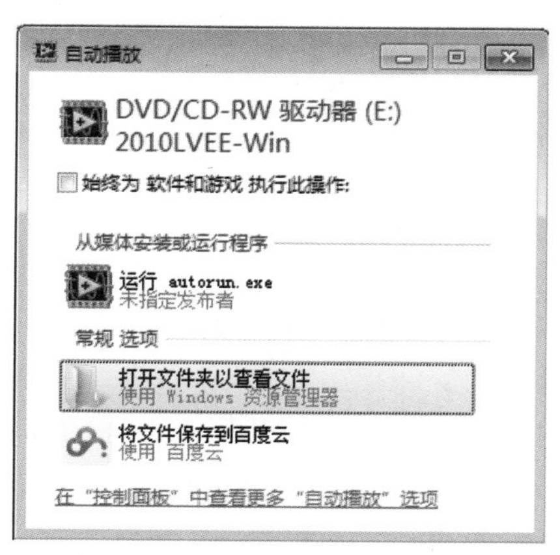

图 1.5 LabVIEW DVD“自动播放”对话框

在执行 autorun.exe 文件后,弹出安装选择对话框,如图 1.6 所示,选择第一项 Install NI LabVIEW 2010 for Education,开始安装 LabVIEW 2010 软件。

进入第一个安装对话框,如图 1.7 所示。

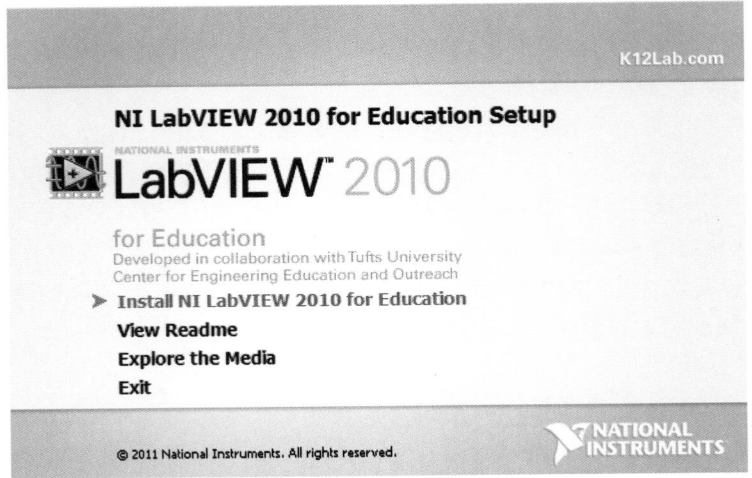

图 1.6　LabVIEW 安装选择界面

该对话框要求将其他正在运行的程序关闭以后，继续执行 LabVIEW 的安装程序。一般单击“Next>>”按钮继续安装程序即可。

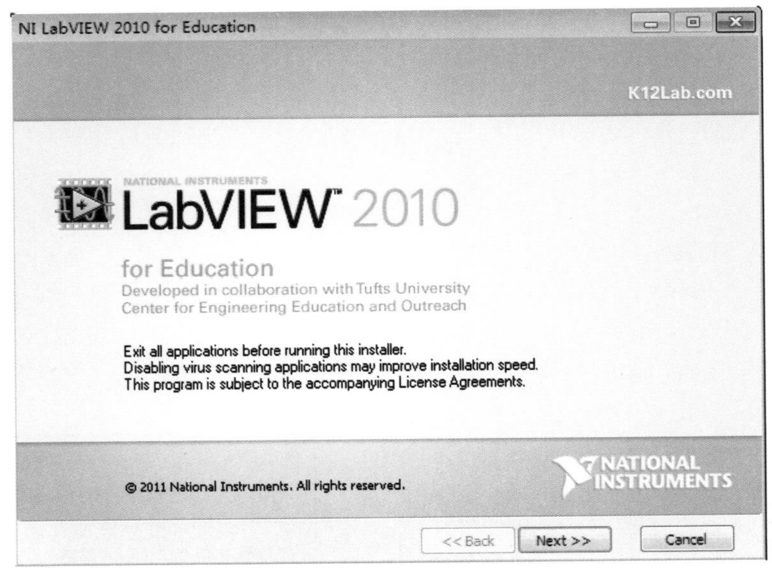

图 1.7　LabVIEW 安装提示对话框

进入第二个对话框，如图 1.8 所示。安装程序要求安装者确认是否通过 NI 网站查询最新的安装指引和更新，在查询更新的过程中，安装程序要求安装者授权安装程序将本机的 IP 地址发送到 NI 服务器作为标识。通过复选框可以允许或不允许 NI 进行查询操作。选择以后单击“Next>>”按钮继续执行安装程序。

进入第三个对话框，如图 1.9 所示，为输入安装信息对话框。需要按要求填写用户名、使用组织和序列号。一般序列号会印刷在 DVD 光盘包装外套上或者 myDAQ 设备

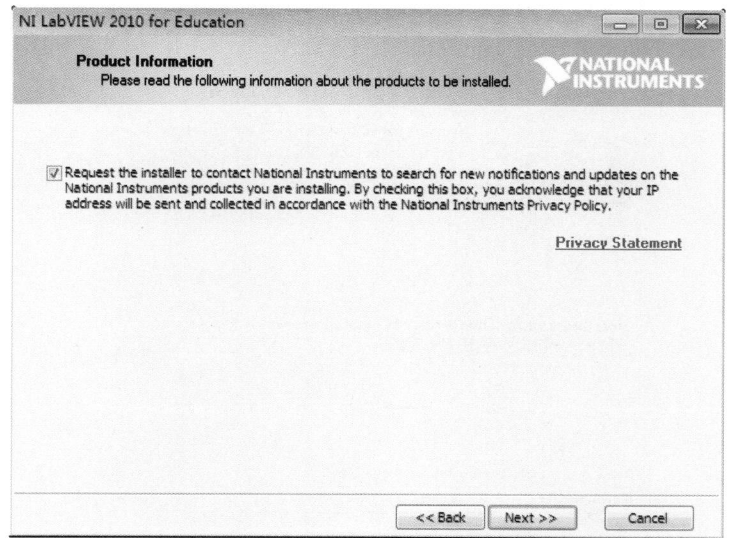

图 1.8　**LabVIEW 验证授权要求选择提示对话框**

的包装盒上，位数为 7 位。如笔者使用的 DVD 光盘外的序列号是“SO:*******”(由于版权需要，故隐去具体数字)。若不输入序列号，软件也能继续安装，称为试用版，安装后只有 30 天的试用期限。

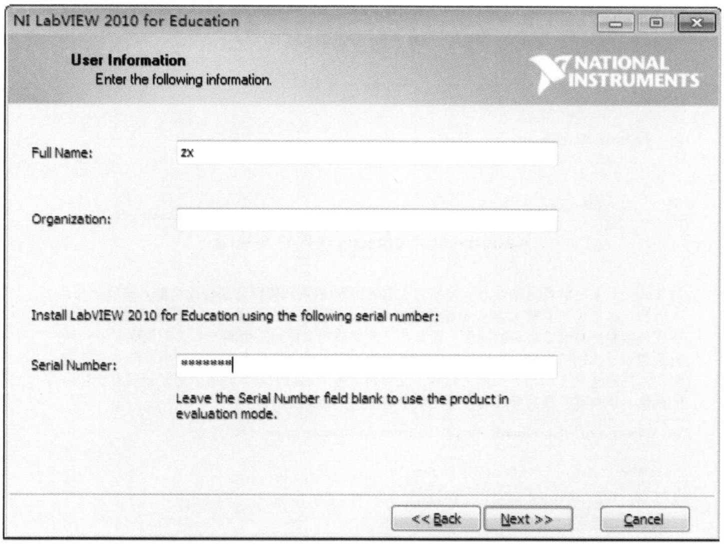

图 1.9　**安装信息与序列号输入对话框**

在输入所有安装信息后，单击“Next>>”按钮继续程序的安装。

在第四个对话框，要求选择程序安装位置，如图 1.10 所示。安装程序分两个目录安装所需的程序。上方的目录安装的是 NI 公司软件的目录，而下方是安装 LabVIEW 软件的目录。通常将两个软件都安装在非 C 盘的驱动盘中，以减少因为意外而丢失信息的情况。因此,笔者选择 D:\Program Files\National Instruments\目录安装 NI 软件,选择 D:\Program Files\National Instruments\LabVIEW 2010\作为 LabVIEW 2010 软件安装目录。设置后,单击“Next>>”按钮继续执行安装程序。

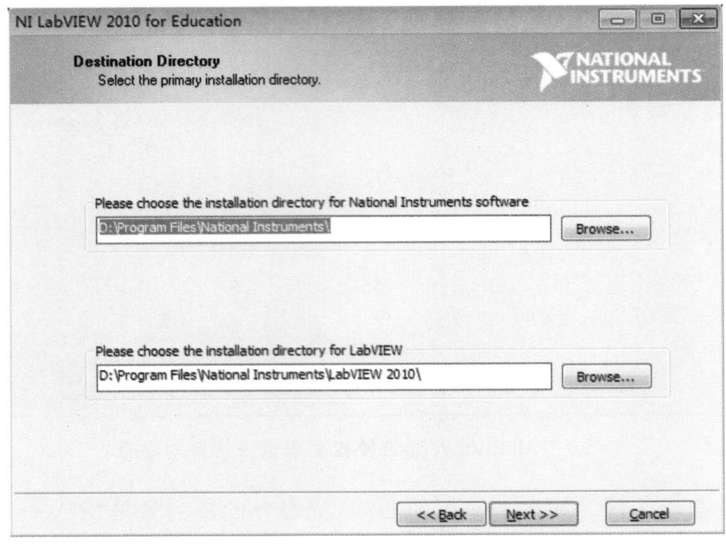

图 1.10　安装路径选择、输入对话框

第五个安装对话框显示是否同意软件许可,如图 1.11 所示。一般选中 I accept the above 5 License Agreement(s)单选按钮,然后单击“Next>>”按钮继续执行安装程序。

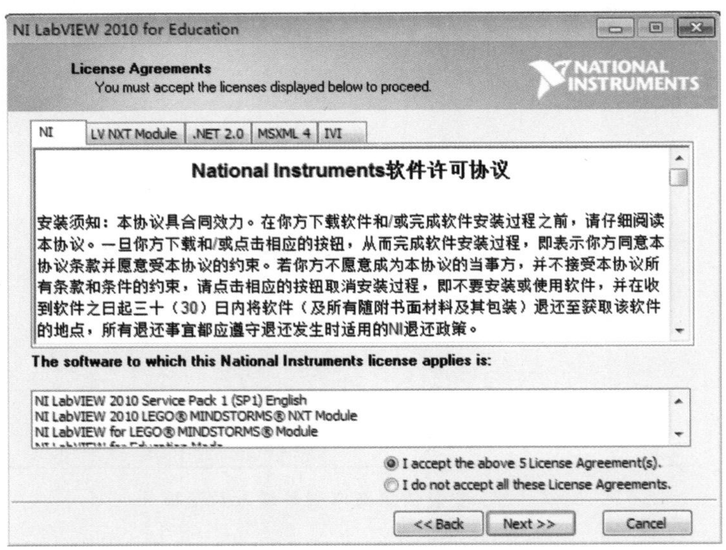

图 1.11　软件许可同意选择对话框

第六个对话框显示安装程序将要安装的软件项目列表,如图 1.12 所示,其中包括 LabVIEW 2010 SP1 套装、用于机器人编程的 LabVIEW 2010 for MINDSTORM Toolkit、

用于驱动和使用 myDAQ 设备的 NI ELVISmx 4.2.2 等软件。单击“Next>>”按钮确认安装项目，即可继续安装程序的程序文件复制阶段。

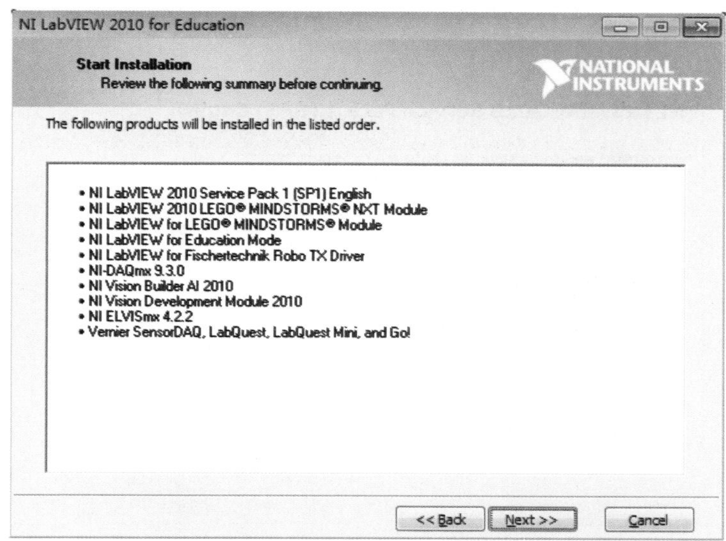

图 1.12　LabVIEW 将安装的软件列表对话框

在完成上一步操作后，程序进入文件复制安装阶段，如图 1.13 所示。安装程序会逐个安装上述程序以及相关驱动程序包。如果中途需要取消安装，在任意时候单击 Cancel 按钮即可取消，程序将自动还原原有的设置与文件。

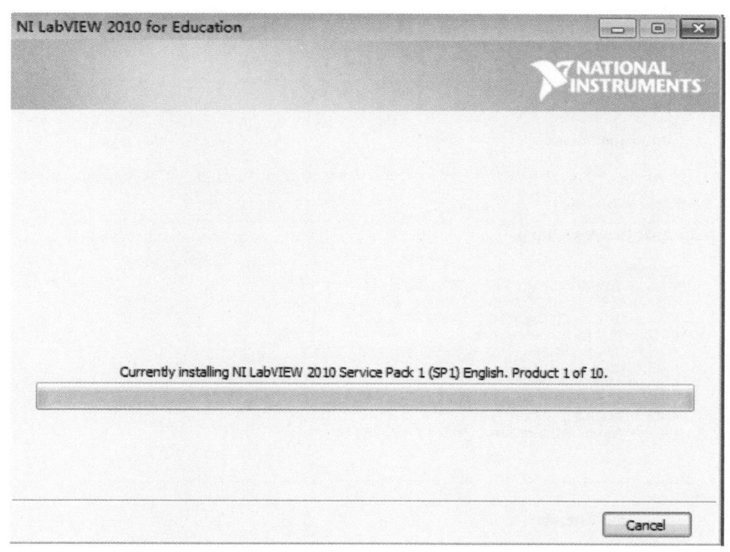

图 1.13　LabVIEW 安装进度对话框

在完成安装后，安装程序会弹出第七个对话框，提示是否确认已经安装 LabVIEW 2010 SP1、Vision Builder(视觉软件)等软件，如图 1.14 所示。一般单击“Next>>”按钮继

续安装。

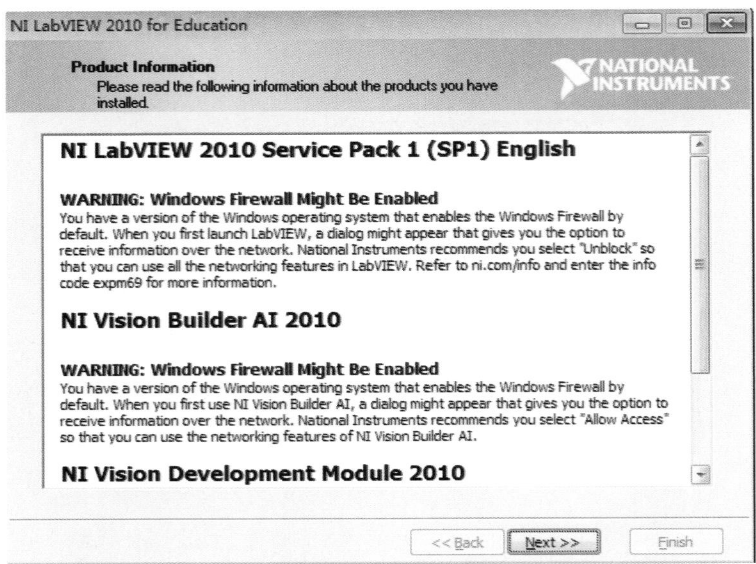

图 1.14 安装 LabVIEW 附加软件包提示对话框

进入第八个对话框，这是软件安装汇总对话框，该对话框下方还有一个复选框提示是否选择软件许可对需要注册的软件进行许可注册，如图 1.15 所示。一般使用默认的设置，直接单击"Next>>"按钮进入下一步。注意，请在单击"Next>>"按钮之前确保计算机网络连通，以便安装程序通过网络访问 NI 注册服务器，确认软件的安装。在通过网站激活软件过程中，会出现如图 1.16 所示的激活进程对话框。

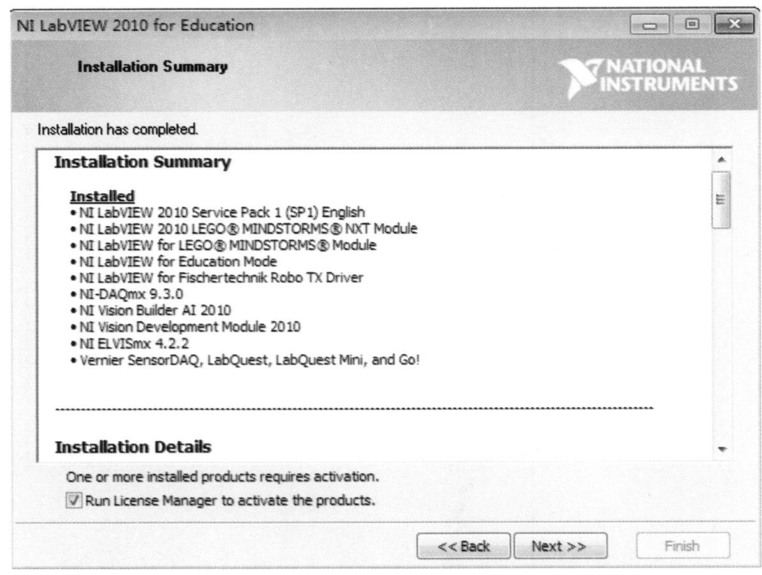

图 1.15 LabVIEW 软件安装汇总对话框

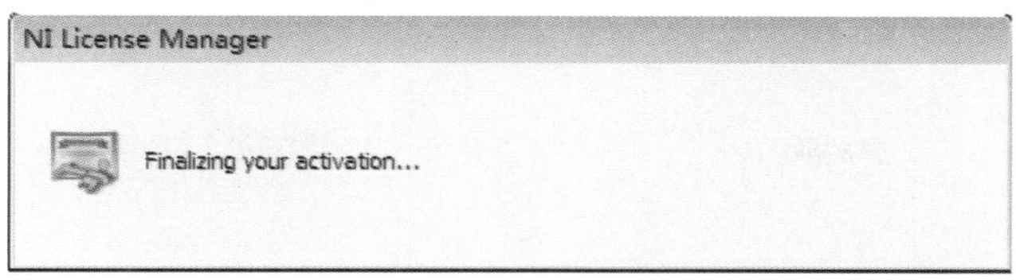

图 1.16　LabvVIEW 网络激活进程对话框

注册成功后，安装程序弹出激活成功对话框，并在激活列表中显示已经激活的相应的软件版本。如本安装过程中安装的是 LabVIEW 2010 for Education 版本。在激活列表中能找到相应的显示，如图 1.17 所示。此时，单击 Finish 按钮即可结束软件的安装过程。

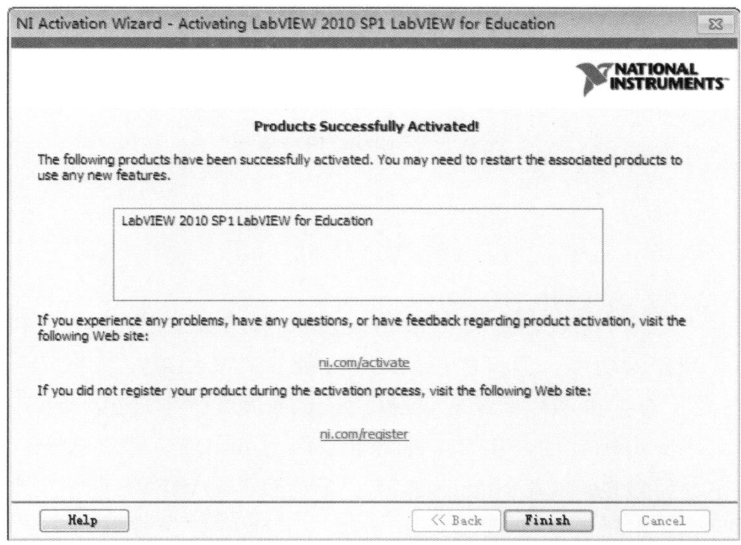

图 1.17　LabVIEW 完成安装并成功激活对话框

2. myDAQ 设备的安装

打开你的 myDAQ 盒子，里面应该包含以下设备与配件：一个 myDAQ 数据采集器，一张 LabVIEW 2010 for Education DVD 光盘，一对红黑数字万用表笔，一把双头螺丝刀，一个 myDAQ IO 接口转换器，一根 USB 连线，一根音频线。

其中，万用表笔用于连接 DMM 万用表接口；IO 接口转接器插在 myDAQ 的针式 IO 插口上，把针式插口变成用螺丝刀紧固电线的端子；双头螺丝刀用于在 IO 转接口上旋螺钉紧固电线或者用于调节电位器等。音频线用于接插音频输入输出端口，把 myDAQ 相关端口与之连接；USB 连线为 myDAQ 供电与通信用的线。因此，myDAQ 只需要设备具有 USB 口就可以使用，不需要外接电源与数据项。这也是 myDAQ 使用便捷之处。

myDAQ 各个附件与 myDAQ 设备的连接如图 1.18 所示。

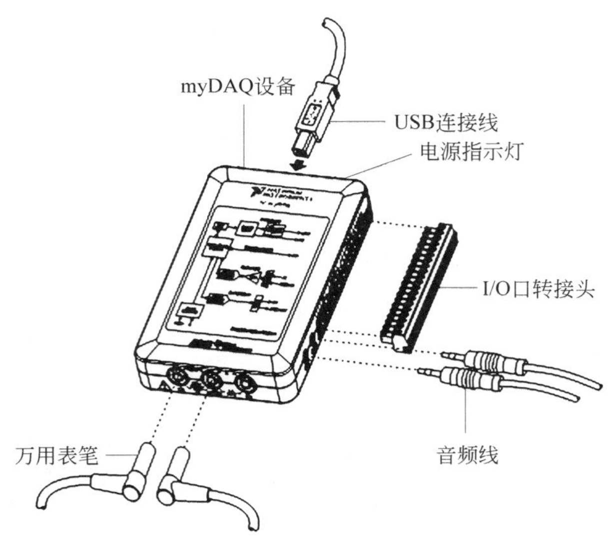

图 1.18 myDAQ 设备连接

1.5 开始第一次 myDAQ ELVISms 测量

在成功安装了 LabVIEW 2010 for Education 套装以后，赋予了计算机使用 myDAQ 这一个数据采集利器的功能。但可能目前你对 LabVIEW 编程控制 myDAQ 进行相关操作还不了解，导致你对 LabVIEW 和 myDAQ 强大的功能产生疑惑。为了便于不懂编程的用户能快速上手 myDAQ 的使用，NI 提供了专门与 myDAQ 设备配套的 ELVISmx 软件。如前面简单介绍过的，ELVISmx 包括了 8 个通过 LabVIEW 编写并编译的虚拟仪器面板，能分别代替 8 种现实的仪器实现其功能。下面将带领读者一步步走入 myDAQ ELVISmx 测量的世界，感受虚拟仪器为工程与实验带来的便捷。

1. NI ELVISmx 软件功能介绍

从"开始"→"所有程序"→NI Instrument→NI ELVISmx for NI ELVIS & NI myDAQ 菜单中可以找到 NI ELVISmx Instrument Launcher 快捷方式，单击快捷方式就可以启动 ELVISmx 浮动工具条，如图 1.19 所示。工具条中高亮显示的图标是 myDAQ 可以使用的功能。快捷图标下方有 3 个名为"Featured Instruments（特色仪器）"、"Resources（资源）"、My Files 的可切换选项卡。Featured Instruments 选项卡是除上述 8 个常用仪表以外的几个常用的仪器或者数据采集相关软件，如图 1.20 所示。其中，"Data Logger（数据记录器）"、"DC Level Output（直流电平输出）"、"Octave Band Analyzer（音频频谱分析器）"、"Audio Equalizer（音频均衡器）"和"8-Channel Oscilloscope（8 通道信号发生器）"，可用于更复杂的数据采集过程中的数据记录、频谱分析、多通道信号输出等功能，是基本仪器的一个有力补充。

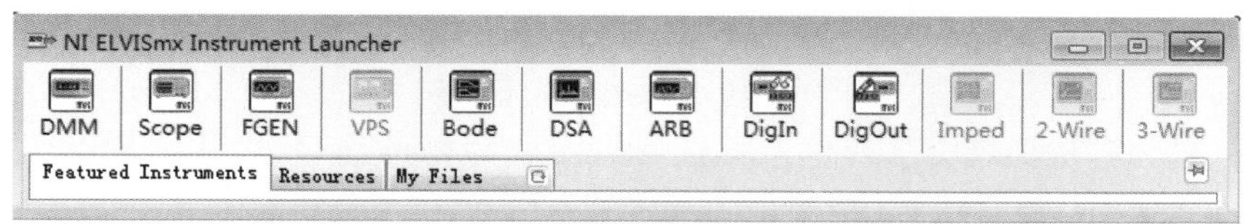

图 1.19　ELVISmx 浮动工具条

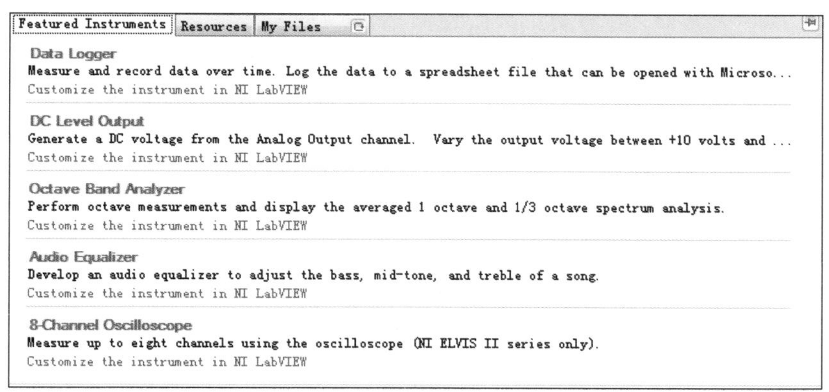

图 1.20　特色仪器列表

2. 各种 ELVISmx 仪器的功能及其使用

1）DMM 数字万用表面板

DMM 数字万用表面板如图 1.21 所示。高亮显示的图标是 myDAQ 支持的万用表功能，有直流电压测量 V⎓、交流电压测量 V~、直流电流测量 A⎓、交流电流测量 A~、电阻测量 Ω、二极管导通测量 ⊳|、发声短路测量 ·))。单击以上按钮可以切换到相应的测量功能，而窗口中其他的设定和“Banana Jack Connections”香蕉插头示意图也会做相应的改变。

在仪器面板下方是进行设备信息显示、运行模式选择、程序启动/停止的功能区。当 myDAQ 设备插入 USB 接口并且驱动程序安装正确，“Device（设备）”下拉列表框中将会出现相应的设备名称。如果有多个设备同时接入，单击下拉按钮▼选择指定使用的一个设备。而另一个“Acquisition Mode（采集模式）”下拉列表框中则可以选择“Run Continuouly（持续运行）”和“Run Once（单次运行）”两种模式。

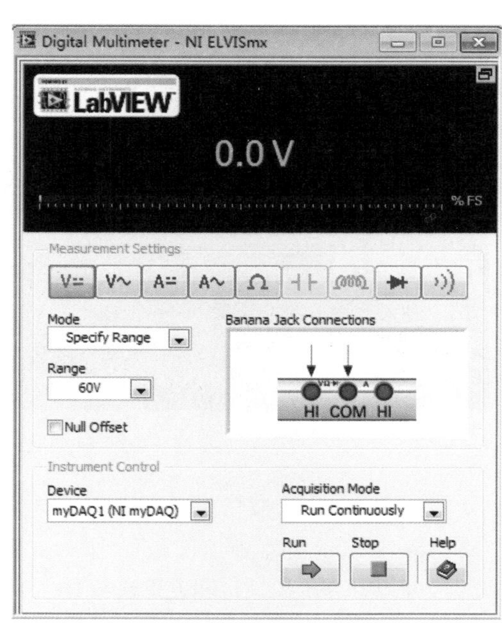

图 1.21　DMM 数字万用表面板

在仪器面板窗口上方，是参数设定和连接指示区。其中“Mode（模式）”下拉列表

框中通常有“Specify Range(指定量程)”、“auto(自动)”两种。选择 auto 模式,仪器根据输入判断选择合适的量程进行显示,但一般速度比较慢。选择 Specify Range 模式,下方的“Range(量程)”选项就会从灰色不可选状态变成高亮可选状态,从中可以选择合适的测量量程。根据 myDAQ 设备指南,DMM 面板的各挡位可选量程如表 1.4 所示。

表 1.4 DMM 数字万用表挡位

挡　位	可选量程	挡　位	可选量程
直流电压挡	60V、20V、2V、200mV	交流电流挡	1A、200mA、20mA
交流电压挡	20V、2V、200mV	电阻挡	20MΩ、2MΩ、200kΩ、20kΩ、2kΩ、200Ω
直流电流挡	1A、200mA、20mA	二极管挡	2V

练习: 使用 DMM 面板测量 myDAQ 设备中提供的各种电压。

在 myDAQ 设备中,有多种固定电压输出。其中有供模拟电路使用的±15V 电压、供数字电路使用的 5V 电压。

测量过程如下:

(1) 连接 myDAQ,打开 ELVISmx Instrument Launcher,单击 DMM 图标,打开 DMM 数字万用表面板。

(2) 观察 Device 选项是否出现“NI myDAQ1”信息。如果有信息则说明设备连通正常。单击 Run 图标运行程序,准备测量。

(3) 直流电压测量。选用直流电压挡,用表笔依次接触以下端子组:+15V 与 AGND、-15V 与 AGND、+15V 与-15V,5V 与 DGND。其中,红表笔为正接触电压较高的一端,黑表笔为负接触电压较低的一端。得到如图 1.22 所示的测量结果。myDAQ 各组输出电压正常且准确。

图 1.22 myDAQ 电源端子电压测量值

2) Scope 双踪示波器

Scope 双踪示波器虚拟面板如图 1.23 所示,如同真实的、具有丰富功能的双踪数字示波器,可以从 AI 0、AI 1 以及音频输入口 Audio Input Left/Right 中读入波形进行显示。对于 AI 0、AI 1 输入端子来说,读入波形信号频率范围可以从直流到 100kHz;但

Audio Input Left/Right 输入端子只支持交流信号的输入。而在调节方面有常规的 Voltage Scale 电压挡位调节、Time 时间挡位调节、Vertical Position 波形垂直位置调节和 Type 触发方式调节。在显示方面，通过选中 Cursors On 复选框，可以从示波器左端拉动两个标线 C1、C2，作为波形测量和标识的工具。

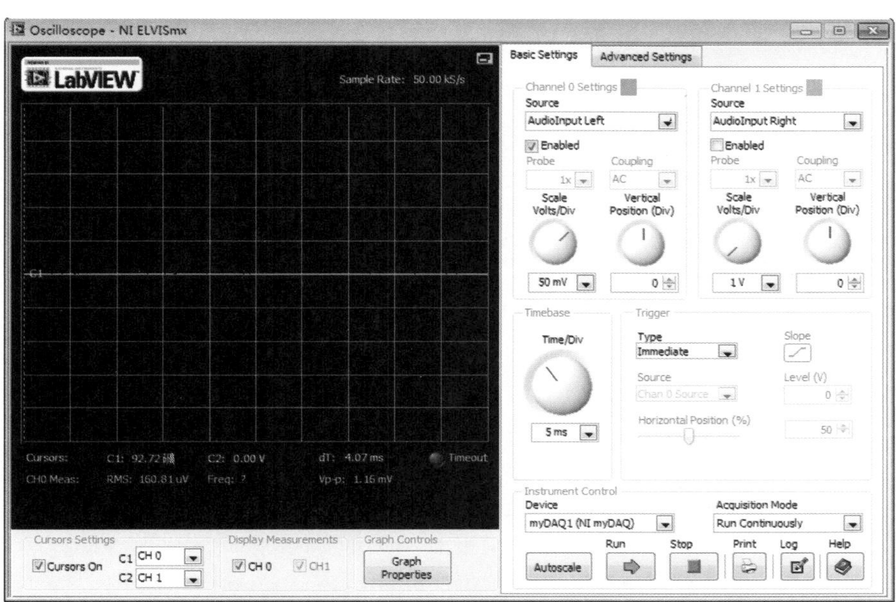

图 1.23　Scope 虚拟双踪示波器面板

NI ELVISmx 虚拟示波器各个调节挡位的范围如表 1.5 所示，在使用中需要密切注意使用范围。

表 1.5　虚拟示波器输入挡位范围一览

挡　　位	范　　围
AI 0、AI 1(DIV)	5V、2V、1V、500mV、200mV、100mV、50mV、20mV、10mV
Audio Left/Right(DIV)	1V、500mV、200mV、100mV、50mV、20mV、10mV
Time(DIV)	200ms、100ms、50ms、20ms、10ms、5ms、2ms、1ms、500μs、200μs、100μs、50μs、20μs、10μs、5μs

3）FGEN 信号发生器

FGEN 信号发生器是一个从 0.2Hz～20kHz 的音频范围信号发生器。它像一般信号发生器一样，可以产生正弦波、三角波、方波 3 种波形，可以调节波形幅度(Amplitude)和直流偏置(DC Offset)，而且还有步进扫频(SWEEP)输出功能。仪表面板如图 1.24 所示。

在窗口上部是波形选择、频率、幅度、直流偏置的调节旋钮，既可以使用旋钮调节，也可以直接从输入框中输入或者使用数字框附带的上下箭头进行微调。如果选择了输出方波波形，还可以进一步调节方波的占空比(Duty Cycle)。

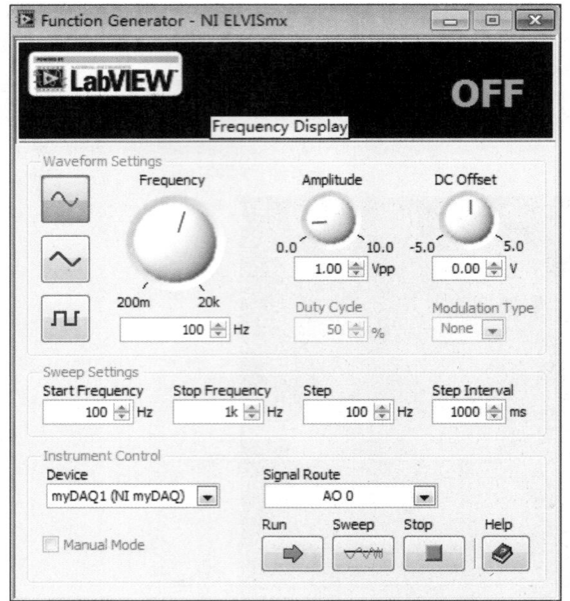

图 1.24 FGEN 虚拟波形发生器面板

在窗口中部是扫频输出调节。可以设置扫频的起始频率(Start Frequency)、中止频率(Stop Frequency)、步进幅度(Step)和步进时间间隔(Step Interval)。图 1.24 所示的扫频参数表示扫频范围从 100Hz 起到 1000Hz 为止,每次频率增加 100Hz,每一个频率点停留时间 1s。

练习:使用 Scope 示波器显示 FGEN 信号发生器产生的信号,并使用示波器的调节功能和标识功能显示、测量波形参数。

在实际生产使用中,示波器和信号发生器常常结合使用,用于观察电路和元件对通过波形的影响。利用 myDAQ 既有信号输入也有信号输出的功能,可以很便捷地实现观察波形输入、输出以及练习波形显示的调节。

操作过程如下:

(1) 分别打开 FGEN 和 Scope,在确认 myDAQ 正确连接以后,分别单击各自的 Run 按钮运行两个程序。设置 FGEN 输出端子为 AO 0,输出频率 100Hz,波形为正弦波,如图 1.25 所示。

(2) 设置 Scope 中的通道 Channel 0 为输入通道,输入端子为 Audio In Left。使用 myDAQ 附带的音频线接入 Audio In 接口,作为信号输入线,并将信号线另一端接 AO 0。此时出现以下波形:仔细观察示波器左边黑色示波器窗口下方绿色的 CH0 Meas 所显示的信息。其中 RMS 表示信号的有效值,Freq 表示频率,此时频率为 100.001Hz,实际上在 100 上下不断跳动。Vpp 表示信号峰-峰值,即波形的最高点和最低点之间的电压差,此时显示为 1.000V。示波器测量参数与信号发生器的信号参数频率 100Hz、幅度 1V Vpp 相同,如图 1.26 所示。

(3) 改变示波器调节参数,观察波形显示变化。首先是调节 Time 时间旋钮观察波形

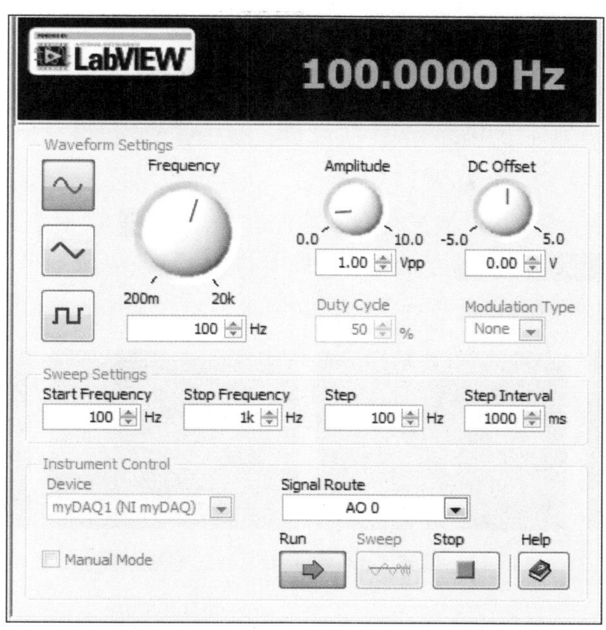

图 1.25　信号发生器设置

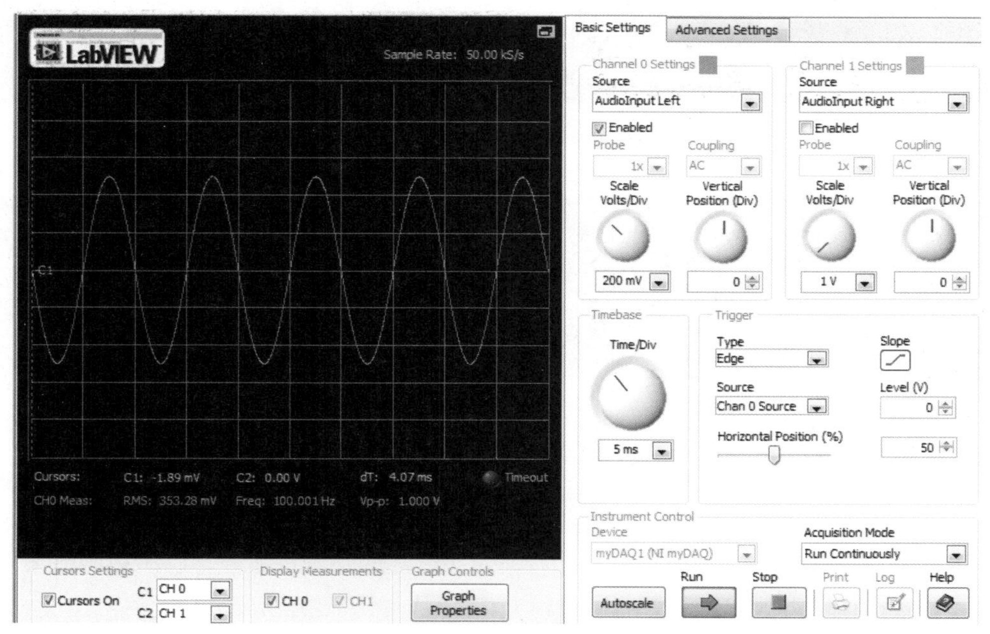

图 1.26　示波器显示波形

显示的变化。从 1ms 挡开始向上增加时间长度可以发现，波形逐步被压缩，看到的波形个数增多，如图 1.27 所示。然后调节 Scale Voltage 电压幅度挡位旋钮观察波形显示的变化。从 100mV 挡开始向上增加电压幅度可以发现，波形幅度逐渐变小，如图 1.28 所

示。接着改变 Vertical Position 垂直位置旋钮，从 0.4 开始逐步往下调，可以发现波形逐步整体下移，波形幅度和个数都没有发生变化，如图 1.29 所示。这说明该旋钮只改变示波器显示波形的位置，在分离两个同时显示的信号时有相当大的作用。最后使用 Cursor 标线进行波形数据测量。选中下方复选框 Cursors On，激活标线，并通过下拉列表框 CH 0 设置两个标线 C1、C2 都为 CH 0 所用。从左侧拉出标线 C1，缓慢向右拉动。这一过程中可以看到黄色标线和绿色波形交会点被标识为 C1，波形上点的电压数据从示波器下部黄色参数 C1: 365.63 mV 可以读出。同时拉出 C2 标线置于另外一处，得到该点电压 C2: 120.73 mV。并且可以计算两个标线之间水平时间坐标的差值 dT: 3.30 ms。

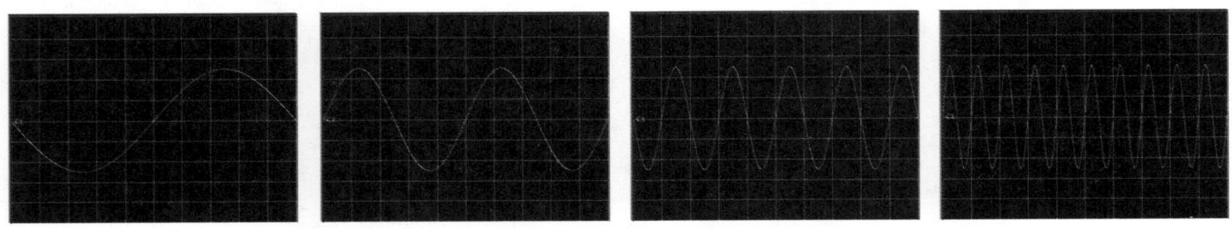

图 1.27　调节 Time 旋钮示波器波形显示变化

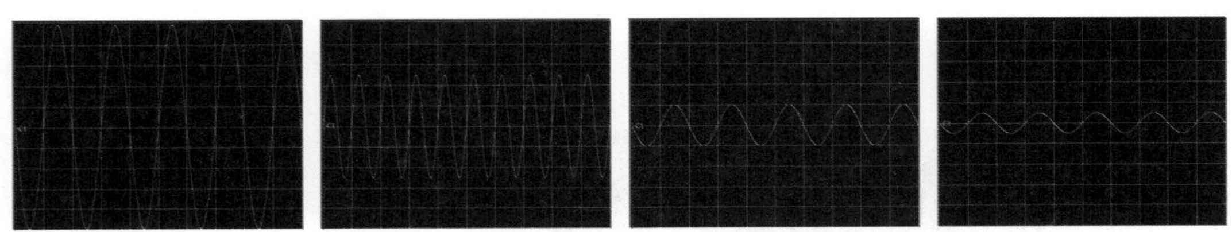

图 1.28　调节 Scale Voltage 旋钮示波器波形显示变化

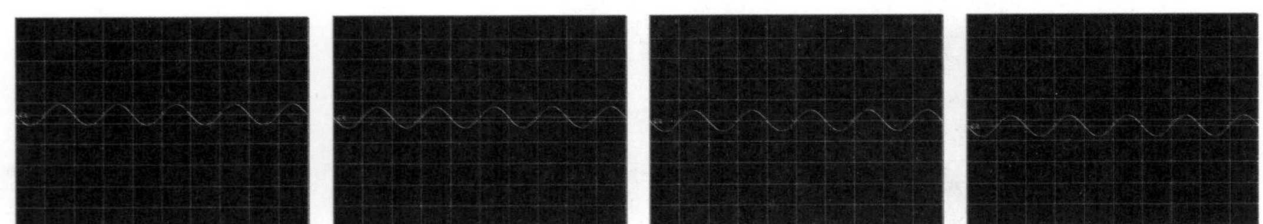

图 1.29　调节 Vertical Position 垂直位置旋钮示波器波形显示变化

（4）观察扫频信号。调节示波器显示参数 Scale Voltage 挡位为 200mV，Time 挡位为 5ms，调节信号发生器扫频输出参数（Sweep Settings）Start Frequency 数值为 100Hz，Stop Frequency 数值为 600Hz，Step 数值为 50Hz，然后单击“Sweep”按钮启动扫频输出。通过示波器可以看到从 100Hz 到 600Hz 过程中，波形从疏到密，显示波数从少到多。

4）DigIn 数字输入

DigIn 数字输入是用于读取 DIO 口的逻辑电压的虚拟仪器软件，如图 1.30 所示。逻辑电压就是使用 5V 高电平表示“1”，0V 低电平表示“0”的电压信号。程序前面板比较简单，上部 8 个 LED 信号用于显示读入对应端子电压的高低，读入高电平时 LED 点亮，读入低电平时 LED 熄灭。中部 Configuration Settings 的 Lines to Read 选项用于选择读入端子的数量，可以选择“4-7”、“0-3”、“0-7”3 种模式，分别用于读取 4-7 号端子、0-3 号端子及 0-7 号端子。程序默认选择“4-7”号端子输入。

5）DigOut 数字输出

DigOut 数字输出是用于从 DIO 口输出逻辑电压的虚拟仪器软件，如图 1.31 所示。与 DigIn 程序前面板比较相似，同样有 8 个 LED 显示将要输出或者正在输出的逻辑电平的状态，以及从 Configuration Settings 的 Lines to Write 选项选择输出端子的数量。可以选择“4-7”、“0-3”、“0-7”3 种模式，分别用于从 4-7 号端子、0-3 号端子及 0-7 号端子输出。程序默认选择“0-3”端子输出。

图 1.30　DigIn 数字输入程序虚拟面板

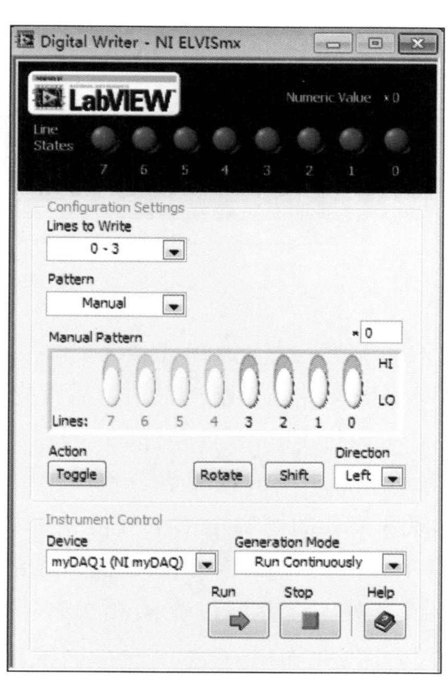

图 1.31　DigOut 数字输出程序虚拟面板

此外程序中部的“Pattern(模板)”、“Manual Pattern(手动模板)”等选项和按钮是程序提供的，用于控制端口输出模式的功能按钮。Pattern 选项可以选择 Manual(手动)、Ramp(0-15，递进)、Alternating 1/0(高低电平切换)和 Walking(1's，走马灯)4 种模式。后 3 种均为自动模式，此时下方 Manual Pattern 的所有相关选项均变灰不能使用。而第一种是手动模式，可以使用下方 Manual Pattern 相关选项。

Manual Pattern 以及 Action 按钮、Direction 选项配合使用，可以产生多种手动输出模式。其中，Manual Pattern 是一组可以上下拨动的逻辑电压控制开关。开关拨向上方表示输出高电压，拨向下方表示输出低电压。Action 下的 Toggle 按钮是控制 Manual Pattern 开关组全高全低的开关。“Rotate(轮转)”和“Shift(移位)”按钮分别与“Direction(方向)”选项配合，实现 DIO 端口电压状态的左右轮转或者移位的变化。

练习：结合使用 DigIn 和 DigOut 虚拟仪器面板做端口逻辑电压输出及显示，并对 DigOut 面板中的移位、走马灯等功能进行实验。

在实际数字电路实验与调试过程中,输入输出逻辑电平是一个非常重要的工具。通过对电路模块输入可控的逻辑电平,读取其输出电平,或者直接读取模块产生的逻辑电平及其变化,可以测试和验证数字电路的正确性。这些功能实际是工业上使用的“逻辑分析仪”功能中的一小部分。通过该练习可以直观地观察数字输出与输入之间的关系以及帮助理解各端子电压组合形式与二进制数之间的联系。

操作过程如下:

(1) 本次实验以0-3端子为输出,4-7端子为输入。如图1.32所示,在myDAQ设备中,用导线直接连接。其连接关系为:DIO0端子连接DIO4端子,DIO1端子连接DIO5端子,DIO2端子连接DIO6端子,DIO3端子连接DIO7端子。

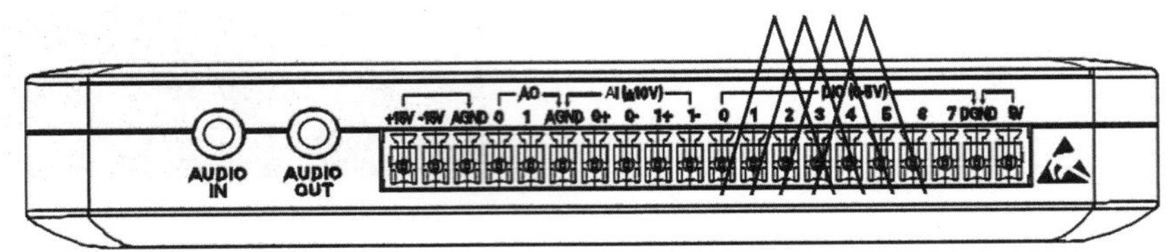

图1.32 数字输入输出端口实验myDAQ连线

(2) 分别打开DigIn、DigOut虚拟仪器面板。在确认Device中能显示myDAQ1(NI-myDAQ),仪器正确连接识别以后首先运行DigIn数字输入程序。

(3) 运行Ramp(自动递增)程序。在DigOut程序的Pattern选项中选择“Ramp(0-15)”,然后单击run按钮运行程序。可以看到两个程序面板的LED同步显示,证明数字输出端子0-3的逻辑电平信号被4-7端子顺利正确读入,如图1.33所示。并且仔细观察LED上方“Numeric Value(数值)”显示是从0~F。这是0~15的十六进制的表示,与二进制数有关。读者可以查阅相关数字电路书籍熟悉相关内容。在DigOut程序中单击Stop按钮停止输出,进入下一个实验。

图1.33 运行Ramp(自动递增)程序结果

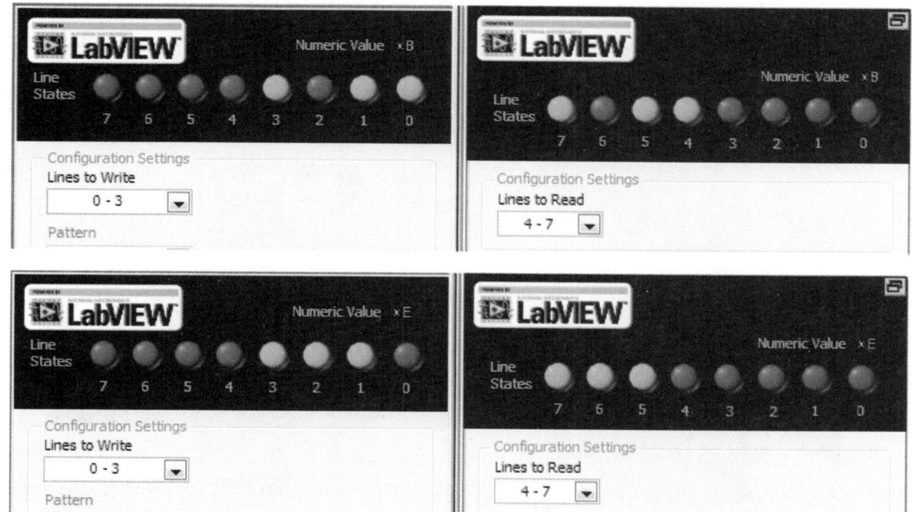

图　1.33(续)

(4) 运行 Alternating、Walking 模式。在各种模式的切换中，必须停止 DigOut 程序运行才能更改模式选项。在运行 Alternating 模式时，程序各个端子不断在高电平和低电平之间切换，呈现交替闪烁的现象，两个仪器面板现象同步，如图 1.34 所示。在运行 Walking 模式时，LED 灯从右到左依次被点亮，形成循环状态，称为走马灯，如图 1.35 所示。这两个模式是数字电路以及其他相关电路的基本测试模式，用以自动测量电路对数字端口是否正确控制、端口是否出现物理损坏等情况。

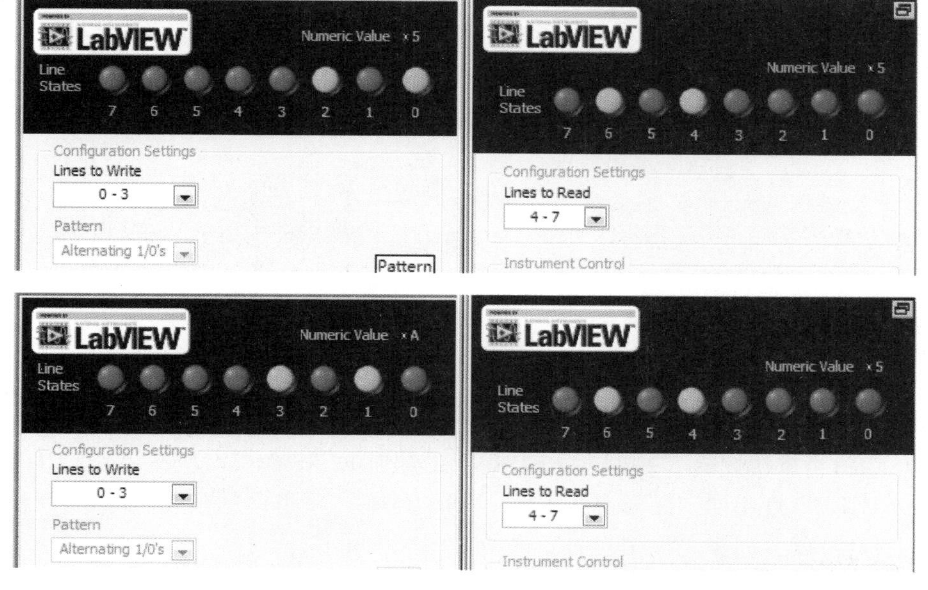

图 1.34　运行 Alternating 模式数字输入输出结果

图 1.35 **“走马灯”模式数字输入输出结果**

(5) 使用 Manual 模式及 Manual Pattern 开关组。在 DigOut 中选择 Manual 模式，并运行程序。

① 反复按动 Manual Pattern 开关组中的 0 号按钮，观察现象。当按钮拨向上方，0 号 LED 点亮；当按钮拨向下方，0 号 LED 熄灭。此时 DigIn 面板对应的 4 号 LED 灯变化规律与 0 号 LED 灯相同。任意单击 Manual Pattern 开关组中的按钮，DigIn、DigOut 程序中的 LED 灯就会同步出现相同的变化，如图 1.36 所示。

② 保持前述 Manual Pattern 开关状态。单击 Toggle 按钮，此时两个面板中原有的每个 Manual Pattern 开关都被改变成相反的状态。此功能称为“取反”功能，其意义及作用

图 1.36　**使用 Manual 模式及 Manual Pattern 开关组结果**

在后面“布尔逻辑”章节中有叙述。实验结果如图 1.37 所示。

(6) 端口电压状态的移动与轮转。在 DigOut 下拉列表框中选择 Manual 模式，并运行程序。在 Direction 中选择“Left(向左)”，并将 Manual Pattern 开关 0 号按钮拨向上方，点亮 0 号 LED 灯。反复单击 Rotate 按钮，两个仪器面板出现如同前面叙述的走马灯模式一般的现象，LED 灯从左到右循环移动。这相当于把 0～3 号端子首尾相连，原来 0 号 LED 灯亮的状态，通过“Rotate(轮转)”的操作并以 Direction 所控制的向左方向，依次向左传递。这在数字电路中称为“带进位移位”。

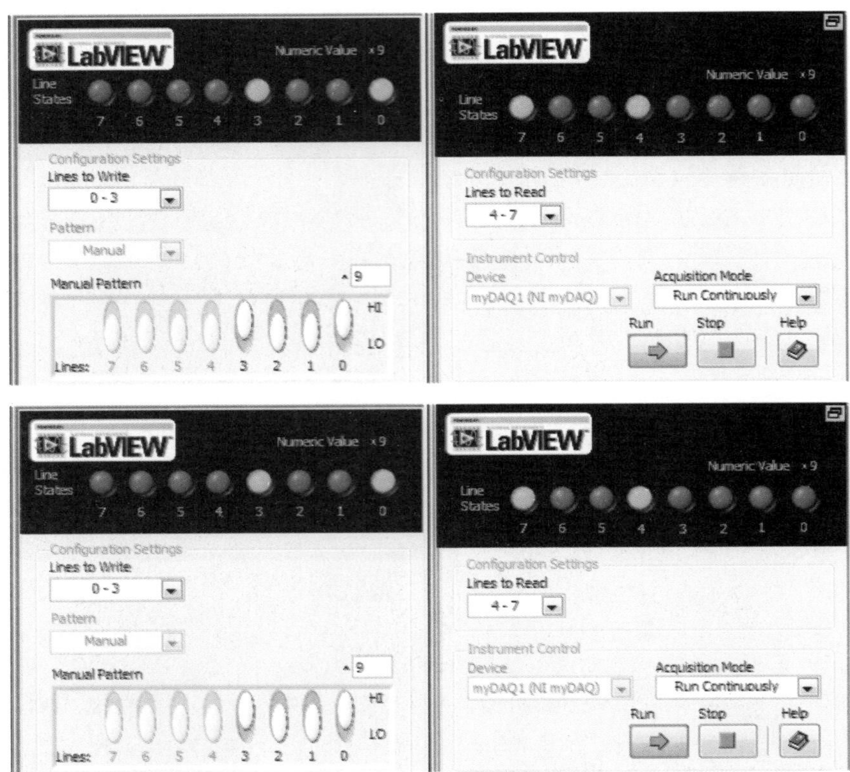

图 1.37　Toggle 取反功能数字输入输出结果

同样地，在 Direction 中选择“Left(向左)”，并将 Manual Pattern 开关 0 号按钮拨向上方，点亮 0 号 LED 灯。反复单击“Shift(移位)”按钮，两个仪器面板出现 LED 灯从左到右依次被点亮的效果。但是当第 3 号灯被点亮后继续单击 Shift 按钮，状态并不能被传回第 0 号 LED。这说明在 Shift 操作中，并没有把 0～3 号端子首尾相连，状态在传出了 3 号端子以后，就不能传回 0 号端子形成回环了。这在数字电路中称为“普通移位”。

对于不同的方向选择，效果相仿，不作赘述。

3. ELVIS 扩展仪器功能及其使用

ELVIS 扩展仪器是针对 8 个常规仪器在使用中的不足，而专门设置的可适用于更普遍数据采集的功能与仪器。这些仪器和其他虚拟仪器软件一样，可以同时打开多个程序，相互配合使用可实现不同的功能。

1) Data Logger

数据采集中，数据记录是必不可少的一环。学习 Data Logger 的使用可以大大提高数据采集和实验的效率。在前面介绍的虚拟仪器中，更多的是显示所采集的信号，而并不具备信号记录功能。这对需要记录数据并进行分析带来极大的困难。因此，ELVISmx 软件包提供了一个预设的多通道数据记录软件——Data Logger，用于同步记录各个通道数据，以波形数据文件的形式保存在计算机中。Data Logger 软件还带有简单的示波显

示功能，软件面板如图 1.38 所示。图 1.38 中左侧是数据通道的参数设定与选择，右上方是被采集数据的实时显示，而右方中部是选择数据记录路径和启动数据记录选项，右下方是程序的开关。

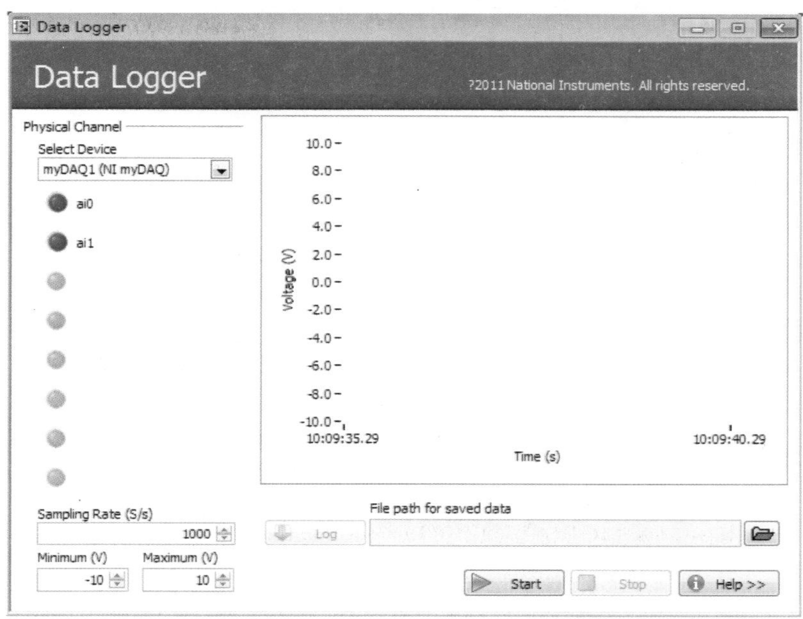

图 1.38　数据记录软件 Data Logger 仪器面板

在程序面板中，左侧可以设定数据采集的通道和参数。其中，ai0、ai1 前方的 LED 灯按钮用于激活对应通道进行数据采集。myDAQ 中只有两个模拟输入通道，因此程序只提供 ai0、ai1。选中激活两个通道后的情况如图 1.39 所示。可以看到，在开始数据采集后会出现两条不同颜色的数据线。

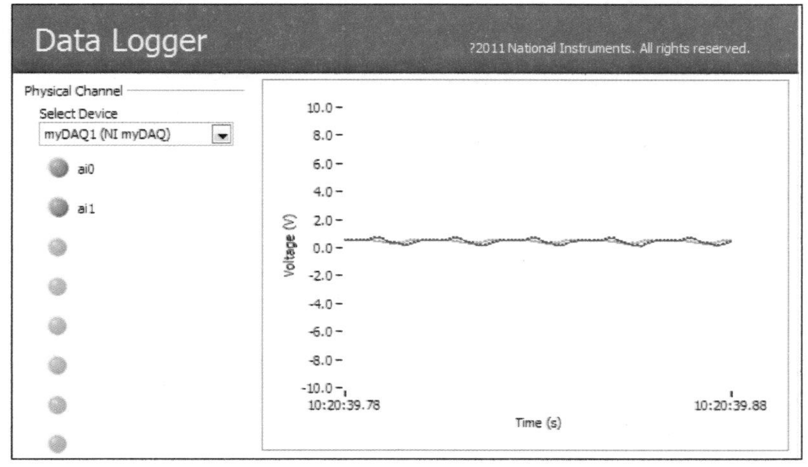

图 1.39　Data Logger 软件双通道采集记录

在通道选择下方的 Sampling Rate(S/s)用于设置采样频率,程序最高每秒采样 1000 个数据。Minimun(V)、Maximum(V)用于在－10～10V 范围内分别设置采集信号电压的最小值和最大值。

另外,在单击 Start 按钮后,Log 按钮才会被激活,它是用于控制数据记录的开关。旁边的文件路径框用于输入或选择波形数据文件储存的位置及文件名。

练习:使用 Data Logger 显示并记录 FGEN 波形发生器发送的信号。

操作过程如下:

(1) 连接输入输出端子。在 myDAQ 设备 AO、AI 中,分别使用导线将 AI 0＋与 AO 0、AI 0－与 AGND、AI 1＋与 AGND 相连。表示 AO 0 输出信号通过 AI 0 接收,AI 1 没有信号输入(图 1.40)。

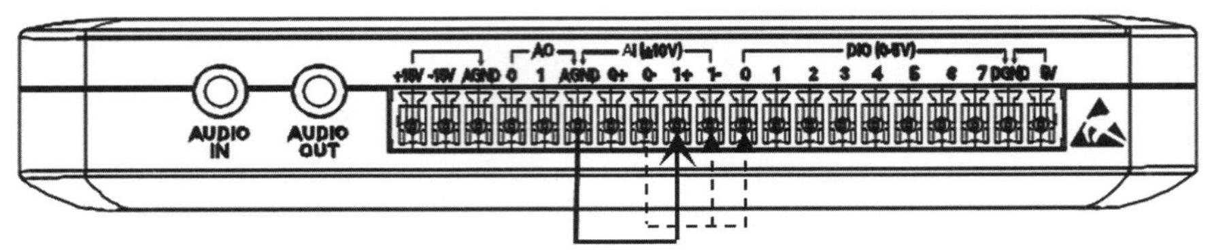

图 1.40　Data Logger 软件双通道输入输出记录实验连接

(2) 分别打开 FGEN 和 Data Logger,在确认 myDAQ 正确连接后,分别单击各自的 Run 按钮运行两个程序。设置 FGEN 输出端子为 AO 0,输出频率为 60Hz,"Amplitude(幅度)"设置为 5V Vpp,波形为正弦波,如图 1.41 所示。设置 Data Logger 同时采集两个通道,其余按默认设置选择,如图 1.42 所示。

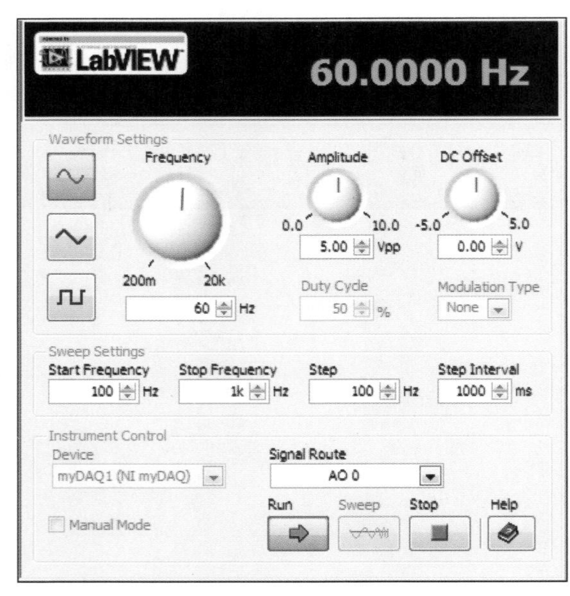

图 1.41　信号发生器设置

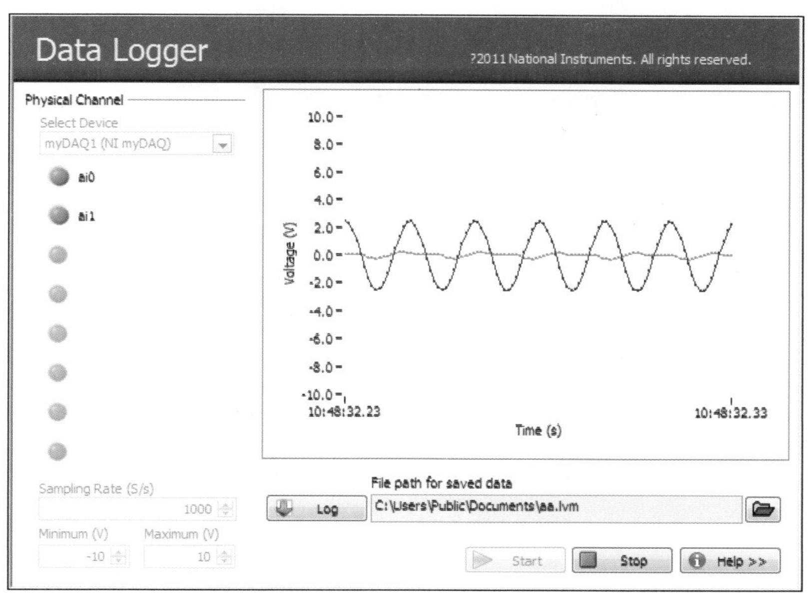

图 1.42　Data Logger 波形显示

从 Data Logger 自带示波器来看，只有通道 ai0 有正弦信号波形信号输入。此时单击 Log 按钮，开始数据记录。此时按钮变成 Logging...，表示数据正在被记录。再次单击按钮，将中止数据记录。至此，完成一次数据记录。由于所记录的波形文件是按时间和采集通道等信息，以一定的组织形式记录的，因此，多次操作数据记录开关可以记录多个不同时间段的数据在同一个文件中，而不需要产生多个数据文件。

2) DC Level Output

DC Level Output（直流电平输出）程序，相当于一个直流可调电压。可以从 AO 0 或者 AO 1 向外输出直流电压。可以通过工具条 -10.00 -5.00 0.00 5.00 10.00 或 Level 数值输入控件控制输出电压的大小。输出电压范围为－10～10V。Channel Settings 下拉列表框用于选择输出端口，可以选择 AO 0、AO 1。启动程序以后，如图 1.43 所示，在拖动工具条改变电压大小时，可以从右侧示波器中看到实时电压输出变化情况。

练习：使用数字万用表 DMM 观察测量 DC Level Output 产生的直流电压输出。

操作过程如下：

(1) 分别打开 DMM 数字万用表面板和 DC Level Output 直流电平输出程序并运行。在 DMM 数字万用表面板上选择直流电压挡。在 DC Level Output 程序前面板中选择 AO 0 作为输出端子。拖动水平滑块，可调整输出电压的大小，效果如图 1.43 所示。

(2) 测量直流电压。使用万用表笔接触 myDAQ 中 AO 0 和 AGND，从 DMM 面板中读出当前的读数。当改变直流电压输出时，应调整相应的 DMM 电压测量挡位，以得到更精确的测量结果。效果如图 1.44 所示。读者可以比较图 1.44 中量程选择对于测量值与输出值之间的差距。

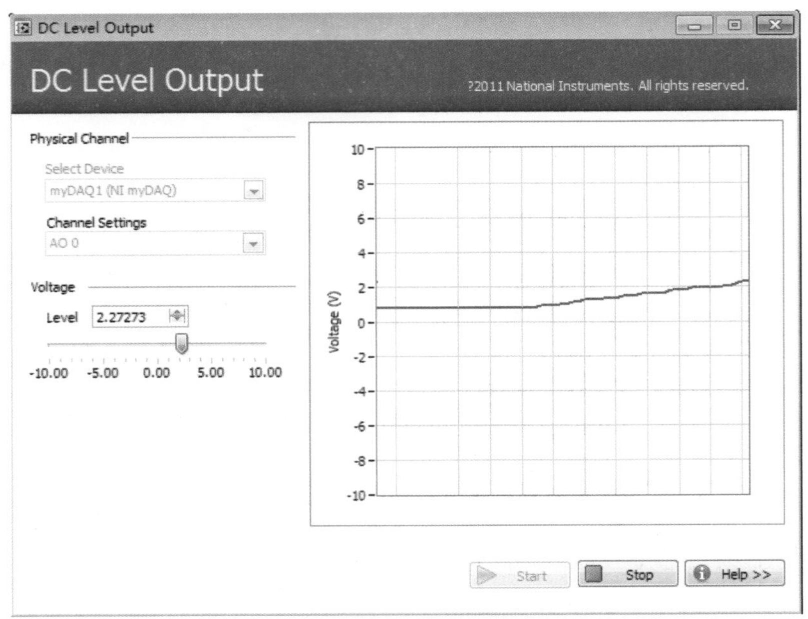

图 1.43 DC Level Output 直流电平输出程序面板电压调节

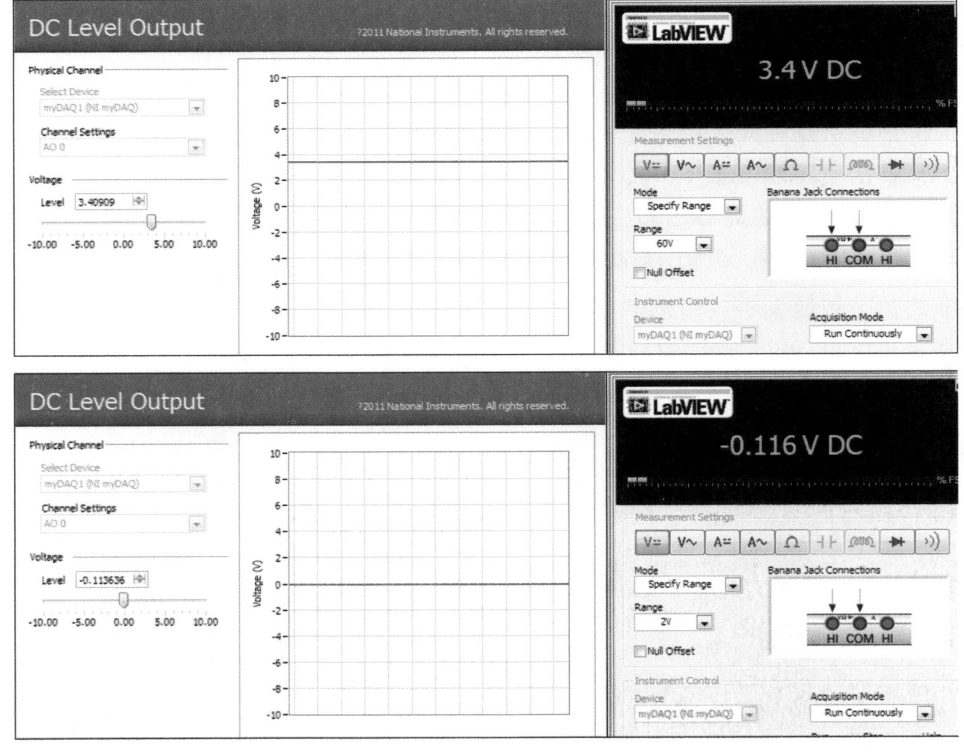

图 1.44 使用 DMM 数字万用表测量直流电平输出电压大小

思考与练习

(1) 什么是 myDAQ? myDAQ 有什么基本功能?

(2) 在你的物理实验与学习中,借助 myDAQ 如何使你的物理实验与学习变得有趣?

(3) 假设你是一个小发明家,借助 myDAQ 你能如何发挥你的创意?

(4) 在熟练使用 1.5 节介绍的方法上,请测量你身边可能会遇到的电压与信号。

第2章　准备工具和配件

本章内容与学习方法简介

本章主要介绍进行传感器物理实验和制作所需的元件、工具及制作技巧，并简单介绍关于传感器的概念。

如果你是一个入门的电子制作爱好者，可以跳过2.1节～2.3节直接了解传感器的机理并开始你的第一次myDAQ传感器实验测量。如果你对电子制作还有一点陌生，请认真从2.1节开始阅读，逐渐熟悉电子制作中个各个环节，结合实物锻炼你的实验制作技巧，为你的电子制作与传感器物理实验打下基础。

2.1节主要介绍常用的电阻、电容、电感元件及其物理原理、表达式，旨在让读者了解元件及其工作原理。

2.2节主要介绍电子制作、实验中常用工具的性能以及基本使用方法，旨在让读者对实验工具的使用有基本了解，便于实验和制作的开展。

2.3节主要介绍传感器的简单概念。

2.4节通过制作一个可在水中感受水温的热敏电阻装置，并结合数字万用表面板DMM对热敏电阻阻值测量的实验，让读者了解传感器特性测量的方法，以及使用NI ELVISmx软件配合myDAQ设备进行实验的基本方法和流程。

2.1　认识电子元件朋友

1. 电阻器

电阻器，简称电阻，是最常见的电子器件之一，广泛应用在各种电路中。电阻英文为Resistor，简称为R，单位是欧姆，符号为Ω。此外，常用的单位有千欧姆(kΩ)、兆欧姆(MΩ)。

电阻器在电路中起到降压、分压、限流等作用。按照结构来分，电阻器可分为固定电阻器和可调电阻器两大类，如图2.1所示。

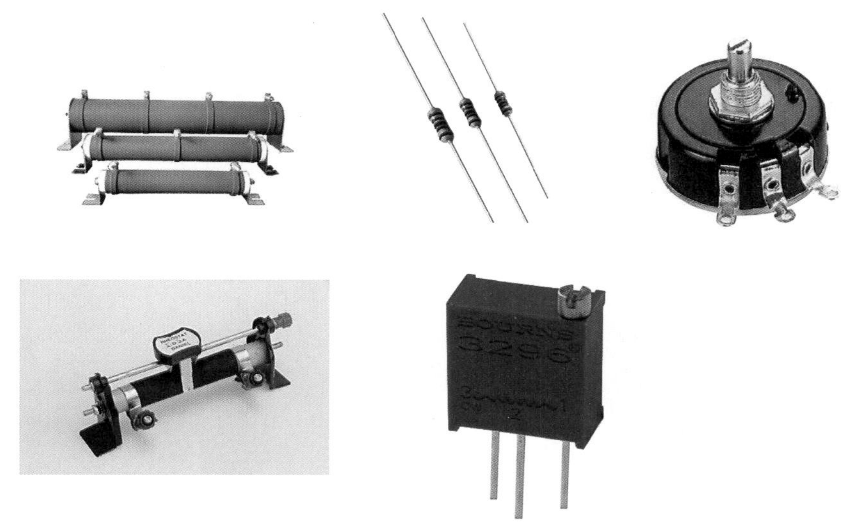

图2.1　**各种电阻实物**

固定电阻按照工艺材料可以分为绕线电阻、碳膜电阻、金属膜电阻，分别利用金属与碳的电阻效应制作。每一个固定电阻都有自己的标称阻值和实际阻值，这是由于加工工艺存在误差所致。通常电阻器的阻值标识由标称值和误差两部分组成。电阻器的标示方法有两种：

(1) 直接数字标示法。使用这种标示方法的是早期的电阻以及尺寸较大的电阻器。电阻器的阻值通常以"×××Ω±×%"的形式标识。比如一个100Ω，误差5%的电阻，标示为"100Ω±5%"。

(2) 色码标示法。通常电子制作中使用的分立元件电阻使用色环标识阻值，按照材料及工艺误差不同，可分为碳膜使用4环标识，金属膜使用5环标识。标示使用的颜色及规则如图2.2所示。由于该方法使用类似彩虹的颜色序，也可以借用以帮助记忆。

值得注意的是，在本书中除了使用工业制作的电阻器外，还可以利用任何物体的电阻效应与特性，制作各式各样的非标准的功能性电阻，在下面传感器章节将会有详细介绍，在此暂不细述。

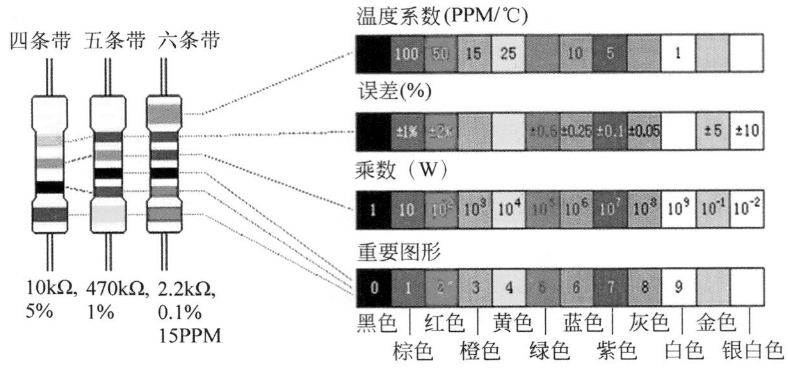

图 2.2　**色环标注规则与示意图**

另一方面，中学物理学习到与电阻、电阻器相关的概念与公式有电阻定律和欧姆定律。其中电阻定律是描述电阻的大小和材料、长度、截面积等物理量的关系，其表达式为

$$R = \rho \frac{l}{S}$$

式中，ρ 为电阻率，由材料决定；l 为导体长度；S 为导体截面积。

而欧姆定律则是描述加在电阻两端的电压与流经电阻的电流大小之间的关系，其表达式为

$$R = \frac{U}{I}$$

式中，U 为电阻两端电压；I 为流过电阻的电流。

2. 电容器

电容器，简称电容，是分立元件里面用途、结构、材料种类最丰富的一类器件。在电路中，电容具有隔直（流）通交（流）的特性，因此它常常用于隔离直流电压、滤除特定交流信号及引发电磁振荡等方面。

电容器按照结构可分为固定电容器、可变电容器、微调电容器。按照电介质不同，可分为有机介质电容器、无机介质电容器、电解电容器、液体介质电容器和气体介质电容器。各种电容的实物如图 2.3 所示。

图 2.3　**各种电容实物**

电容器容量的标示使用与电阻规则相类似的方法，但不同的是使用数字进行标示，一般使用 3 位数字。

进一步从本质上理解，电容就是两块相对但不相接触的金属对电荷的储存作用，而无论两个极板之间是否填充有介质。随着极板、电介质的参数改变，可以将身边的金属组合改装成具有电容效应的装置，从而得到各式各样的非标准电容器件。这个思路也在传感器章节得到充分的应用，暂不详述。

同样，在中学物理中，电容也是电路中一个重要的概念，与交流电密切相关。在中学物理中与电容相关的概念与公式有电容的定义式、性质公式以及交流电路中容抗公式。电容定义式表征了电容两个极板的电压高低与它所储存电量大小之间的数量关系，其表达式为

$$C = \frac{Q}{U}$$

式中，Q 为电量；U 为电压。

而电容的性质公式则表征电容的容量大小与它的几何结构及其电介质之间的数量关系，其表达式为

$$C = \varepsilon \frac{S}{d}$$

式中，ε 为电介质常数；S 为极板正对面积；d 为极板间距离。

在交流电路中，由于电容对电荷有储存作用，造成对交流信号有类似电阻一样的阻碍效应，因此定义一个与电阻相同单位的表征电容对交流电路阻碍作用的物理量，称为容抗，用 X_C 表示。实验表明，容抗大小与频率大小、电容量大小均成反比。容抗表达式为

$$X_C = \frac{1}{2\pi fC}$$

式中，f 为交流电的频率；C 为电容量。

3. 电感器件

电感器件是电路中一类富有变化的元件。从用一根导线绕制几圈而成的空心螺线管到有厚重铁芯的变压器，都被称为电感元件。理想的电感元件在电路中起到通直(流)阻交(流)作用。由于对交流电信号有阻碍作用，因此电感器件也有类似容抗一样的定义，称为感抗，用 X_L 表示。其表达式为

$$X_L = 2\pi fL$$

式中，f 为交流电的频率；L 为电感量。

各种电感器件实物如图 2.4 所示。

由于电感概念涉及比较复杂的电磁相互作用，故不深入叙述。从电流能产生磁场这个众所周知的概念出发，可以简单地将电感理解为，不断变化的电流通过磁场的形式将电流的能量储存在电感线圈中，然后再释放出来的一种能力。而这种释放的渠道可以是电感线圈所在的电路，也可以是另一个和它关联的线圈所在的电路，而后者也就是变压器。

由此可知，电感可以是一种调节电路特性的元件，也可以是一种与外界进行相互作

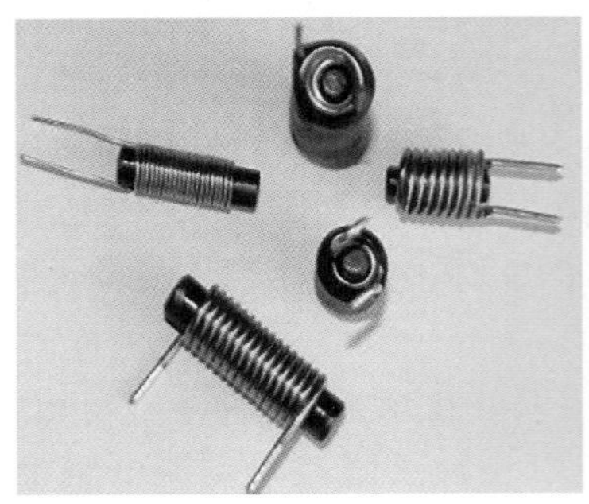
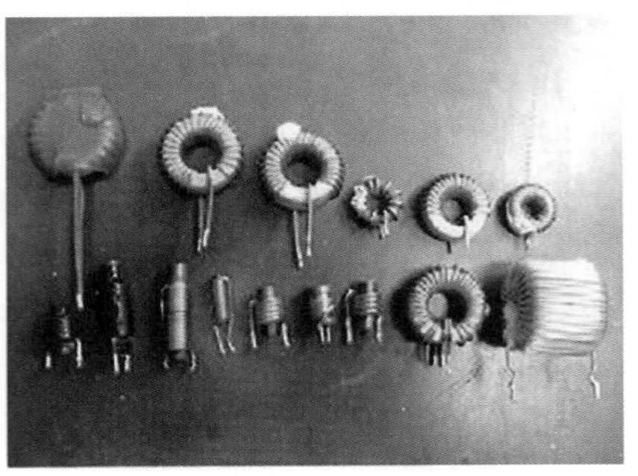

图 2.4　**各种电感实物**

用，进行电磁能量传递的一个器件。因此，在传感器章节，可以看到由电感线圈、变压器及其衍生的各种形式的广义电感器件的能量传递的特性，设计我们需要的特殊元件。

4. 半导体器件

可以说，没有半导体的发明和应用，现代社会就会黯然失色。半导体器件已经深入到我们生活的方方面面，与我们的生活息息相关。简而言之，半导体就是“一结两管”。“一结”就是半导体器件的核心——PN结；而两管就是半导体元件两种最基本的形式，即二极管、三极管。对于这两种器件的原理并不需要立即进行深入了解，有兴趣的读者可以自行查阅相关资料。但是，需要记住这两种器件的两个基本特性，那就是二极管具有电流的单向导通性(图2.5)，以及三极管具有电流控制与放大作用(图2.6)。

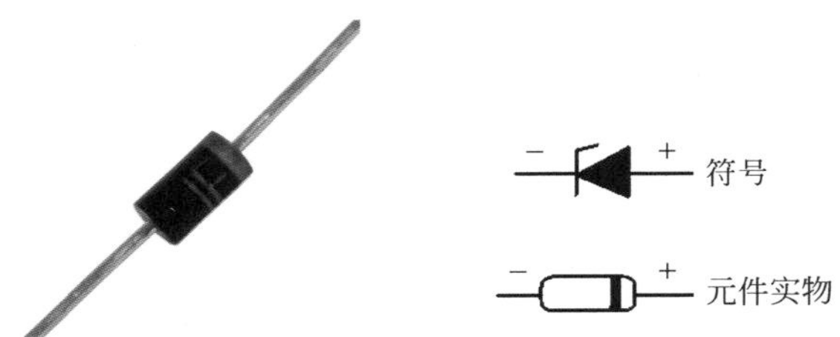

图 2.5　**二极管实物及其符号**

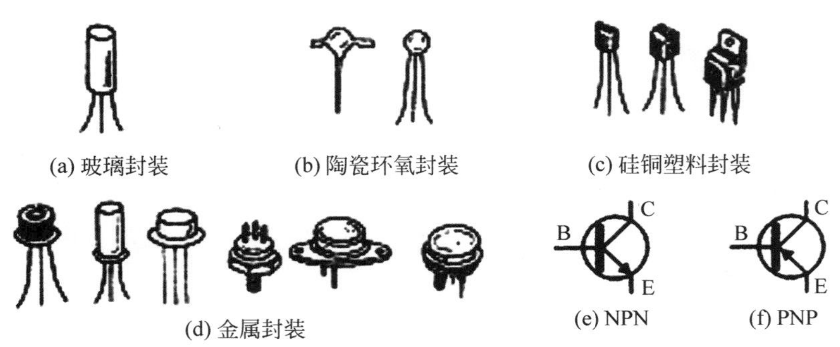

图 2.6　**三极管实物及其符号**

对于二极管的单向导通性可以形象地理解为车轮胎的气门，只能从外向内注入空气，

而空气并不能从气门中跑出来(当然这是在气门、轮胎都没有损坏的情况下)。而对于三极管的电流控制与放大作用,可以类比为某种类似杠杆的作用。利用一个很小的电流或者电流变化,就能撬动一个相对较大的电流或电流变化,而且两者之间具有固定的比例关系。

5. 集成电路

集成电路,顾名思义就是将一定功能的电路集合在一起而形成的电路器件,如图 2.7 所示。由于在电子电路中通常把有一定功能的电路比作对电信号有加工处理作用的黑盒子,所以对于集成电路来说,也是一个类似的黑盒子,在里面集成了一定的功能,按照电路的要求连接一定的外部元件以后就能形成某种功能。因此,集成电路有多种多样的形式与功能,在遇到具体集成电路时,只需要查找该型号集成电路的数据手册就可以了解它的功能及用法。

图 2.7　**各种集成电路的封装**

2.2　认识工具助手

1. 面包板

面包板是专为电子电路的无焊接实验设计制造的。由于各种电子元器件可根据需要随意插入或拔出,免去了焊接,节省了电路的组装时间,而且元件可以重复使用,所以非常适合电子电路的组装、调试和训练。

面包板可以分为单面包板、组合面包板和无焊面包板,样式如图 2.8 所示。整板使用热固性酚醛树脂制造,板底有金属条,在板上对应位置打孔使得元件插入孔中时能够与金属条接触,从而达到导电目的。一般将每 5 个孔板用一条金属条连接。板子中央一般有一条凹槽,这是针对需要集成电路、芯片试验而设计的。板子两侧有两排竖着的插孔,也是 5 个一组。这两组插孔是用于给板子上的元件提供电源。

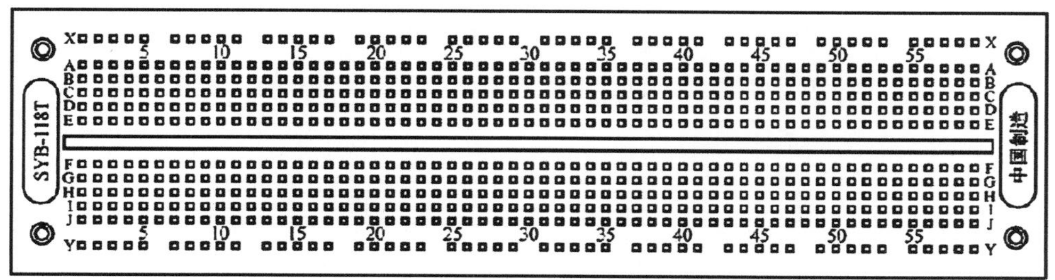

图 2.8　**单面包板样式示意图**

组合面包板(图 2.9)，顾名思义就是把许多无焊面包板组合在一起而成的板子。一般将 2～4 个无焊面包板固定在母板上，然后用母板内的铜箔将各个板子的电源线连在一起。专业的组合面包板还专门为不同电路单元设计了分电源控制，使得每块板子可以根据用户需要而携带不同的电压。组合面包板的使用与单面包板相同。

图 2.9 **组合面包板实物**

组合面包板的优点是可以方便地通断电源，面积大，能进行大规模试验，并且活动性高，用途很广；但缺点是体积大且比较重，不易携带，适合实验室及电子爱好者使用。

使用面包板进行电子电路实验有很多优势。它无须焊接，不怕漏电，不会烫手，不会烫坏元件。可按照电路图自由地插放电子元件，插错了拔下来重新安装，元件丝毫不会损伤。如果电路实验失败可重新组装，如果电路实验成功可实验下一个新方案。便捷的连接方式可以让实验变得简单、有趣。

但是面包板由于其特殊的结构，在实验中也需要注意使用方法，一方面可以提高实验成功率，另一方面也可以保护元件不受伤害。插入面包板上孔内引脚或导线铜芯直径为 0.4～0.6mm，即比大头针的直径略微细一点。元器件引脚或导线头要沿面包板的板面垂直方向插入方孔，应能感觉到有轻微、均匀的摩擦阻力，在面包板倒置时，元器件应能被簧片夹住而不脱落。面包板应该在通风、干燥处存放，特别要避免被电池漏出的电解液所腐蚀。要保持面包板清洁，焊接过的元器件不要插在面包板上。

2. 焊接用具用品

当需要自己制作面包板连接导线的时候；当使用面包板验证电路的正确性，然后想把它组装成一个电路板的时候；当需要使用导线将面包板接口与外部装置的一些接点连接的时候，就需要使用锡焊工艺了。这个工艺常需要用到的工具和材料分别为电烙铁(一般 30～60W)、焊锡、吸锡器和助焊剂。

电烙铁是用于加热熔化焊锡以便进行电路焊接，或者是拆解的一种电热工具，是电子制作和电器维修的必备工具，如图 2.10 所示。按结构可分为内热式电烙铁和外热式电烙铁，按功能可分为焊接用电烙铁和吸锡用电烙铁，根据用途不同又可分为大功率电烙铁和小功率电烙铁。外热式电烙铁如名字所讲，“外热”就是指“在外面发热”，因发热芯在电烙铁的外面而得名。它既适合于焊接大型的元部件，也适用于焊接小型的元器件。内热式电烙铁发热芯是装在烙铁头的内部，热损失小、体积较小，因此内热式电烙铁发热效率较高，而且更换烙铁头也较方便。

吸锡器是一种修理电器用的工具，利用负气压收集拆卸焊盘电子元件时熔化的焊锡(见图 2.11)，有手动、电动两种。使用吸锡器时，先把吸锡器活塞向下压至卡住，然后用电烙铁加热焊点至焊料熔化，最后在移开电烙铁的同时，迅速把吸锡器嘴贴上焊点，并按动吸锡器按钮。

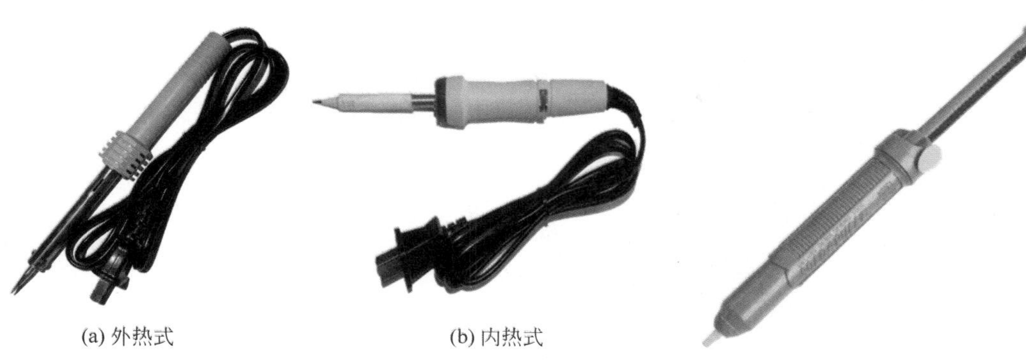

(a) 外热式　　(b) 内热式

图 2.10　电烙铁实物

图 2.11　吸锡器实物

一般来说，焊接工艺就是电烙铁产生高温熔化焊锡，而液态的焊锡在需要连接的工件上重新冷却凝固形成坚固的导电连接的一个工艺过程。吸锡器的作用在于当连接错误需要去掉焊锡时，利用低压吸力将熔化的焊锡吸走。而助焊剂是帮助焊锡在焊接过程中更好地与工件接触面浸润，提高连接的强度与导电性。由于现在的焊锡中都含有助焊剂，因此助焊剂不是必需的材料。常用的助焊剂是松香。

2.3　传感器概述

在了解器件的基本原理和工具使用技巧后，我们迎来了激动人心的时刻，认识在创新实验中最为核心的内容——传感器。

传感器英文为 Sensor，意为具有感知(Sense)能力的物件。在电子电路中传感器是指能将客观世界中物理量转变成电信号的一类器件，因此也可以将传感器简单地理解为将非电物理量转变成电学物理量的一类器件。传感器是联系物理世界与电气设备(如计算机)的一个重要桥梁。在现代工程技术、科学实验，特别是智能设备中都少不了传感器的身影。

传感器的种类繁多，分类方法繁杂。若按被测非电物理量种类分，可以分为机械、热工、声、光、磁、生化等种类。若按传感器输出的电信号类型分，可以分为连续量(模拟量)、不连续量(数字量)。若按传感器影响的电路参数来分，可以分为电阻传感器、电容传感器、电感传感器等。部分实物如图 2.12 所示。

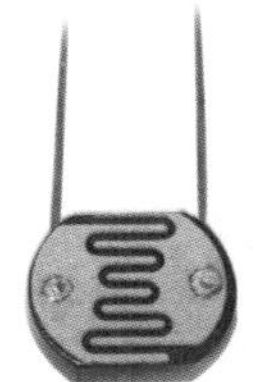

图 2.12　各种传感器实物

传感器是一个宽泛的概念，可以是一个简单器件，也可能是一个包含若干电路的微型系统，它主要由3部分组成。

(1) 敏感元件。感知被测量，并以确定的关系输出某一物理量。

(2) 转换元件。将敏感元件输出的非电物理量（如力、温度、光强等）转换成电学量（如电流、电压、电路参数等）。

(3) 转换电路。将电路参数（如电阻、电容、电感）转变成易于测量的电量（如电流、电压、频率等）。

不是所有传感器都具有这3部分。有些只有敏感元件，如热电偶，直接将被测温度差变成电压；有些则需要转换电路辅助才能输出便于测量的电学量；而也有一些传感器的转换元件不止一个，需要经过多次转换才能输出电量。因此，把握传感器基本构成及其组合方法，是设计应用传感器的一个重要途径，需要经过反复的实践与思考才能熟练。

通过对传感器的种类、构成的了解，你可能会发现，传感器与物理实验有很大的联系。一方面，传感器所需要的感知原理是基于一个个物理原理和实验，没有物理学各个领域的进步，就不可能推动传感器的发展；另一方面，通过传感器这个桥梁，可以应用现代计算机技术、控制技术延伸人类的感知领域，提高测量的精确程度，从而促进新技术、新定律的发现。因此了解传感器、学习使用传感器、尝试设计简单的传感器对培养综合运用物理学、工程学、电子学知识的能力以及解决实际问题的能力有巨大的帮助。

2.4 开始第一次传感器实验测量

在了解了传感器基本原理以后，你是不是有点跃跃欲试，想要进入传感器的世界？下面就从最常见的传感器之一——热敏电阻入手。

热敏电阻属于一种电阻型传感器，如果按用途则可归入温度传感器一类。它是利用环境温度对热敏电阻的阻值产生影响，从而将温度变化转变为电阻变化的一类传感器。常见的热敏电阻分成两类：一类称为负温度系数热敏电阻（Negative Temperature Resistor，NTC），它的阻值随着温度升高而降低；另一类称为正温度系数热敏电阻（Positive Temperature Resistor，PTC），它的阻值随着温度升高而升高，各种金属电阻如铂电阻，就属于这一类。

在本次实验中，使用NTC热敏电阻进行实验，并且尝试制作一个电子温度计，具体实验内容如表2.1所示。在实验中，需要综合运用1.5节中练习过的myDAQ ELVISmx中的功能进行测量。

表2.1 **热敏电阻实验内容表**

实验内容	热敏电阻的特性与电子温度计
实验目的	(1) 观察热敏电阻温度特性 (2) 分别使用两种实验方案观察热敏电阻对电学量的影响 (3) 选择一种方案组装电子温度计，测定热敏电阻的特性曲线

续表

实验器材	myDAQ，热敏电阻×1，面包板×1，100kΩ 电位器×1，导线若干，橡皮泥，温度计×1（型号任意，最好是 0～100℃），塑料吸管×1，密封胶水适量（硅酮玻璃胶、环氧树脂、硅胶、万能胶均可）
实验方案	（1）使用数字万用表面板电阻挡测量阻值变化 （2）使用数字万用表面板电流挡测量有阻值变化而导致的电流变化

2.4.1　方案 1

（1）实验原理。利用欧姆表直接测量热敏电阻随温度的变化。

（2）实验步骤。

① 将 myDAQ 接入计算机 USB 口。选择"开始"→"所有程序"→National Instrument→NI ELVISmx for NI ELVIS & NI myDAQ→NI ELVISmx Instrument Launcher，打开 NI ELIVSmx 工具条，如图 2.13 所示。

图 2.13　NI ELVISmx 软面板浮动工具条

② 单击 DMM 图标，进入数字万用表面板。进入面板后，出现如图 2.14 所示面板。首先检查图 2.14 中Ⅰ是否出现"myDAQ1"。如否，请检查 myDAQ 设备和 USB 连线。

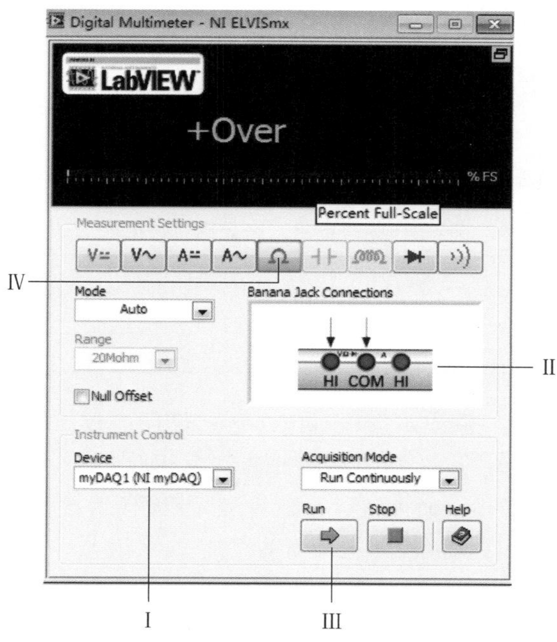

图 2.14　DMM 面板

接着，按照图中Ⅱ，在 myDAQ 上连接好万用表笔。然后单击Ⅲ所指 Run 按钮运行程序，并单击Ⅳ所指 Ω 按钮，观察黑色读数面板若显示为"＋Over"，此时 DMM 已经变成欧姆表。然后短接两个表笔，观察是否面板示数为零。至此数字欧姆表启动测试结束。

③ 以表 2.2 作为实验表格记录数据，然后将热敏电阻插在面包板两个隔离的孔上，用两支万用表笔分别接触电阻两个引脚，等面板示数稳定后，读出当前环境温度下热敏电阻的阻值大小 R_1 并记录。用温度计测量当前环境温度值，并记录为 T_1。

表 2.2　**热敏电阻方案 1 实验数据表**

当前温度 T_1		热敏阻值 R_1	
手指温度		热敏阻值 R_2	
当前温度 T_1'		热敏阻值 R_3	

④ 用手指捏住热敏电阻，观察示数如何变化，等示数稳定后记录该数值，此时示数即为手指温度对应的热敏电阻阻值 R_2。然后手指离开热敏电阻，继续观察示数如何变化，等示数再次稳定后记录该数值 R_3，一般来说 R_1、R_3 应该相等。

根据数据表格，得出热敏电阻阻值与温度的关系为________________。

2.4.2　方案 2

（1）实验原理。将热敏电阻与可调电源串联，测量流经热敏电阻的电流随温度的变化。

（2）实验步骤。

① 正确连接 myDAQ，并进入 DMM 面板。

② 单击 A= 按钮进入电流表模式。注意要按照 Banana Jack Connections 示意图正确连接万用表笔。

③ 以表 2.3 作为方案 2 的实验表格，然后将热敏电阻插在面包板两个隔离的孔上，其中一个引脚用引线连接到 myDAQ"AO 0"接口，万用表黑色表笔接触 myDAQ"AGND"接口，红色表笔接触热敏电阻另一引脚，使数字电流表与热敏电阻、直流电压源 AO 0 串联。

表 2.3　**热敏电阻方案 2 实验数据表**

当前温度 T_1		热敏电流 I_1	
手指温度		热敏电流 I_2	
当前温度 T_1'		热敏电流 I_3	

④ 如 1.5 节实验方法，调出 DC Level Output 仪器面板。选择 Channel Setting 为 AO 0，单击 Start 按钮运行并调节 Voltage Level(电压)为 Level 1。

⑤ 在 DMM 面板上单击 ➡ 按钮运行电流表，等面板示数稳定后，读出当前温度下电路电流大小并记录 I_1。使用温度计记录当前温度 T_1。

⑥ 用手指捏住热敏电阻，观察示数如何变化，等示数稳定后记录该数值，此时示数即为手指温度对应的电路电流值 I_2。然后手指离开热敏电阻，继续观察示数如何变化，等示数再次稳定后记录该数值 I_3，一般来说 I_1、I_3 应该相等。

根据数据表格，得出流过热敏电阻的电流与温度的关系为________________。

2.4.3　组装并标定一个电子温度计

(1) 实验制作内容。将热敏电阻封装成一个实际可用的温度探头；用降温方法测量热敏电阻（或者电路）温度特性。

(2) 实验步骤。

① 组装温度探头。使用实验材料中的热敏电阻、塑料吸管、橡皮泥、导线组装温度探头。其中，吸管用作物理支撑，橡皮泥作为热敏电阻引脚间的绝缘及密封防水，导线通过吸管外引作为温度探头引线，如图 2.15 所示。

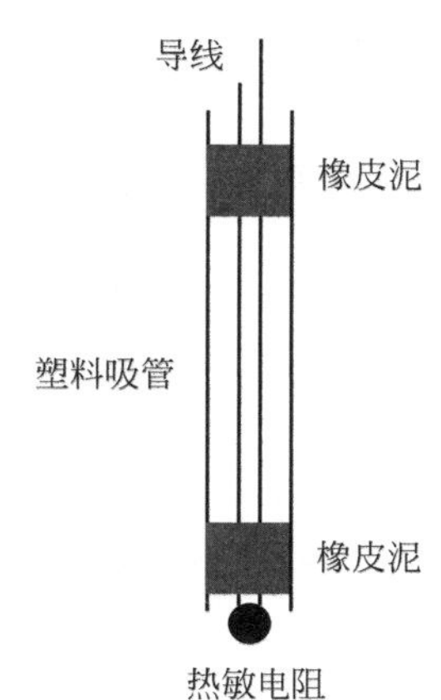

图 2.15　热敏电阻封装示意图

② 将温度探头与表笔连接好后，与温度计一同放入一个玻璃容器，将烧开的开水倒入容器中。以表 2.4 所示表格为数据记录表，同时观察温度计读数和 DMM 面板的示数，在降温过程中每下降一定温度记录一组数据（数据组越多越好），直到温度计与面板示数均不变化或长时间不变化为止（此时几乎达到环境温度）。

表 2.4　数字温度计温度特性测试表

温度																						
阻值																						

③ 以温度为横坐标，阻值为纵坐标，将数据组描入该坐标系中，即可得到温度探头的部分温度特性曲线。在此温度范围内，只要通过查表的方法即可以确定某一个阻值所代表的温度值。

思考与练习

(1) 电阻、电容、电感的概念是什么？在中学物理学习中，我们分别掌握了哪些与之相关的定理和公式？

(2) 什么是传感器？传感器的作用是什么？一个传感器可以由哪 3 部分组成？它们各自的用途与功能是什么？

(3) 请用简短语言描述热敏电阻的温度特性。

(4) 比较方案 1、方案 2，分别找出两个实验的过程、被测量量之间的异同。

(5) 结合 1.5 节介绍的 Logger 的使用方法，设计能够自动记录电学量随时间变化的实验方案，并用该方法测量热敏电阻的温度特性曲线。

第3章 再识传感器

本章内容与学习方法简介

本章主要结合具体案例分别介绍电阻传感器、电容传感器、电感传感器等传感器的特性及其在实验中的应用，并且通过应用 NI ELVISmx 软件中示波器、信号发生器、DMM 数字面板等虚拟仪器面板配合 myDAQ 设备，对各种传感器进行特性测量与简单应用，加深读者对 myDAQ 设备的软件、硬件使用熟悉程度，为后续独立编写传感器实验虚拟仪器程序打下基础。

3.1 节介绍电阻传感器的基本概念与特性。使用 DMM 数字万用表面板体验并测量光敏电阻的特性。为特雷蒙琴制作提供基本的理论与实践基础。

3.2 节介绍电容传感器的基本概念与特性。使用信号发生器与示波器结合，体验液面对电容水位传感器参数的影响。

3.3 节介绍电感传感器的基本概念与特性，使用信号发生器与示波器结合，感受 LVDT 线性差分变压器位移传感器的位移信息如何对传感器电感参数产生影响。

3.4 节介绍电源型传感器的基本概念与特性，使用示波器对光电池的电流与电压进行检测，体验无须电源的光传感器如何工作。

3.5 节介绍集成电路传感器的基本特性。使用简单的 EXPRESS VI 编程方法，指导读者如何通过使用 LabVIEW 编程进行传感器信号的测量与显示。

3.1　电阻型传感器

电阻型传感器，是指传感器本身是一个电阻，外部物理量通过各种效应使传感器本身阻值发生改变，从而完成外部物理量向电学物理量的转变。这种传感器本身不产生电流和电压，称为无源(电源)传感器，在工作中需要使用电流或者电压信号驱动，称为电阻传感器的激励。

电阻型传感器按照感受外部物理量的种类可以分为热敏电阻(热电阻)、光敏电阻、磁敏电阻、力敏电阻(应变片)等多种常用类型。电阻阻值也有不同范围，金属热电阻一般在几十到几百欧之间，力敏电阻、半导体热敏电阻和磁敏电阻一般在几千欧到几十千欧之间，而光敏电阻一般在几十欧到几百千欧之间。了解电阻传感器的阻值范围，对正确选择激励电压或电流以及确定电压或电流测量范围有重要的意义。

对于初步接触 myDAQ 设备的读者来说，可以运用 NI ELVISmx 软件提供的数字万用表面板软件进行电阻传感器基本测量与操作。下面通过例子进行说明。

例 3.1　光敏电阻与特雷蒙琴。

实验原理：光敏电阻具有阻值随光而变换的特性。特雷蒙琴就是一种根据光敏电阻的光感受性，使阻值变化信号变换成电学信号的原理而制成的，经过一定的分析处理后通过扬声器发出一定音高声音的电子乐器。本例不涉及处理与发声功能，旨在通过现成软件辅助调试，掌握光敏电阻的基本特性，为下面特雷蒙琴的具体制作打下基础。

实验器材：

(1) myDAQ。

(2) 导线、光敏电阻。

实验过程：

1. 使用欧姆表探究光敏电阻特性

(1) 在“开始”→“所有程序”→National Instrument→NI ELVISmx for NI ELVIS & NI myDAQ 菜单命令中，选择 NI ELVISmx Instrument Launcher 快捷方式，打开 NI ELVISmx Instrument Launcher 工具条。从中选择 DMM 数字万用表面板并单击进入。

(2) 进入数字万用表面板，首先检查 Device 下拉列表框中是否出现“myDAQ1”。如否，请检查 myDAQ 设备和 USB 连线。单击 DMM 图标，进入数字万用表面板。进入面板后，出现如图 3.1 所示面板。接着，按照连线图，在 myDAQ 上连接好万用表笔。然后单击 Run 按钮运行程序，并单击 Ω 按钮，观察黑色读数面板若显示为“+Over”，此时 DMM 已经变成欧姆表。然后短接两个表笔，观察是否面板示数为零。至此数字欧姆表启动测试结束。

(3) 使用红、黑表笔分别接触光敏电阻两个引脚，并不断改变光敏电阻受光面的指向，观察 DMM 面板中的欧姆值读数如何变化。通过观察，当光照较强时，光敏电阻阻值小，在几百欧到几千欧之间；当光强较弱甚至无光时，光敏电阻阻值在几十千欧到几兆欧之间。可见，光敏电阻阻值是随着光强增大而减小的一种光敏器件。

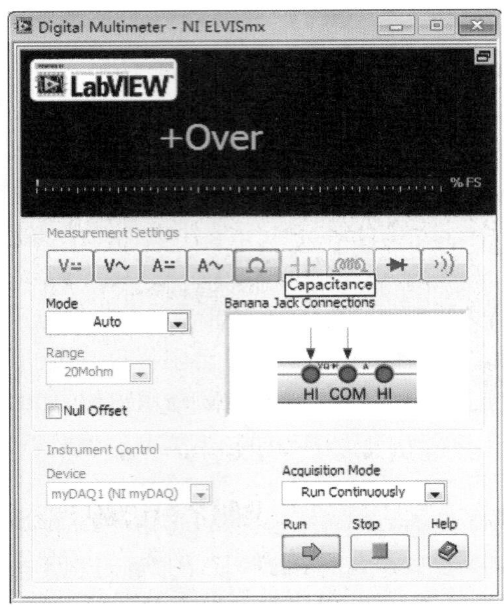

图 3.1 DMM 面板

2. 利用欧姆定律将光敏电阻阻值变化变成电压或电流变化

(1) 在某些情况下，限制了不能直接测量光敏电阻值大小，所以需要将光敏电阻的阻值变化变成电流或电压变化，利用欧姆定律可以达到这个目标。使用一个外接的电压与光敏电阻及定值电阻连成回路，测量流过回路的电流，或者测量定值电阻两端的电压，就可以间接测量光对光敏电阻的影响，从而将光敏电阻阻值变化变成电压或电流变化。

(2) 将 ELVISmx 中 DC Level Ouput 直流电平输出程序产生的电压作为电源，使用 DMM 面板的直流电流挡或者直流电压挡测量流过光敏电阻的电流或电压。首先分别打开 DMM 数字万用表面板和 DC Level Output 直流电平输出程序并运行，如图 3.2 所示。

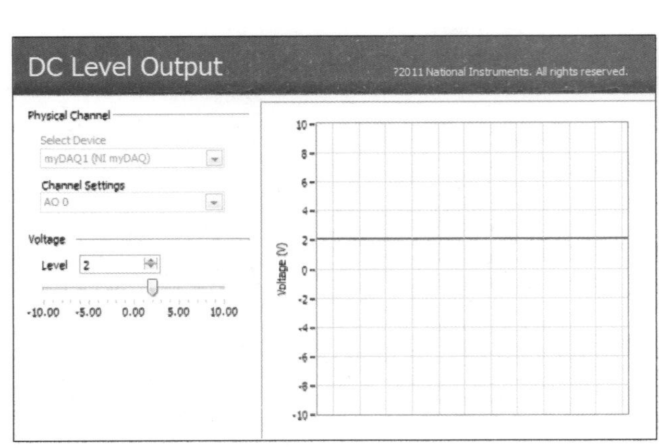

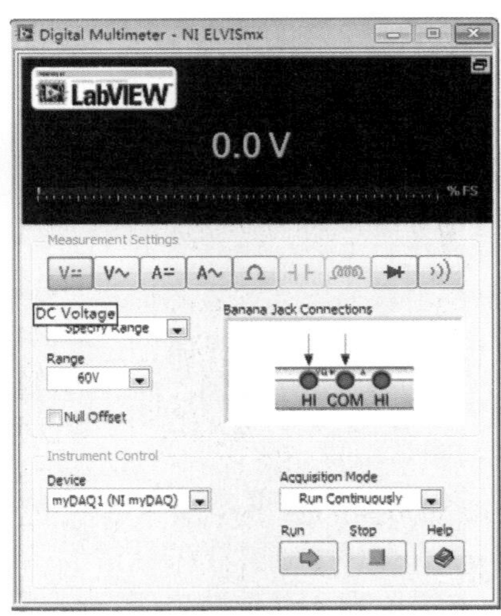

图 3.2 直流电平输出程序与 DMM 数字万用表程序

在 DMM 数字万用表面板上选择直流电压挡。在 DC Level Output 程序前面板中选择 AO 0 作为输出端子。将光敏电阻和一个 100Ω 定值电阻相连，两端与 AO 0 和 AGND 相连形成串联回路。调节直流电压为 2V，然后使用万用表笔测量定值电阻两端电压，并不断改变光敏电阻受光面的指向，观察 DMM 面板中的电压读数如何变化。可以看到，当光照较强时，电压读数较大，当光强较弱甚至无光时，电压读数较小，此时光照与电压的变化趋势相同，同增同减。

3.2　电容型传感器

电容传感器是利用外部作用或者条件对构成电容参数的影响和改变，从而改变电容值大小的一种传感器，如外力可以改变两个极板间的距离或者正对面积、两个极板之间填充电介质发生变化等情况，都可以导致电容值大小的变化。其原理在第 2 章中已有叙述。

为了通过电容传感器间接测量改变电容的相关物理量，必须使用一定的方法测量电容传感器的电容值大小。测量电容的方法有很多，在实际应用中使用较多的有直流充放电法和交流法。从原理上看，充放电法与交流法并无本质区别。

如前所述，电容是一个储存电荷的容器，从容抗的定义和理解上看，如果对电容反复进行充放电，由电容量大小以及充放电的电流、电压的大小共同作用，导致在电容两端的电压会因电容量大小的不同而不同。其效应相当于对电流的阻碍，称为容抗。因此，若使用一个方波信号作为电容的充放电电源，然后测量电容两端电压即可得到与电容量大小相关的电压信号。从电容传感器使用的角度来说，并不需要实际测量电容的大小，而只需要测量交流信号在电容两端的分压因电容变化而变化，就可以依次推测外部非电物理量的相关变化。

一般电容传感器测量范围大、灵敏度高、动态响应快、稳定性好，可适用于多种不同的极端测量环境。

例 3.2　可变介质电容与液位测量。

实验原理：

使用电容传感器能够对液位进行测量。设置一块长条金属板在容器中作为电容两个极板并做好绝缘。若容器为空，则两个极板以空气为介质。一旦容器水位高度发生改变，就会影响电容极板之间有液体电介质的范围，从而影响电容量大小。对电容器使用交流信号作为电源，可以测量当电容变化时，电容两端电压的信号及幅值变化。从而将液面位置与电容的信号变化相联系，实现液面位置测量，如图 3.3 所示。

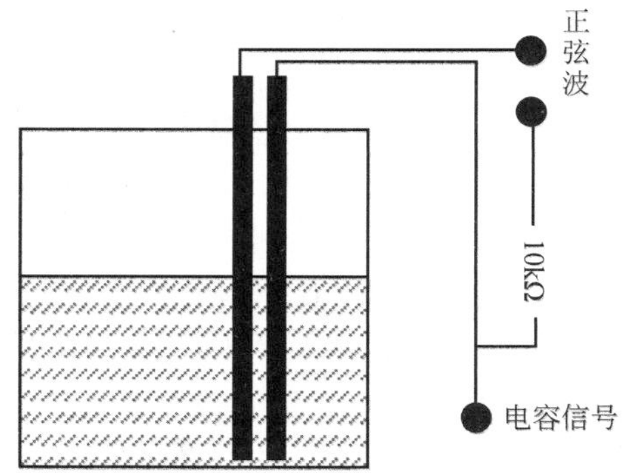

图 3.3　电容液位传感器装置

实验器材：

(1) myDAQ。

(2) 两块金属板。

(3) 10kΩ 电阻一个、导线若干。

实验过程：

(1) 将电容传感器放置在容器中，一个极板与一个 10kΩ 的电阻、myDAQ 的 AO 0 串联，另一个极板与 myDAQ 的 AGND 相连。

(2) 将如图 3.3 所示的"电容信号"端与 myDAQ 的 AI 0 相连，以便 myDAQ 通过 AI 0 采集电容两端的交流电压信号。

(3) 启动 NI ELVISmx 软件工具条，选择启动 FGEN 信号发生器虚拟仪器软件。选择正弦波模式，频率(Frequency)设定为 20kHz，电压幅度(Amplitude)设定为 5V。完成后单击"Start"按钮启动 FGEN 信号发生器，如图 3.4 所示。

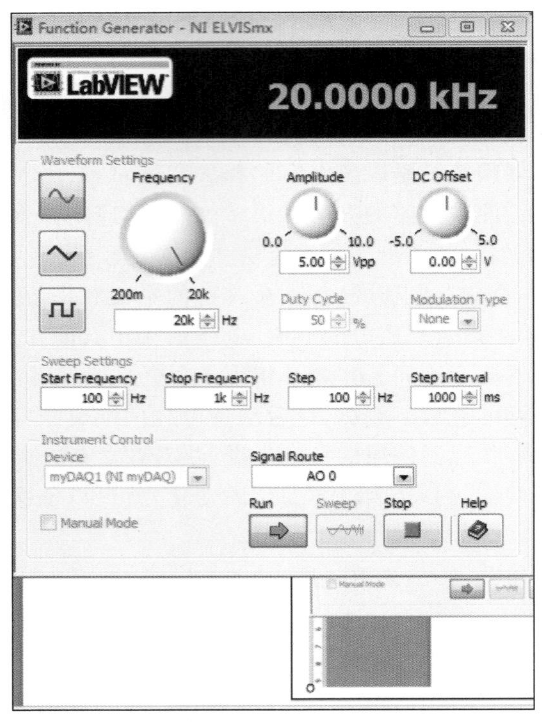

图 3.4 **信号发生器设置**

(4) 选择启动 Scope 示波器虚拟仪器软件。选择通道 0(CH0)显示电容两端的交流电信号，此时应该看到一个 20kHz 的正弦波信号，调整合适的挡位，使得信号波形尽可能大地显示在示波器面板中，如图 3.5 所示。

(5) 缓慢加入植物油(如果介质为水，需要在极板上涂上薄漆以绝缘)，可以观察示波器波形幅度逐步下降。因为当植物油加入极板之间时，使极板间电容增大。随着电容增加，电容容抗值下降，使串联支路中电容两端电压下降。

(6) 在加入植物油的过程中，记录电容幅度开始变化时的电压峰峰值，作为液面高度为 0 时的数值，记录液体到达容器顶部时电压的峰-峰值 U_1，作为液面最高高度时电压的峰-峰值 U_2。由电容特性公式决定了在这 $U_1 \sim U_2$ 之间，电压大小与液面高度成比例变化。

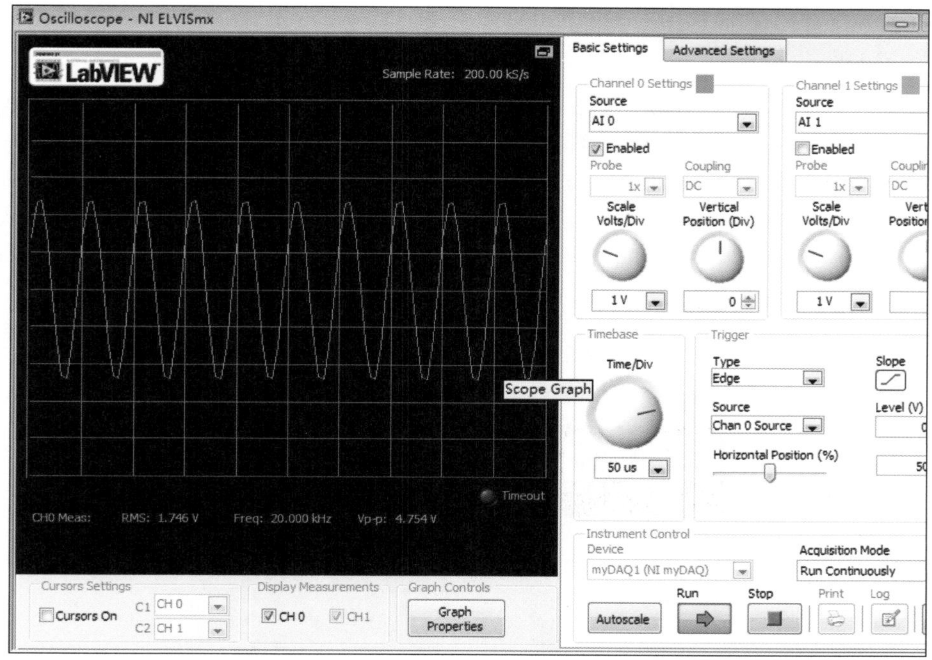

图 3.5 **示波器设置及其波形显示**

3.3 电感型传感器

电感传感器，是指使用电感线圈或者变压器，通过改变自感或者互感从而将外部物理量转变成电流或者电压变化的一种传感器。由于电感传感器利用了电磁感应现象，因此电感传感器需要交流信号作为电感线圈的驱动电压信号。

例 3.3 线性差分变压器与数字弹簧测力。

实验原理：

线性差分变压器(LVDT)，是利用线圈之间位置变化而导致的电磁感应的传输紧密程度的变化，而将线圈位置信号变成某种电压信号的传感器。由电磁感应定律可知，原、副线圈之间的互感系数会受到线圈之间的铁芯位置、线圈相对位置、相对角度的影响。外部的机械位置等物理量的变化会改变线圈之间的互感系数，从而改变副线圈从原线圈所接收的信号的大小。从名字可知，传感器本质上是一个变压器，因此需要一个交流电信号作为传感器的电压源，才能在信号采集端产生相应的信号。本例中通过改变原、副线圈之间的相互位置，而将位置改变信息转换成交流信号的幅值变化，如图 3.6 所示。

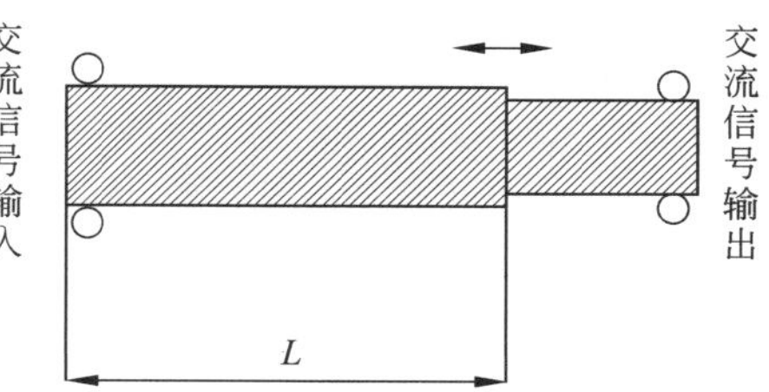

图 3.6 **LVDT 线性差分变压器位移传感器装置**

实验器材：

(1) 自制原、副线圈(原线圈用粗铜线绕制 200 匝，副线圈用细铜线绕制 1000 匝)。

(2) myDAQ。

实验过程:

(1) 将 LVDT 传感器原线圈(匝数较少的线圈)的一端与 myDAQ 的 AO 0 串联,另一端与 myDAQ 的 AGND 相连。将 LVDT 传感器原线圈(匝数较多的线圈)的一端与 myDAQ 的 AI 0 相连,以便 myDAQ 通过 AI 0 采集电容两端的交流电压信号。此时信号输入与输出之间连接成变压器升压模式,以便能有更大的传感器本底输出。

(2) 启动 NI ELVISmx 软件工具条,选择启动 FGEN 信号发生器虚拟仪器软件。选择正弦波模式,频率(Frequency)设定为 20kHz,电压幅度(Amplitude)设定为 10V。完成后单击 Start 按钮启动 FGEN 信号发生器,如图 3.7 所示。

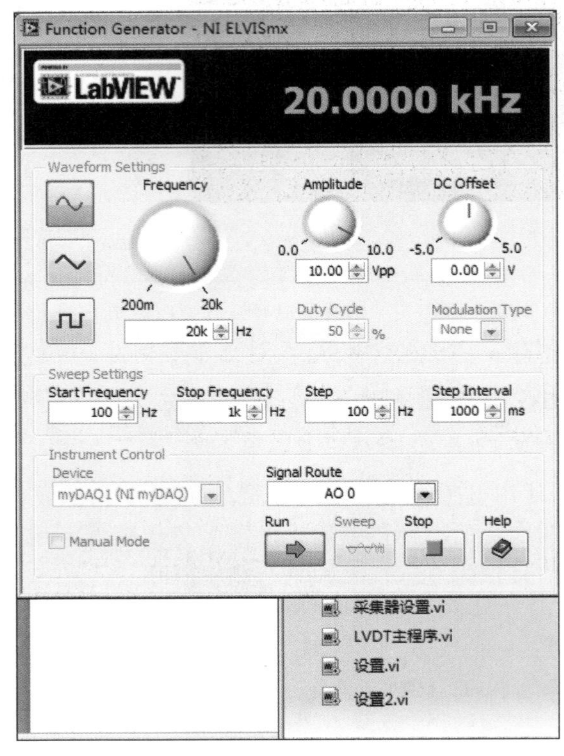

图 3.7 **信号发生器设置**

(3) 选择启动 Scope 示波器虚拟仪器软件。选择通道 0(CH0)显示电容两端的交流电信号。此时应该看到一个 20kHz 的正弦波信号,调整至合适的挡位,使得信号波形尽可能大地显示在示波器面板中,如图 3.8 所示。

(4) 首先将 LVDT 传感器的两个线圈完全嵌入,观察示波器波形大小,缓慢将副线圈从原线圈中抽出,可以观察到示波器波形幅度逐步下降。因为随着副线圈从原线圈中抽出时两个线圈之间的互感系数会随抽出距离的增加而下降,从而导致副线圈接收的正弦波电压幅值降低,如图 3.9 所示。

(5) 在抽出副线圈的过程中,记录副线圈完全在原线圈时的数据作为 LVDT 位置传

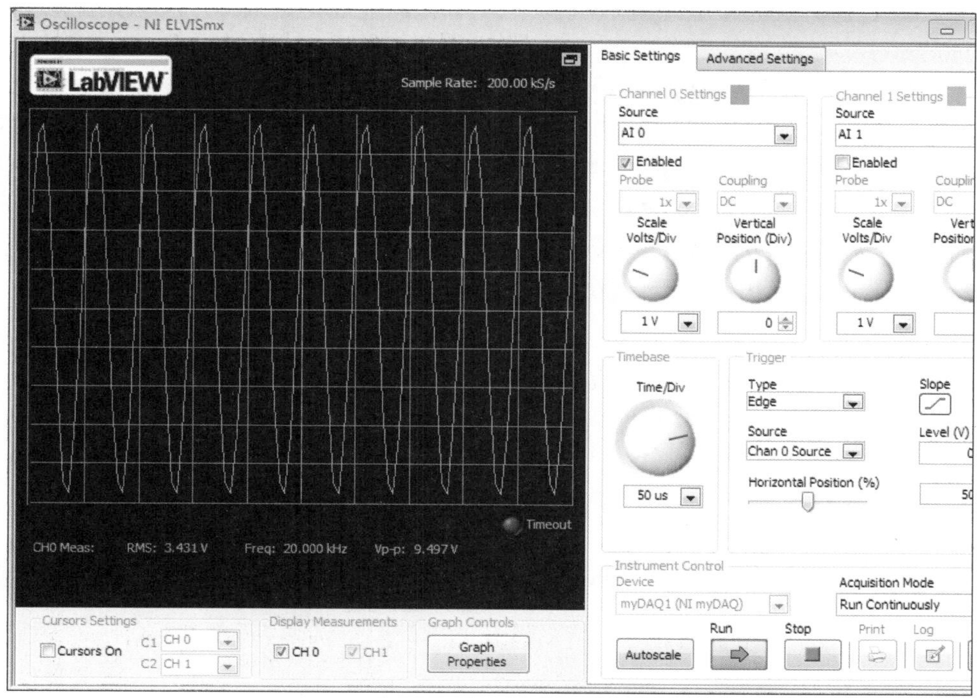

图 3.8　示波器设置及其波形显示

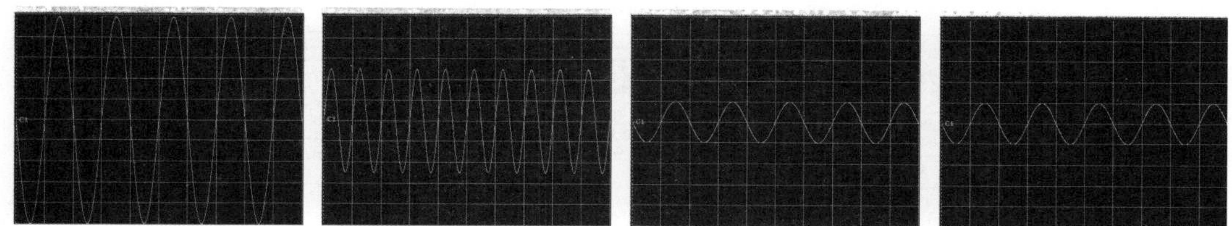

图 3.9　LVDT 副线圈信号随线圈间相对位移变化的图像

感器位移为 0 时的数值，记录为 U_1。记录副线圈完全脱离原线圈时电压峰-峰值，作为位移为 L 时电压的峰-峰值 U_2。由 LVDT 的特性决定了在 $U_1 \sim U_2$ 之间，电压大小与线圈相对位移成比例变化。

3.4　电源型传感器

硅光电池是工业生产中常用的光电转换元件。它是一种利用了硅半导体的光生伏特效应，使光能转换成电能电子元件。对于大功率的硅光电池，以矩阵方式组合可以作为电源之用，对于小功率的硅光电池元件，与激光或者发光二极管等人造光源配合使用，可以作为光电检测、计数以及其他功能的传感器模块。由于该种传感器能对外输出电压与电流，与其他需要电源驱动的传感器不同，故称为有源传感器或电源型传感器。该传感器模块有传感精度高、响应快的特点。

例 3.4 光电池与大气光通信。

实验原理：

光电池可以将光能吸收以后变成电能，转换为电流和电压，如同一个化学电池可以将化学能转变成电能一样。利用 myDAQ 信号采集器的模拟输入端子，可以采集这种因光强变化而造成的电压或电流变化。另外，作为大气光通信实验，必须要有信号来源。在实验中使用 myDAQ 设备输出一个可调的信号电压，并将电压加载在一个发光二极管(LED)上。通过发光二极管和光电池这一组发送与接收组合，在一定距离内可以实现大气中电信号的光隔离传输。在实际生产、生活中，这种组合也是光耦合器、光纤通信的基本原理。

实验器材：

(1) 发光二极管 LED(任意颜色，推荐白光)一个，1kΩ 电阻一个；

(2) 硅光电池一个；

(3) myDAQ。

实验过程：

(1) 如图 3.10 所示连接，使用 AO 0 电压输出作为装置的供电部分。将发光二极管和一个 1kΩ 的电阻与 AO 0 串联形成回路。将光电池的正极连接到 AI 0＋端，以使光电信号能够被 myDAQ 采集，而光电池负极与 AI 0－及 AGND 相连。另外，在装置中的光敏电阻，如果用小纸筒或者是圆筒形挡光物覆盖，能够提高光电池受环境光的影响，提高传输信号的清晰度。

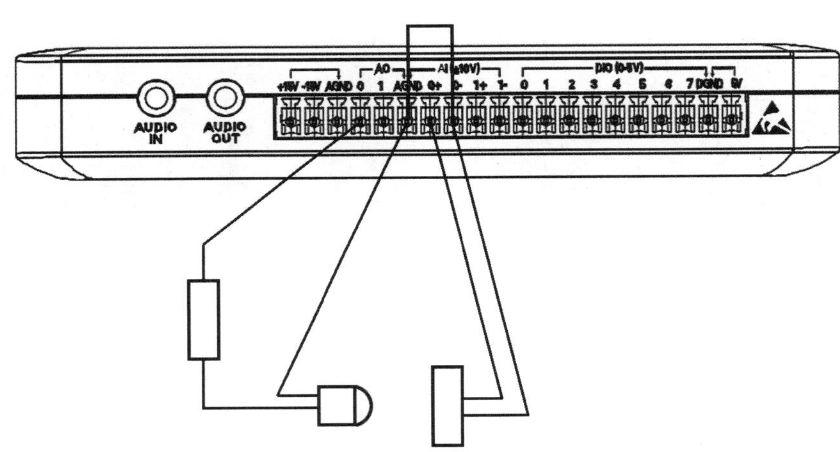

图 3.10 **光电池光电通信实验装置**

(2) 启动 NI ELVISmx 软件工具条，选择启动 FGEN 信号发生器虚拟仪器软件。选择正弦波模式，频率(Frequency)设定为 20kHz，电压幅度(Amplitude)设定为 10V。完成后单击 Start 按钮启动 FGEN 信号发生器，如图 3.11 所示。

(3) 选择启动 Scope 示波器虚拟仪器软件。选择通道 0(CH0)显示光电池两端接收到的由发光二极管光强变化而产生的交流电信号。此时应该看到一个 20kHz 的正弦波信号，调整至合适的挡位，使得信号波形尽可能大地显示在示波器面板中，如图 3.12 所示。

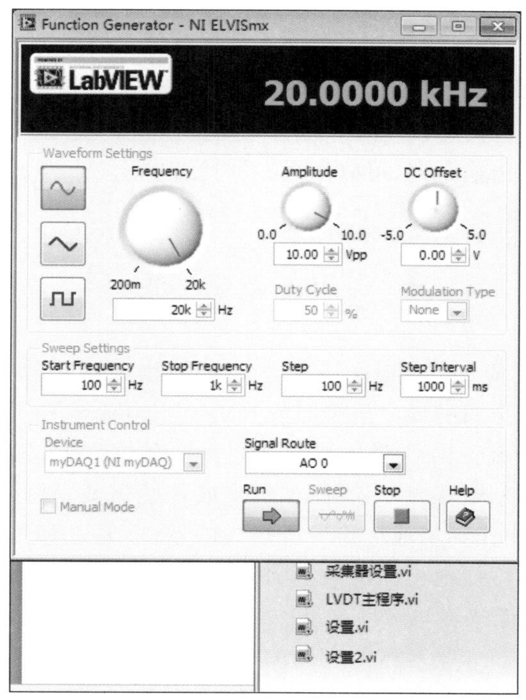

图 3.11　信号发生器设置

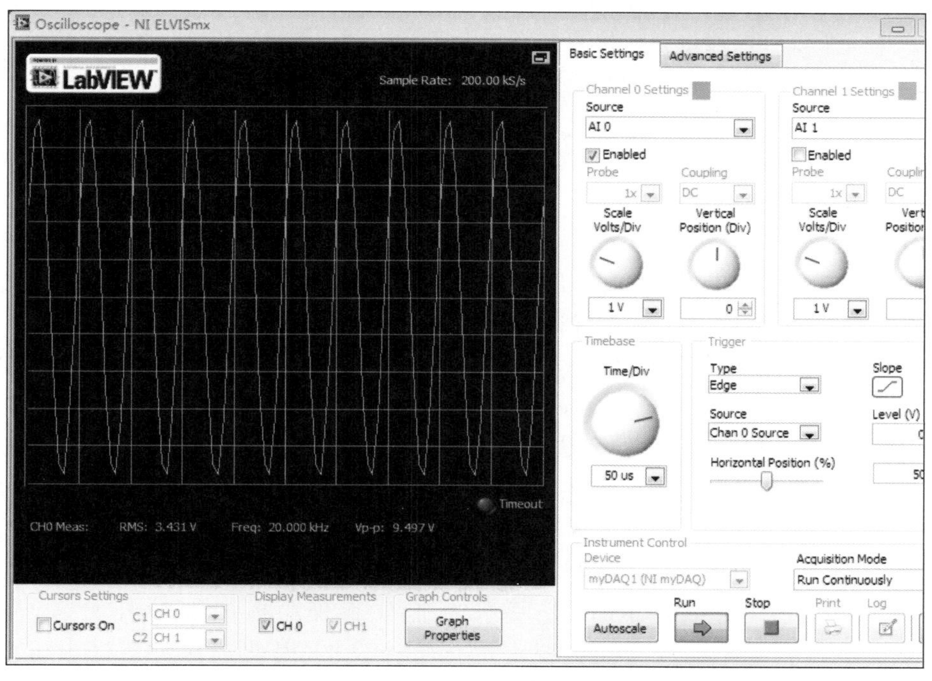

图 3.12　示波器设置及其波形显示

（4）在信号发生器面板上改变信号源电压的幅值、频率等参数，可使示波器面板的信号有相应的变化。同样，缓慢转动光电池的方向使之不正对着发光二极管，或者在光路上设置不同程度的阻碍，也能降低光电池接收的光信号强度。若用合适的信号源，比如麦克风所产生的电声信号代替信号发生器，就可以以光为介质，实现声音的传输。若要有更高的抗干扰性能和更长的传输距离，可以用激光器代替发光二极管作为电光转换的器件，从而实现激光大气通信。

3.5 集成传感器

霍尔效应是电磁效应的一种，这一现象是美国物理学家霍尔（A. H. Hall，1855—1938）于1879年在研究金属的导电机制时发现的。当电流垂直于外磁场通过导体时，在导体的垂直于磁场和电流方向的两个端面之间会出现电势差，这一现象就是霍尔效应。这个电势差也被称为霍尔电势差 。线性霍尔集成传感器就是将半导体霍尔元件与必要的驱动、转换电路集中制作到集成电路中所形成的器件，是一种集传感、转换为一体的元器件。利用该器件可以方便地检测出微小的磁场及其变化。

例3.5 线性霍尔传感器与磁场测量。

实验原理：

集成霍尔传感器是一种利用半导体霍尔效应测量空间磁感应强度 B 的集成电路。该电路同时集成了半导体霍尔元件、前置缓冲放大电路，并经过直流校正的集成电路，最大输出电压在4.5～4.9V之间。在器件测量的磁场范围内，磁感应强度 B 与电压成正比（线性关系），系数可以通过查元件数据表结合实测得到。因此，通过采集集成传感器的电压输出，就能通过比例转换得到相应的磁感应强度值。

实验器材：

（1）集成霍尔传感器A2。

（2）myDAQ。

实验过程：

（1）装置如图3.13所示连接，使用＋5V电源作为装置的供电部分。将霍尔传感器的＋5V引脚与myDAQ的5V引脚相连，霍尔传感器的GND引脚与myDAQ的AGND、DGND引脚相连，霍尔传感器的Vo引脚与myDAQ的AI 0引脚相连。这样，霍尔传感器电压信号就能够被myDAQ收集。

（2）首先通过第3章介绍的方法进行实验，观察磁铁能够引发霍尔元件输出电压的变换，以便确定连线是否连通并正常工作。如正常则可以进入下一步编程工作。

（3）新建一个空白VI并命名为“霍尔传感器_章4.vi”，开始编制程序。

（4）创建EXPRESS VI。在Programming→Express-Input 的下拉菜单中找到DAQ Assist EXPRESS VI 图标。将图标拖放到程序框图中时出现“Creat new Express task...”对话框。因为任务要求进行电压采集，因此选择对话框中树型目录Acquire Signals→Analog Input→Voltage，进入下一个对话框。根据连线要求，选择ai0作为模拟电压信号输入采集端子。

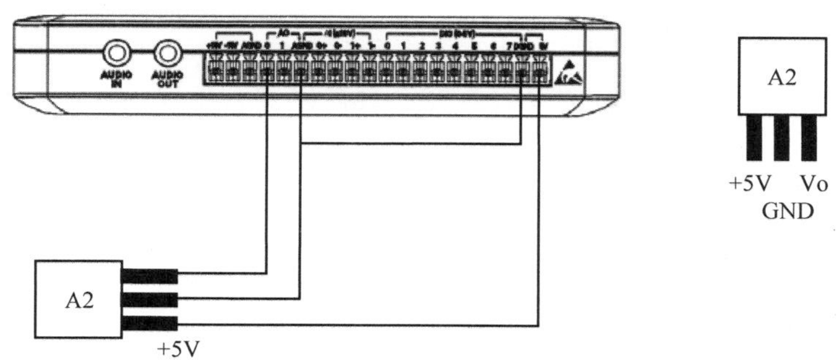

图 3.13　**集成霍尔传感器实验装置**

(5) 设置模拟通道参数。进入 Data Assist，设置输入电压范围。由电路特性分析可知，电压范围在 0V 以上，单输出电压不超出霍尔元件的电源电压 5V。因此在 myDAQ 允许的输入范围内，选择 0～5V 作为电压输入范围。在 Channel Setting 中 Voltage Input Setup 框的 Signal Input Range 的 Max 文本框中输入"5"，Min 文本框中输入"0"。"Scaled Units(幅值单位)"保持为"Volts(电压)"不变，如图 3.14 所示。

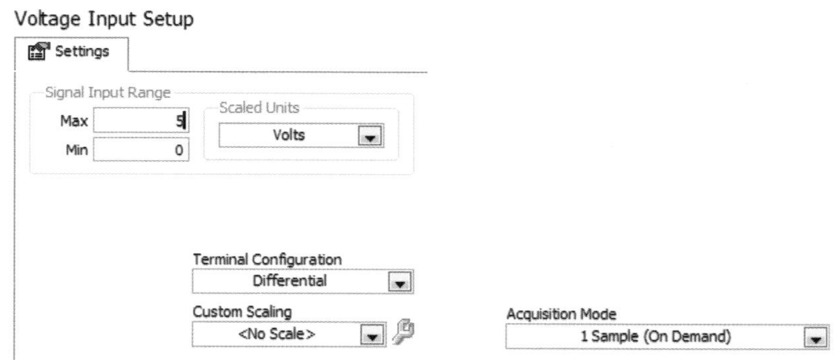

图 3.14　**模拟通道采集输入电压与采样率设置**

另外由于实验性质，并不要求程序能迅速响应，因此在 Timing Setting 栏的 Acquisition Mode 下拉列表框中选择"1 Sample(On demand)"选项，即每一次调用返回一个当前电压值数据。完成后，将 EXPRESS VI 转换成 DAQmx 代码，并将数据的采集参数改成"Analog-Single Channel-Single Sample-DBL"，即采集单通道的模拟电压信号，每一次一个数据，数据格式为双精度浮点数，如图 3.15 所示。

图 3.15　**单通道单次采样设定**

(6) 一方面，在前面板中添加 Meter 数据显示控件，将此数据输出连接 Meter 数据，显示控件电压信号大小；另一方面，通过对数据与一个可调系数相乘，计算对应的磁感应

强度。

(7) 单击按钮循环执行程序。程序控制硬件不断采集霍尔传感器产生电压，通过使用一块磁铁并不断改变位置，可以看到电压数据以及大型仪表盘会产生相应的示数变化。

思考与练习

(1) 电阻传感器、电容传感器、电感传感器的概念是什么？你能对日常生活中可能遇到的传感器进行分类吗？

(2) 通过案例的介绍，列举哪些传感器需要电源才能工作？哪些不需要？哪些传感器可以在任意信号下工作？哪些传感器只能在特定的信号下工作？

(3) 请用简短语言描述热敏电阻、光敏电阻的特性。

(4) 请根据电容的特性，设计几种可以传感不同物理量的传感器，并通过搜索引擎了解是否有这种原理的传感器正在使用。

(5) 请根据LVDT位移传感器的原理，列举在中学物理实验中哪些实验可以利用该传感器进行实验。

第 4 章　再识 myDAQ 和 LabVIEW

本章内容与学习方法简介

知其然，也要知其所以然。除了能够应用 myDAQ 和 ELVISmx 虚拟仪器面板进行简单的传感器测量与实验，还有必要进一步掌握 myDAQ 设备的工作原理以及虚拟仪器开发软件平台 LabVIEW 的使用，以便能仿照 ELVISmx 虚拟仪器面板设计出类似的虚拟仪器软件应用，更好地进行实验创新。

本章主要结合实例介绍图形化语言(G 语言)程序在 LabVIEW 平台上的基本编写方法，以及 LabVIEW 对 myDAQ 设备的读写与控制。

4.1 节主要介绍编写、调试一个简单 LabVIEW 程序的基本方法和流程。

4.2 节主要介绍 LabVIEW 基本函数与控件的功能和使用。

4.3 节～4.6 节主要结合实例，介绍在 LabVIEW 中控制、读写 myDAQ 的方法以及简单介绍循环执行程序的编写方法。

4.2 节～4.4 节是本章的重点部分，因为这些章节涉及内容、方法、技巧将在后面章节的程序中反复出现。而 4.4 节则是全章的难点部分，因为循环结构是 LabVIEW 程序结构的核心部分，熟练掌握并理解循环结构对理解后面章节的程序设计有相当大的帮助。

4.1 创建一个基本 LabVIEW 程序

1. 程序登录环境

LabVIEW 2010 for Education(教育版)成功安装,单击 LabVIEW 图标以后可选择 3 种不同的程序登录界面,分别是 SP1、for Education 及 for LEGO MINDSTORMS,如图 4.1 所示。还可以选择其中之一作为程序登录的默认界面,选择的方法是:在进入图 4.1 的第二行任一登录界面后,在菜单栏选择 Tools 下拉菜单中的 Choose Environment 命令,进入环境选择界面。在该界面中,左侧是可选的登录环境,带"√"的一项是当前选项;右侧对应登录环境主要的应用范围(英文)。当选择需要的登录环境选项后,单击 Apply 按钮即可切换到相应的登录界面,若要将该登录环境设为默认登录界面,可进一步选中 Make this my default setting 复选框,然后确认。

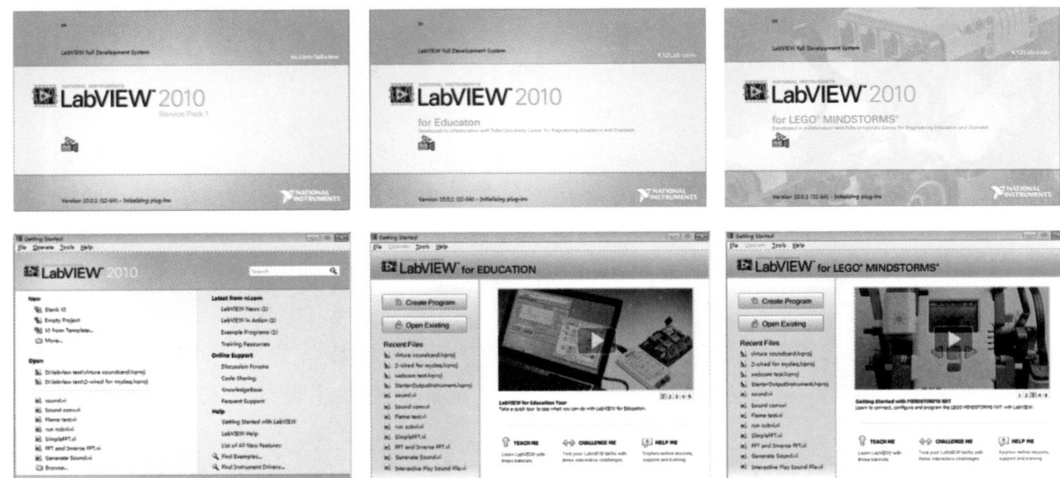

图 4.1 LabVIEW 2010 3 种不同风格登录界面示意图

熟悉 LabVIEW 以前版本的读者可以选择 LabVIEW 登录界面,这与 LabVIEW 工业版界面几乎完全一样;而选择 LabVIEW For Education 界面则更适合于学生或初学者。

这里,选择 LabVIEW for Education 登录界面。在该界面中包含了创建、打开文件功能以及对 LabVIEW 包含的一些重要资源的链接,这包括 LabVIEW 简单课程、测试、视频教程及网上资源列表,如图 4.2 所示。

2. 新建 VI 程序及其构成

在单击 Create Program 按钮后,进入 New Programme 对话框,如图 4.3 所示。该对话框可以方便地生成机器人项目文件以及各种类型的虚拟仪器程序(VI)模板,单击对应项目后,对话框最右栏会出现创建对应程序的类型功能简介。在这里单击左栏的 Virtual Instruments (.vi) 及中栏的 Blank Virtual Instrument 选项,再单击 Create 按钮,创建一个空白的 VI 程序。

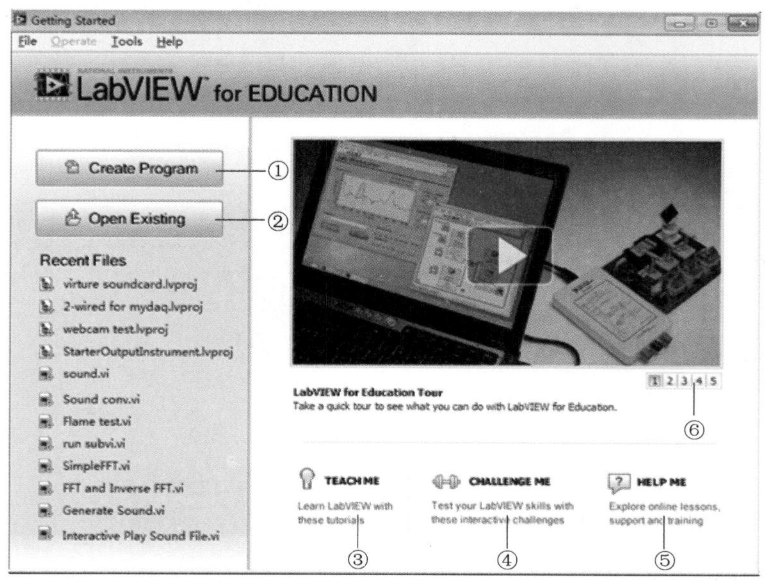

图 4.2　LabVIEW 2010 for Education 登录界面功能说明

①—创建程序；②—打开已有文件；③—“教我”——LabVIEW 教程；④—“挑战我”——LabVIEW 程序测验；⑤—“帮助我”——LabVIEW 帮助资源；⑥—视频资源列表

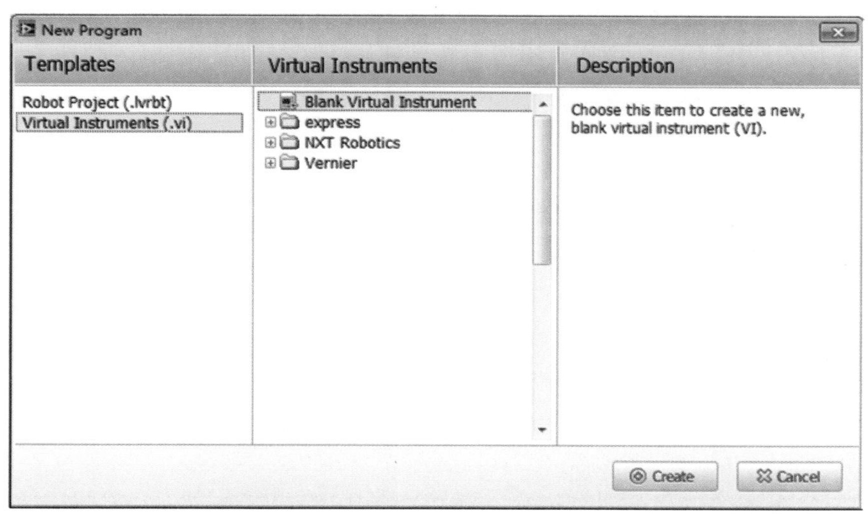

图 4.3　新建程序对话框

在新建的空白 VI 程序中有两个窗口，一个为“Front Pannel(前面板)”；另一个为“Block Diagram(方块图窗口)”，也就是程序窗口。按下 Ctrl+T 组合键或者在前面板菜单栏中选择 Window → Tile Left and Right 命令，可使两个窗口左右排列，方便同时观察，如图 4.4 所示。

在 VI 程序中，前面板主要放置输入输出量以及放置用于模拟真实仪表的各种控件。

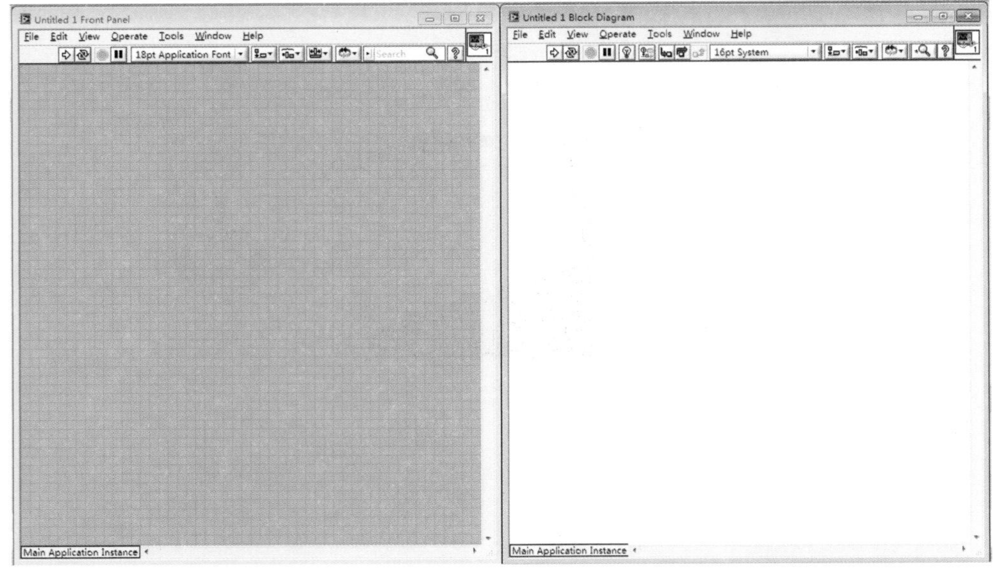

图 4.4　LabVIEW 前面板和程序框图面板并列

各种输入程序的参量称为控制(Controls),程序输出或显示的参量称为显示(Indicators)。这些输入输出参量在前面板则被设计成为各种旋钮、开关、图表等形式,使前面板更加直观,更能模拟现实中的仪器仪表。

而在 VI 程序中,程序窗口是使用图形化编程语言 G 编写程序框图的地方。每一个前面板对应一个程序框图。在程序框图中,可以通过数据流编程对前面板中的输入输出进行控制及计算。程序框图由端口、节点、图框和连线构成。其中,端口被用来表示前面板控件的计算与控制;节点则代表函数或功能的调用;图框用以实现结构化编程;而连线则连接各个端口和节点,以反映数据在程序执行中的流动方向。各图标及其名称如图 4.5 所示。

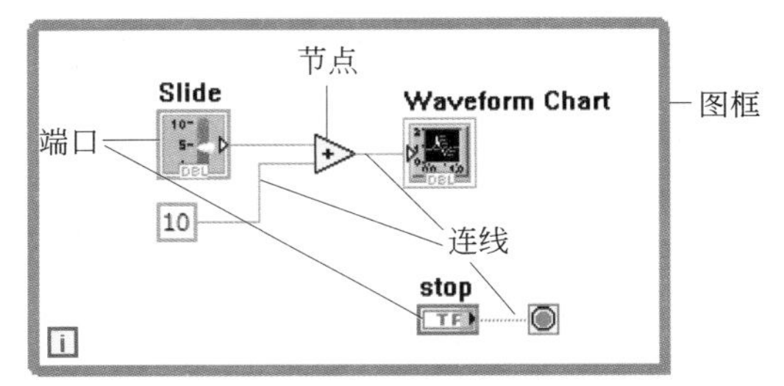

图 4.5　VI 程序框图面板各组件名称

3. LabVIEW 的常用操作模板及其常用功能

LabVIEW 具有众多操作模板,方便进行快速程序开发。这些模板可以随时调出,也可以固定在屏幕的任一位置。这些操作模板分别为控件模板、工具模板、函数模板。这些模板都可以在前面板窗口或程序框图窗口通过单击右键调出。

1) 控件模板

控件模板(Controls Palette)只能从前面板调用,用于添加输入控制(Controls)和输出显示(Indicators),如图 4.6 所示。按照功能不同可分为现代(Modern)、系统(System)、经典(Classic)、快捷(Express)等多种不同的模板菜单,其中很多功能是相互重

叠仅区别于控件外形。因此,搞清楚一个模板即可触类旁通。现以现代(Modern)为例说明各个子模板以及图表的功能。细察每个菜单左上方都有一个图标,用以将模板锁定在屏幕的固定位置。当光标置于该图标上则变成形状,单击后即可在该位置锁定菜单面板。在模板中包含各种子菜单,其常用功能分类介绍如下,详细分类参看附录。

在控件模板中可以利用输入控件对程序输入数据,如数字(Numeric)、布尔值(Boolean)、字符串(String);也可以利用显示控件显示处理以后的数据,如数字(Numeric)、指示灯(LED)、指针表(Metre)、文本框(String Indicator)等。对于常见用于科学仪器的控件列举如图 4.7 所示。

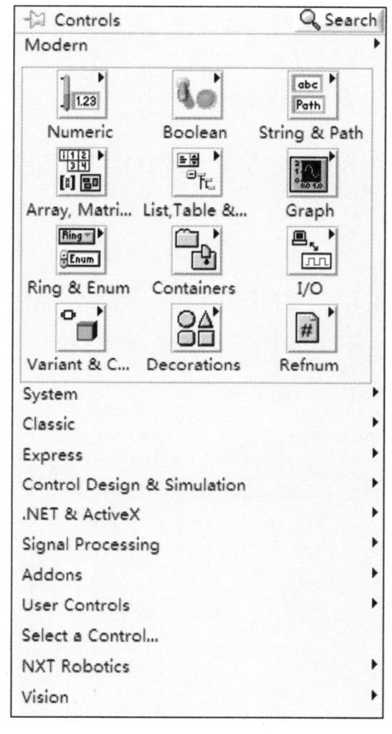

图 4.6　**控件模板**

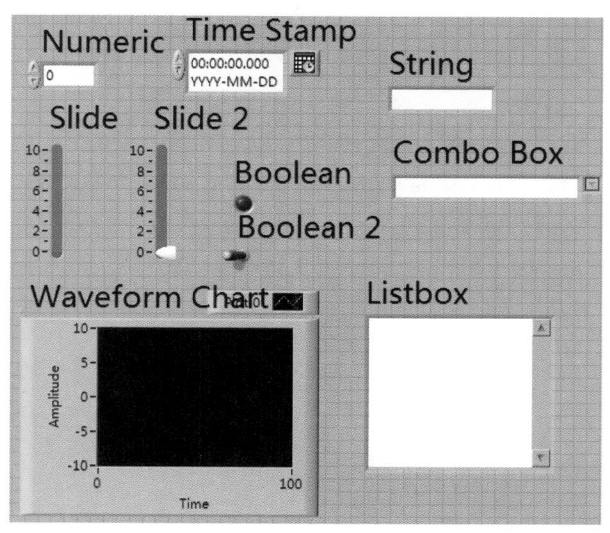

图 4.7　**LabVIEW 前面板常用控件**

2) 函数模板

函数模板是在程序框图中调用的工具模板,主要包含各种程序结构、运算、功能调用的节点。常用的函数子模板如图 4.8 所示。

4. 建立一个简单的 VI 程序

下面通过例子了解一下创建一个 VI 程序最基本的过程。将通过编程,求解不同体积物体在不同液体中受到的浮力大小。

实验原理:

在初中物理中学习到的关于浮力的阿基米德定律是这样描述的:物体所受到的浮力等于该物体排开液体所受到的重力。

其表达式为

$$F_{浮} = \rho_{液} g V_{排}$$

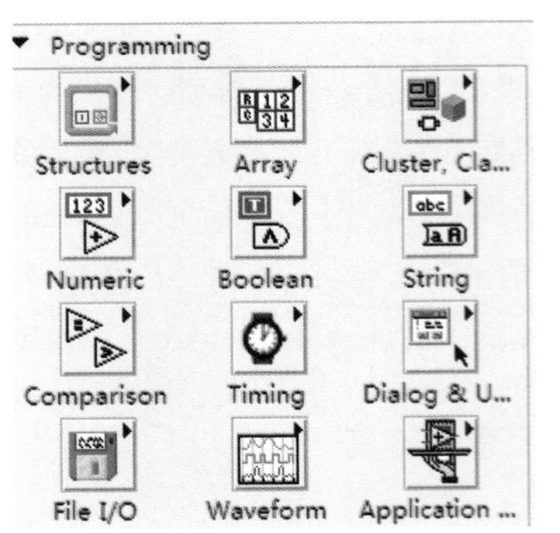

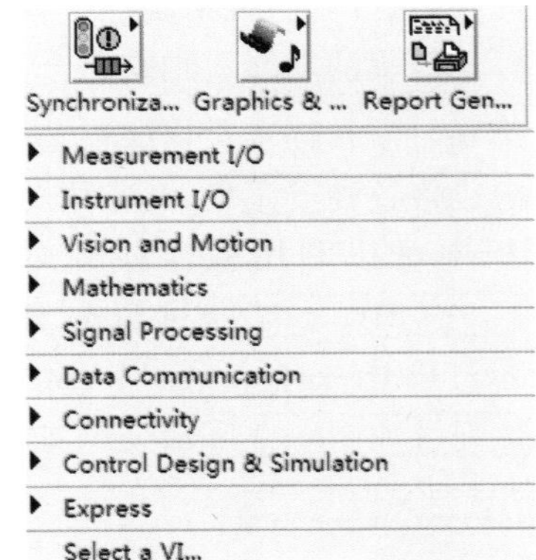

图 4.8　**程序框图面板中函数模板**

式中，$F_{浮}$ 为浮力；$\rho_{液}$ 为液体密度；g 为重力加速度常数，取 $9.8\mathrm{m/s^2}$；$V_{排}$ 为物体排开液体的体积。

实验步骤：

(1) 在登录界面中如前所述，建立空白 VI 文档；或者在已经打开的 LabVIEW 窗口中选择 File→New File 菜单命令，创建空白 VI 文档；或者按下 Ctrl＋N 组合键创建空白 VI 文档。并且按下 Ctrl＋T 组合键使两个窗口并排，如图 4.9 所示。

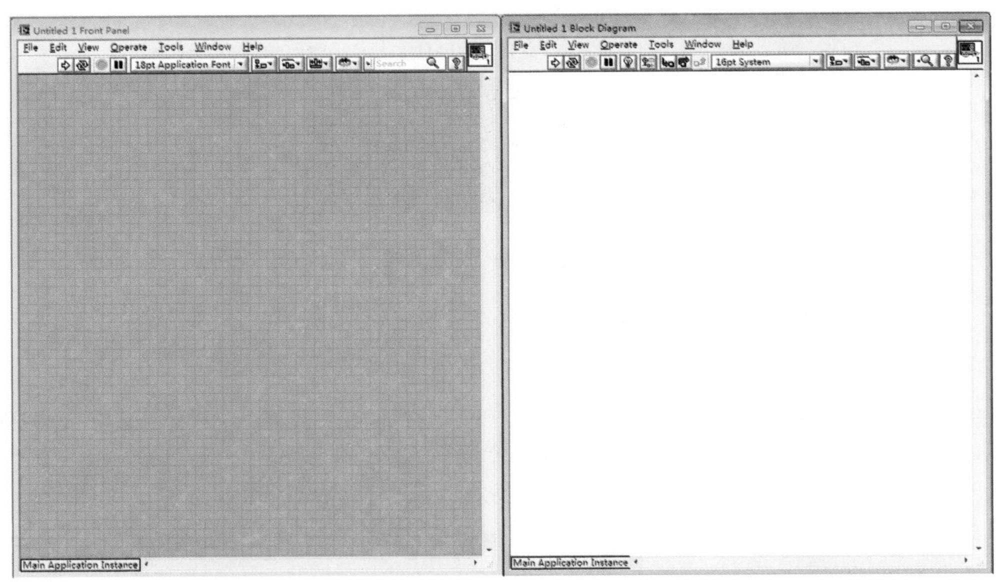

图 4.9　**新建一个可供编程的程序界面**

(2) 在前面板中，单击右键调出 Modern 控件模板，分别在前面板放置一个 Dial、两个 Numeric、一个 Tank 控件。Dial 放置方法：将 Modern 菜单 Num Ctrls 子模板的 Dial 控件拖放到前面板，并改名为"V 排水体积"。Numeri 放置方法：将 Modern 的 Num Ctrls 子模板的 Num Ctrl 拖曳到

前面板，然后改名为“液体密度”。Tank 放置方法：将 Modern 的 Num Ctrls 子模板的 Tank 拖曳到前面板，然后改名为“浮力”，如图 4.10 所示。

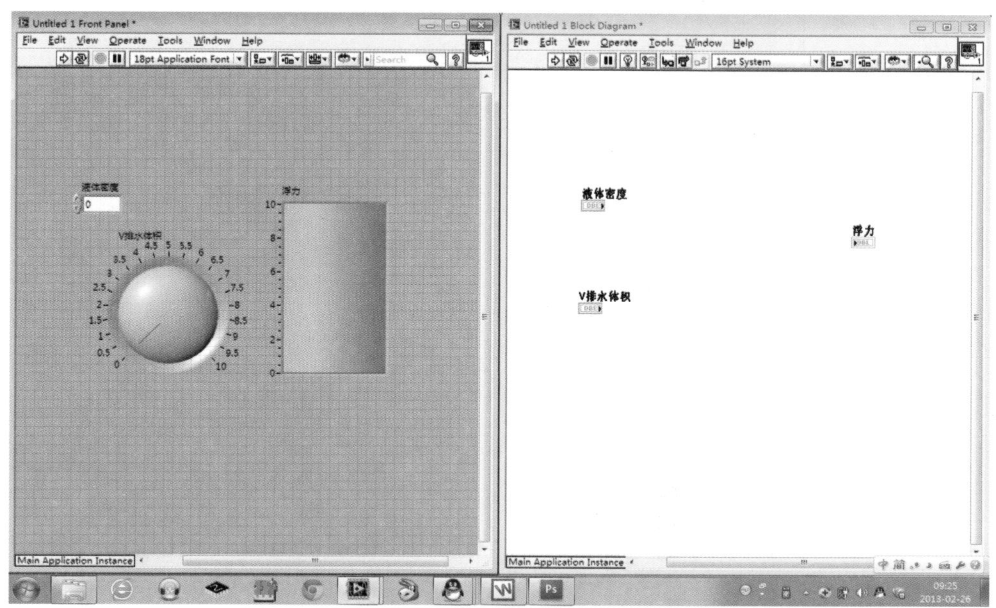

图 4.10　**在前面板拖曳液体密度、排水体积和浮力控件**

同时，在放置的过程中要注意，每在前模板放置一个控件，在程序框图中就会出现一个同名的对应端口。通过观察可得，输入控件 Dial、Numeric 对应的端口形式为 DBL▸，一个右侧黑色三角形朝方块外的长方形端子；而输出控件 Tank 对应的端口形式为 ▸DBL，一个左侧黑色三角形朝方块内的长方形端子。应牢记这两种控件对应端口的形式。

（3）调整各个控件的范围、分度等属性。每一个控件都有其属性菜单。像 Numeric、Dial 类数值型控件，其常用的可修改属性为“数据输入（Data Entry）”、“范围（Scale）”和“Display Format（显示格式）”3 种，如图 4.11 所示。其中 Data Entry 选项卡设置控件的实际数据的取值范围（Mininum 最小值，Maxinum 最大值）和增量（Increment）的大小；Scale 选项卡设定控件在前面板中显示的标尺范围与格式，“标尺范围（Scale Range）”中的 Mininum 是最小值，Maxinum 是最大值。其他选项是选择标尺的样式，读者可以自行尝试。另外 Display Format 选项卡是设置数据显示的格式、小数位数等参数。

对程序中的“V 排水体积”、“液体密度”、“浮力”控件，做以下属性设置。

“V 排水体积”：在控件上方单击右键弹出快捷菜单，从中选择 Properties 命令，进入属性菜单。在 Data Entry 中去掉 ☐ Use Default Limits 复选框的勾选，从中设置最小值为 0，最大值为 10，增量是 0.1，并且在右侧 Response to value outside limits 选项中分别设置 Coerce、Coerce、Coerce Down。这样设置代表物体体积范围在 0～$10m^3$ 之间，每次变化量为 $0.1m^3$。在 Scale 中做同样的设置，以保证显示与输入相符。

“液体密度”：用相同方法进入属性菜单，分别设置各个菜单的最小值为 0.1，最大值

Knob Properties: V排水体积

Data Entry | Scale | Display Format | Text Labels | Documentation

Current Object: Numeric

Use Default Limits

Minimum: -Inf — Response to value outside limits: Ignore

Maximum: Inf — Ignore

Increment: 0.0000 — Ignore

Page Size: 0.0000

Knob Properties: V排水体积

Data Entry | Scale | Display Format | Text Labels | Documentation

Scale Style: Major tick color; Minor tick color; Marker text color; Inverted; Logarithmic; Show color ramp; Interpolate color

Scale Range: Minimum 0; Maximum 10

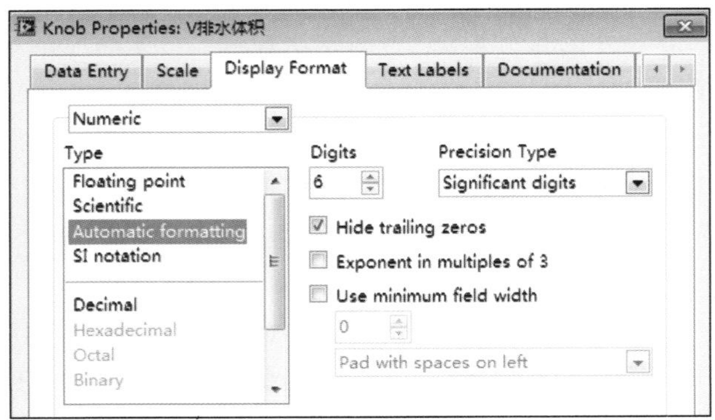

图 4.11 **设置数值控件 Properties 中的数值范围、显示形式等参数**

为 20，增量是 0.1。这代表液体密度在 0.1～20 之间变化，变化量为 0.1。

“浮力”：通过取最大液体密度和排水体积计算可得，浮力最大值为 1960N，并且浮力是通过两个输入控件值计算所得，因此仅需分别设置控件两个最大值为 2000 即可。

(4) G 语言编写浮力计算程序。为已经添加的输入输出控件添加数学关系，需要使用数学运算函数。这些函数位于程序框图的函数模板中。通过在程序框图中右击弹出快

捷菜单，在 Programming→ Numeric 子模板中就可以找到相关的数学运算函数。在这里需要用到的是乘法(Multiply)运算以及设置数字常量(Constant)。将运算符拖曳到程序框图中，填写常数值，并使用连线工具连接如图 4.12 所示程序。

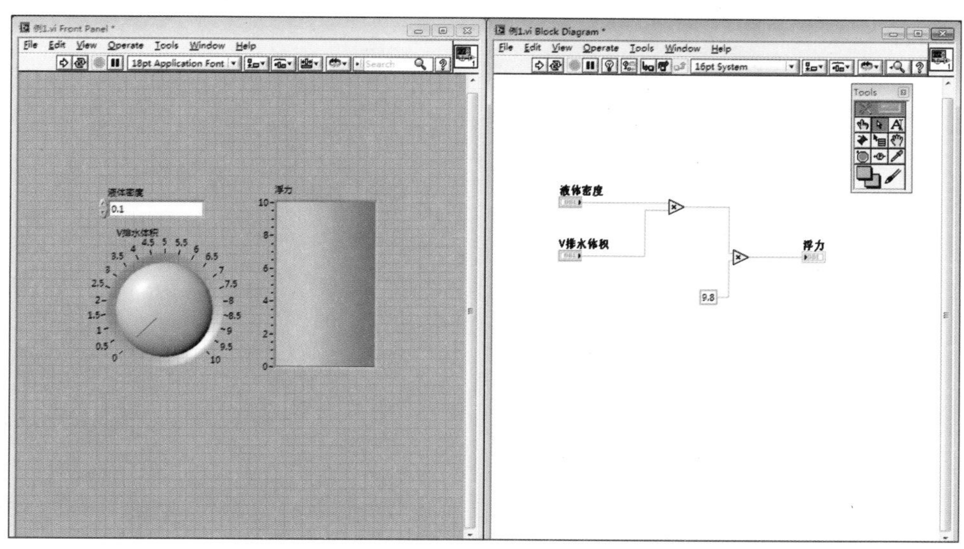

图 4.12　**在程序框图中编写计算浮力程序**

(5) 运行与调试程序。在 LabVIEW 菜单栏中可以看到与程序运行与调试相关的功能按钮及其功能分类列举如下：单步运行(Run)、循环运行(Run Continuously)、中止运行(Abort)、暂停运行(Pause)、高亮执行(High Light Execution)，具体如表 4.1 所示。

表 4.1　**运行与调试功能图标及其意义**

图　　标	功　　能
单步运行(Run)	程序从开始到结束执行一次
循环运行(Run Continuously)	程序被不断重复执行
中止运行(Abort)	在程序执行过程中中断程序执行
暂停运行(Pause)	在程序执行过程中暂停程序执行。第二次按动时，程序在中断点恢复往下执行
高亮执行(High Light Execution)	降低程序执行速度，并通过图示方法显示数据在各个函数之间的流动以及各个函数、控件的执行结果

在调试这个例程中，改变“V 排水体积”旋钮指向位置，然后单击按钮，就能够看到结果。为了让程序能持续识别输入的改变进而计算结果，则需要单击按钮使程序不断运行。这样，在程序中旋动旋钮或者改变液体密度控件的数值，就能观察到浮力数值改变。在程序持续运行中需要中止程序，则需要单击按钮，如图 4.13 所示。

另外，还可以通过单击程序高亮执行按钮来观察程序运行过程的数据流向。在执

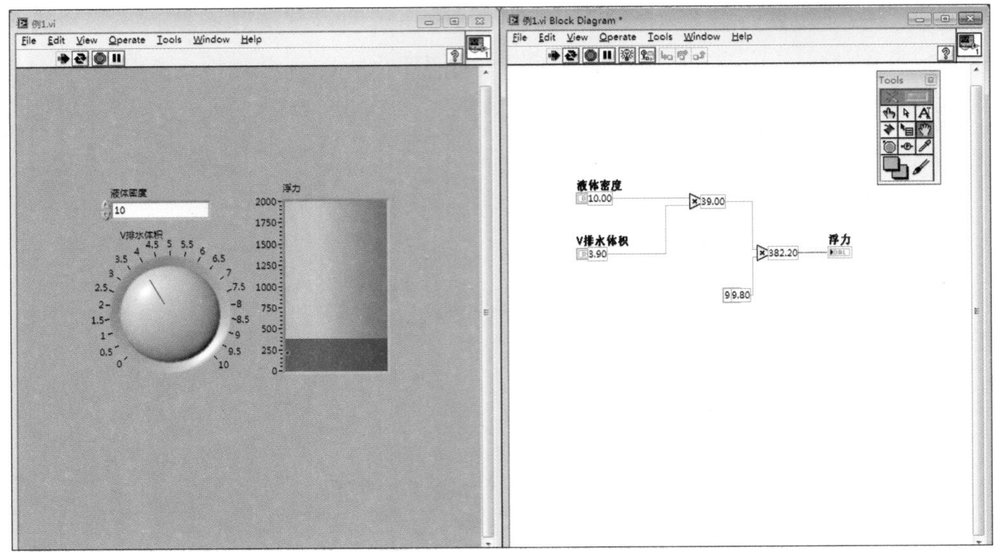

图 4.13　**浮力计算程序运行**

行中，每一个节点都对上一级端口输入数据进行处理后往下一级节点或端口传递，数据是以小圆点的形式沿连线运动。

如果程序在持续运行中不出现中断情况，则证明程序没有过程性错误。

但出现单步执行、持续执行按钮变灰、变断的情况，则需要检查连线、设置等情况。此时单击按钮，则弹出带有帮助信息的窗口。如图 4.14 所示，例子中常量没有连接到右边的乘法节点上，导致节点参数不全而导致错误。

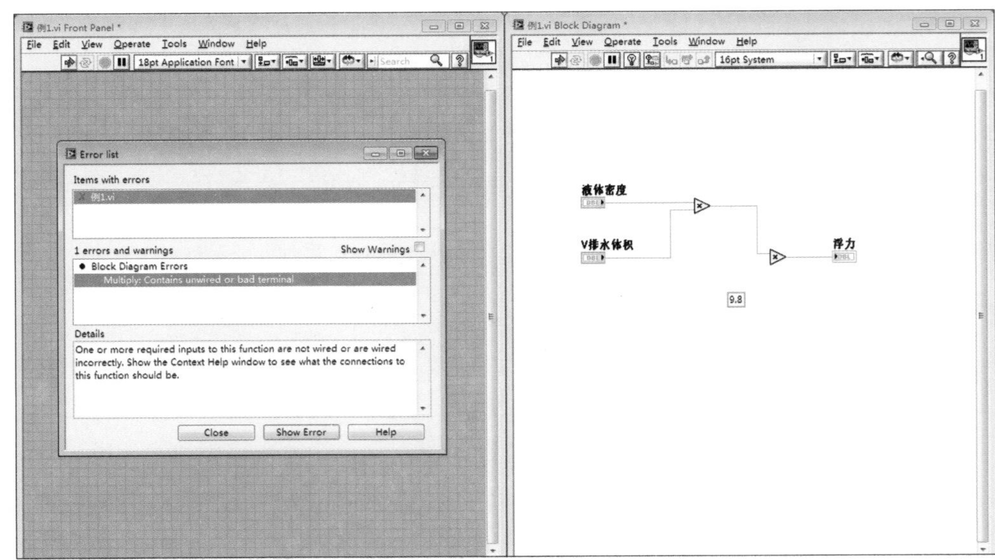

图 4.14　**程序错误提示对话框**

4.2　简单控件与科学计算

LabVIEW 作为一种编程语言，就是要对输入的数据进行处理后进行输出或者人机交互。而作为一种图形化编程语言，和文本编程语言不同，LabVIEW 是以“数据流”作为程序运行的主要方式，也就是说，LabVIEW 的程序执行就是体现数据在程序中的获取、加工与输出这一整个“变形”的过程。因此，认识 LabVIEW 中的数据及其类型以及数据加工过程涉及的函数节点等内容，对进入 LabVIEW 世界有很大的帮助。

1. LabVIEW 中的数据与控件

如前所述，LabVIEW 分为前面板与程序框图两部分。在前面板中程序的部件是控件，而程序框图中则是各种端口、节点和连线。这两者之间有什么关联呢？其实，前面板中的每一个控件都对应着程序框图中的一个端口，而这个端口都有着自己的数据类型。拖动不同的前面板控件，然后观察它们的端口数据类型可以发现，若干种控件都对应着同一个端口数据类型。所以可以认为，前面板控件是根据人机交互的不同需求而对一种数据类型在显示方式上的加工。

下面将介绍几种常用的控件及其对应的数据类型。

1）数值型

在前面板上右击弹出快捷菜单，选择 Modern→Numeric 命令，即出现数字控件子命令。里面有各种形式的数值型控件，但其本质对应着某一个数，因此称为数值型控件。

从图 4.15 中可以看出，不同控件对应不同的显示，这代表不同的数值类型。表 4.2 列举了不同数值类型的符号及长度。

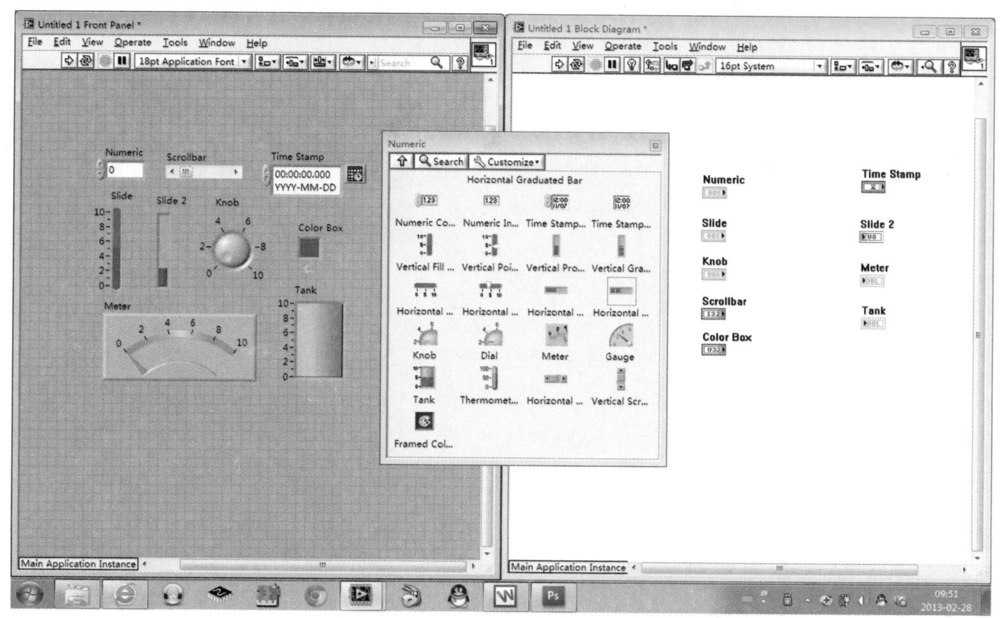

图 4.15　**数值控件在前面板和程序框图中显示图标**

表 4.2　不同类型数值控件的符号、长度

数值类型	符号	长度	数值类型	符号	长度
双精度浮点型	DBL	8 字节	8 位整型	I8	1 字节
单精度浮点型	SGL	4 字节	64 位无符号整型	U64	8 字节
64 位整型	I64	8 字节	32 位无符号整型	U32	4 字节
32 位整型	I32	4 字节	16 位无符号整型	U16	2 字节
16 位整型	I16	2 字节	8 位无符号整型	U8	1 字节

对于控件可以按需要修改它的数值类型。方法为：在程序框图中，将鼠标置于控件图标上方，右击弹出快捷菜单。在 Representation 命令中选择需要的数值类型，如图 4.16 所示。对于图中列出的 Scoller bar 和 Color box 端口是不能更改数值类型的，因为这两个控件有特定的数值范围，因此不能改变其数值类型。

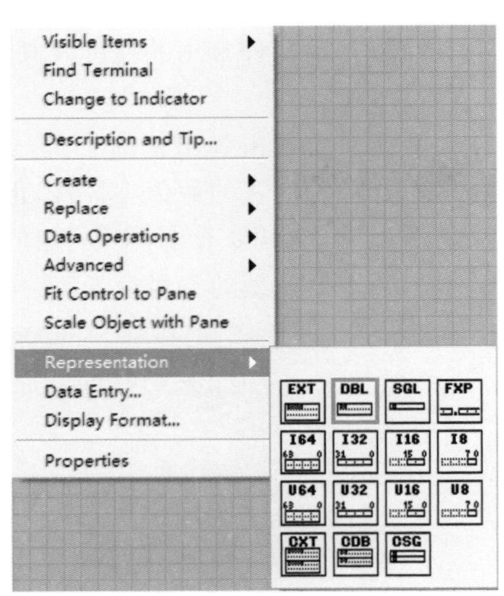

图 4.16　选择数值类型菜单

另外，从图 4.1 中也可以看到端口分为控制 DBL 端口和显示端口 DBL，分别用以输入数据和输出数据。大部分控件两者之间可以互换，其方法为：在程序框图中，将鼠标置于控件图标上方，右击弹出快捷菜单。若原来是“控制”需要变成“显示”，则选择 Change to Indicator 命令；若原来是“显示”要变成“控制”，则选择 Change to Control 命令。

2）布尔型

在前面板上右击弹出快捷菜单，选择 Modern→Boolean 命令，即出现布尔控件子命令。里面有各种形式的布尔型控件，其本质对应着某一个逻辑状态：真（True）或假（False），因此称为布尔型控件，如图 4.17 所示。

布尔控件、布尔数值类型主要用于控制或显示开关状态，数值类型单一。但是在控制触发开关状态方面却有很多种不同方式，主要表现为在前面板按动（触发）相关控件是控件输出布尔数值与实际动作之间的不同时序组合。现简要介绍如表 4.3 所示。

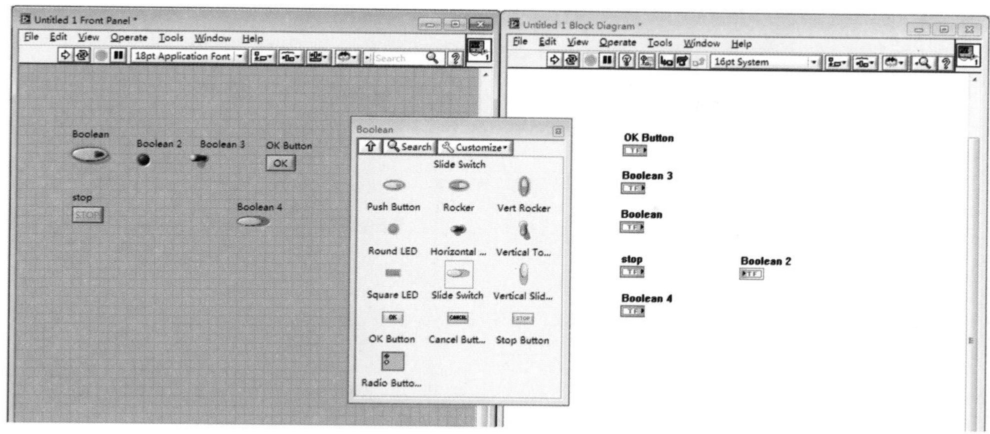

图 4.17　**布尔控件在前面板和程序框图中显示图标**

表 4.3　**按钮控件组合选择功能表**

控　件	图　标	功　　能
开关		开关按下的瞬间控件布尔值就发生变化
开关		开关按下后释放的瞬间，控件布尔值发生变化
按键		开关按下或释放的瞬间，控件的布尔值都会发生变化
按键		开关按下的瞬间，控件布尔值发生变化。当程序在按键没有释放时读取控件值后，控件布尔值恢复原来的值
按键		开关按下后释放的瞬间，控件布尔值发生变化。当程序读取控件值以后，控件布尔值恢复原来的值
按键		开关按下的瞬间，控件布尔值发生变化。该值保存直到程序读取控件值，并且按键被释放后，布尔值恢复原来的值

其显示、修改布尔控件动作类型的方法如下：将光标置于前面板布尔控件上方，右击弹出快捷菜单，从中选择 Mechanical Action 子菜单中的相应的动作命令，如图 4.18 所示。

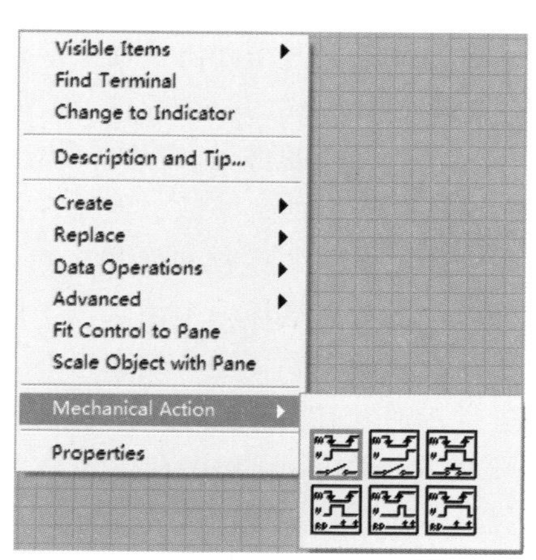

图 4.18　**布尔控件触发类型选择命令**

在实际选择机械动作类型的过程中，可以参看类比图标中最下方所代表的电子元器件的使用方法。但需要注意的是，在实际人机交互程序的编写过程中，特别是数据处理量大、人机交互频繁的情况，就会出现动作赋值与程序读取值之间的时间差。由此可能导致由于动作类型选择不当而造成的程序读取数值错误的情况。在下面实际程序编写中，将结合实例进行介绍。

3）字符串类型

在前面板上右击弹出快捷菜单，选择 Modern→String&Path 命令，即出现字符串控件子命令。里面有各种形式的字符串型控件，其本质对应着某一连串以 ASCII 码储存的字符，因此称为字符串控件，如图 4.19 所示。

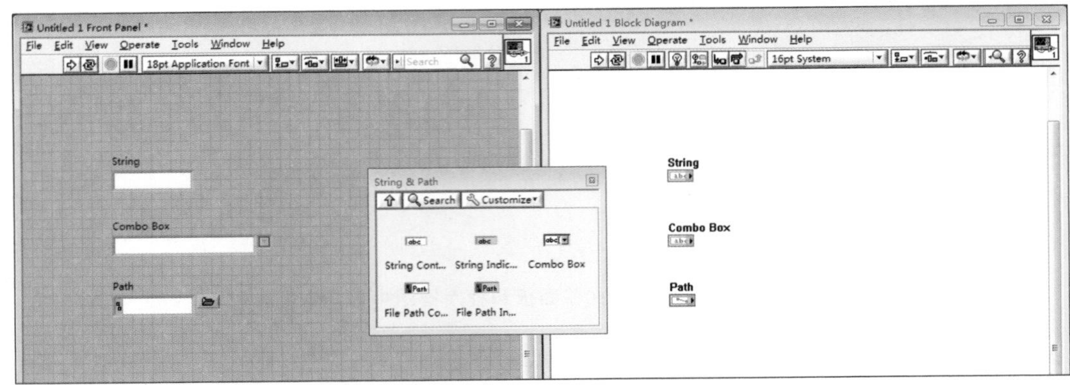

图 4.19　字符串控件在前面板和程序框图中显示图标

字符串控件主要有字符串和文件路径两类。字符串是作一般用途，文件路径主要用作传递文件路径。两者可以互换，无本质区别。

值得注意的是，由于实际在计算机中字符串最终以二进制形式储存，因此在控件中可以设置字符串以 4 种不同的显示形式再现于控件中，如图 4.20 所示。这 4 种形式为：①正常显示 Normal Display；②带"\"代码显示（"\" Codes Display）；③密码（Password）；④十六进制 HEX 显示（Hex Display）。对于同一字符串分别以 4 种形式显示范例如图 4.20 所示。特别地，在"带'\'代码"栏中显示的"\s"代表源字符串中的空格。

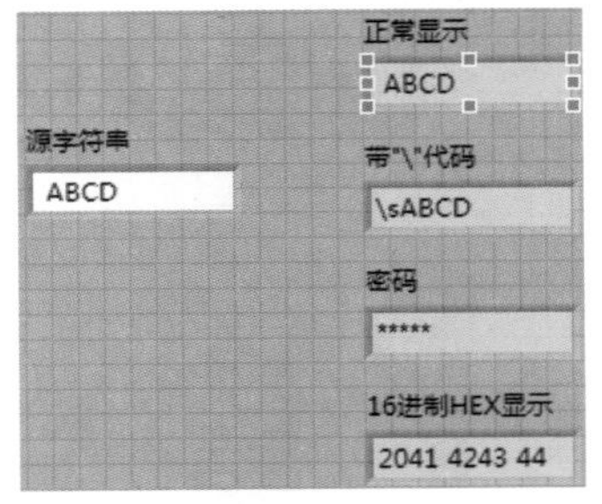

图 4.20　前面板字符串控件 4 种编码显示方式

4）枚举类型

在前面板上右击弹出快捷菜单，选择 Modern→Enum 命令，即出现枚举控件子命令，命令中有各种形式的枚举控件，如图 4.21 所示。枚举可以形象地理解为用一个阿拉伯数字代表一个特定的符号、短语等特定序列的一种形式。所以本质上，枚举控件的数据类型是一个从 0 开始的正整数。但是在控件中也可定义特定数字所代表的字符串。因此对于程序中特定信息的接收和发送方可以使用约定代号的方式，减少传输过程中的数据量。可以简单地考虑这样一个情景以了解枚举类型在程序中的便捷作用。

在程序中需要传递一组命令 Start、Run、End 的某一个或者几个，如果使用字符串类型进行传递，则需要很多个 8 位字符。但是若使用枚举数据类型，可以将 3 个命令对应为 0～2 的 3 个数字，则程序在传递命令时，不需要传递具体命令而只需要传递其对应的数字代号。而一旦程序需要将某个命令更改成另一个命令或者简单更改名称，则不必在程序中修改所有对应的命令字符串而只需要在枚举类型中修改相应数字所对应的命令名称

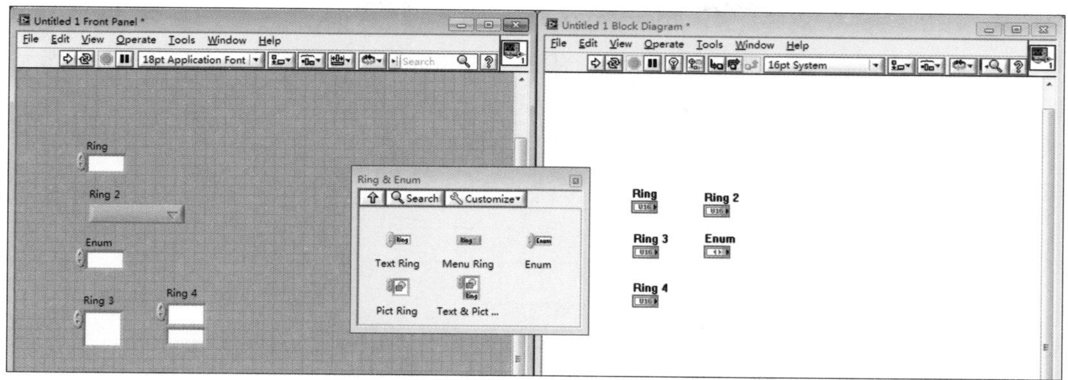

图 4.21　**枚举控件在前面板和程序框图中显示图标**

即可。

设置枚举数据的方法如下：

在控件上方右击弹出快捷菜单，然后选择“Edit Items...”命令出现相应对话框；或者按照控件属性编辑的方法调出属性对话框，切换至 Edit Items 选项卡。

如图 4.22 所示，左边列表框显示已有的枚举项的名称和对应数值，右边按钮分别是“插入(Insert)”、“删除(Delete)”、“上移(Move Up)”、“下移(Move Down)”4 个功能按钮，分别对应枚举项的增加、删除以及在控件中显示先后顺序的调整。

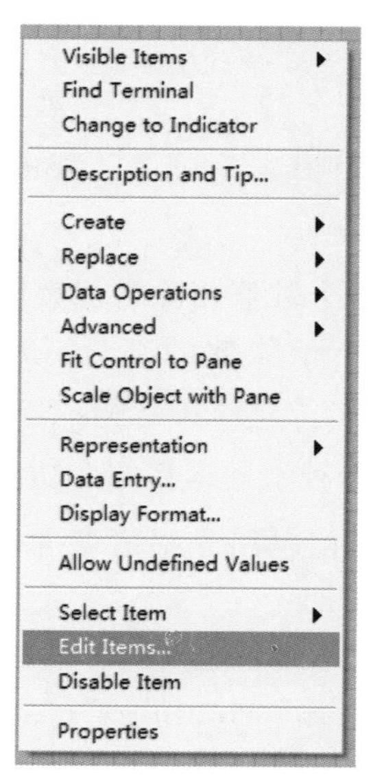

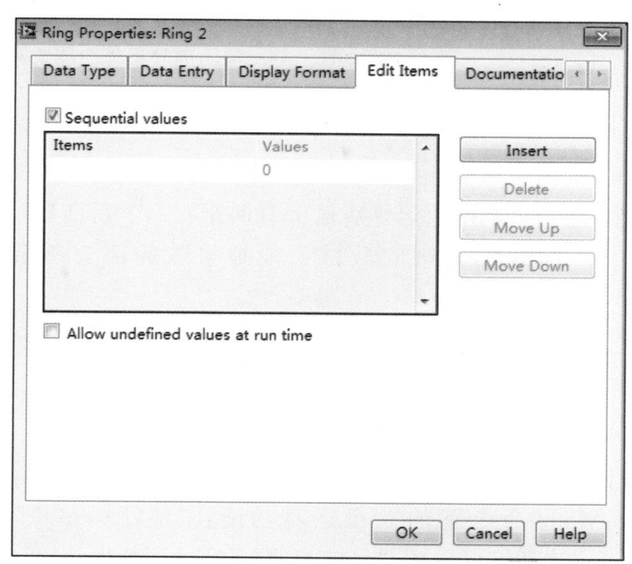

图 4.22　**编辑设置枚举控件枚举项对话框**

2. 科学计算函数节点

LabVIEW 为编程者提供很多基础运算函数以及海量的专业数据处理函数。本节将主要介绍与科学计算相关的函数及其所在的子菜单。其中包括数值计算、逻辑计算、比较运算。

1）数值运算

在程序框图面板右击弹出函数面板，从Programming中选择Numeric命令，函数如图4.23所示。菜单中包含下一级子菜单：数据类型转换(Conversion)、复数(Complex)、数学常数(Math Constant)等常用的函数以及四则运算、求和、平方等一般数学运算。读者可以自行观察符号并使用。

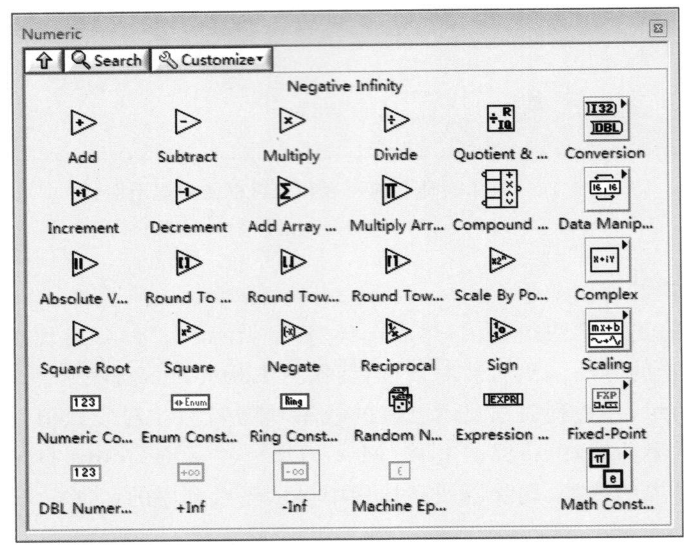

图4.23　**数值运算菜单函数一览**

值得一提的是，商和求余(Quotient&Remainder)及组合运算(Compound Arithmetic)两个函数。

整除和求余函数运算后输出有两个：一个是商数，是两个数值相除后能整除的部分；另一个是余数，是被除数减去能被整除的部分所余的小于除数的部分。示例如图4.24所示。

组合运算是一个可以扩展成多个输入的、允许设置为多种不同运算的多功能运算函数。其作用相当于可以设定函数功能的多输入门电路(关于门电路介绍请参考相关数字电路书籍)。

若要设置函数的不同功能，可在函数节点图标上右击弹出快捷菜单，然后选择Change Mode命令下的5个运算功能："加法(Add)"、"乘法(Multiply)"、"与运算(AND)"、"或运算(OR)"、"异或运算(XOR)"，如图4.25所示。并且通过快捷菜单中的

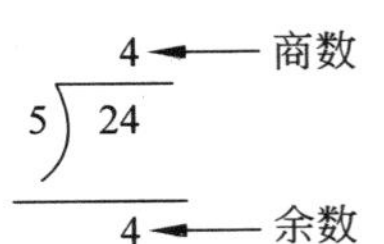

图4.24　**用竖式表示商与余数**

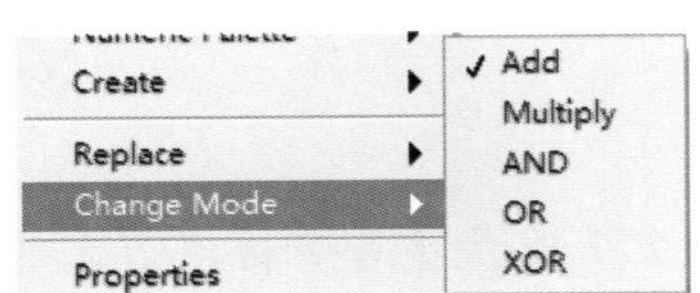

图4.25　**更改组合运算功能菜单**

“Invert”(取反)命令,可以设置函数运算后的值取反(对于数值运算则是对结果取相反数,对于逻辑运算则对最终逻辑值取反)。关于与、或和异或运算的具体功能将在逻辑运算章节中介绍。

若需要改变函数运算的输入端子数量,可将光标置于函数节点图标上,拉动图标上下出现蓝色端子以增减输入端子的个数。增加输入端子后的组合运算函数相当于多个数连加或者连乘等。图 4.26 所述例子用于说明组合运算函数的作用。

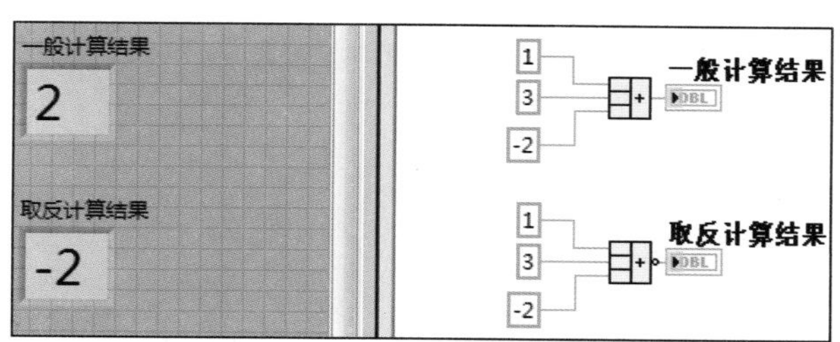

图 4.26　组合运算函数多输入运算

2) 逻辑运算

在程序框图面板右击弹出函数面板,从 Programming 命令中选择 Boolean 子命令。函数如图 4.27 所示。LabVIEW 沿用了数字门电路中的器件符号表示逻辑关系的运算。与我们熟悉的十进制数值运算相比,逻辑运算可以看作只有 0 和 1 的运算,这种运算数学上称为布尔代数。在实际运用和理解中,通常把 0 与逻辑“假(False)”对应,把 1 与逻辑“真”对应。而各种逻辑运算(或称布尔运算)关系则用输入和输出的真假列表对应,此表称为真值表。每一种逻辑运算关系与一个真值表对应。常用的逻辑运算及其真值表分别介绍如下。

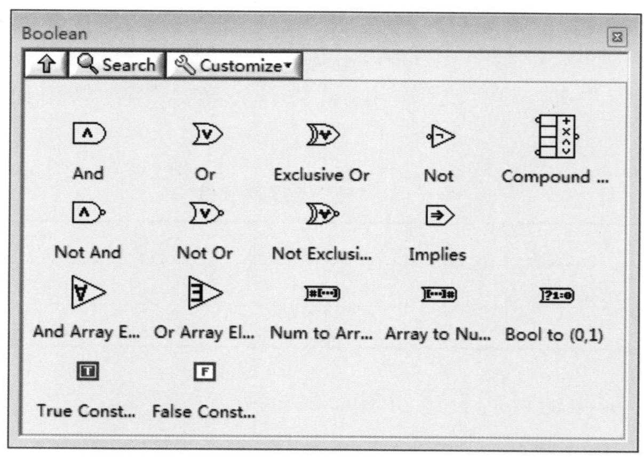

图 4.27　布尔运算函数一览

(1) “与”运算(AND)。表示两个输入 A、B 只有同时为“真”(1)时,输出 y 才是“真”(1)。可以用以下口诀记忆:“(输入)全真(输出)才为真”。其真值表如表 4.4 所示。

表 4.4 “与”运算真值表

A	B	y	A	B	y
0	0	0	1	0	0
0	1	0	1	1	1

使用 LabVIEW 编程运行后表达如图 4.28 所示。

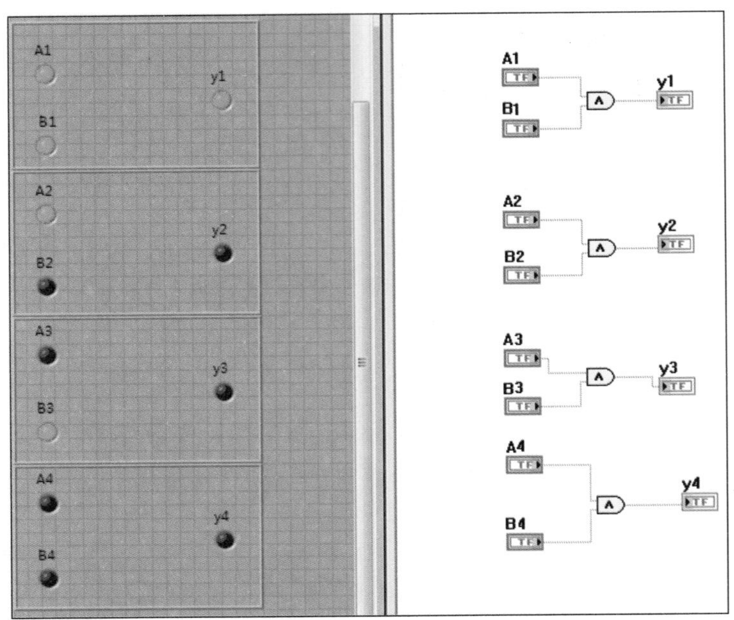

图 4.28 “与”运算真值编程与结果

(2) “或”运算(OR)。表示两个输入 A、B 任一个为“真”(1)时,输出 y 为“真”(1)。可以用以下口诀记忆:“(输入)有真(输出)就为真,(输入)全假(输出)才为假”。其真值表如表 4.5 所示。

表 4.5 “或”运算真值表

A	B	y	A	B	y
0	0	0	1	0	1
0	1	1	1	1	1

使用 LabVIEW 编程运行后表达如图 4.29 所示。

(3) “非”运算(NOT)。表示输出 y 与输入 A 相反。其真值表如表 4.6 所示。

表 4.6 “非”运算真值表

A	y
1	0
0	1

使用 LabVIEW 编程运行后表达如图 4.30 所示。

(4) “异或”运算(XOR)。表示当两个输入 A、B 值不同时,输出 y 才是“真”(1),两个输入值相同时,输出 y 才为

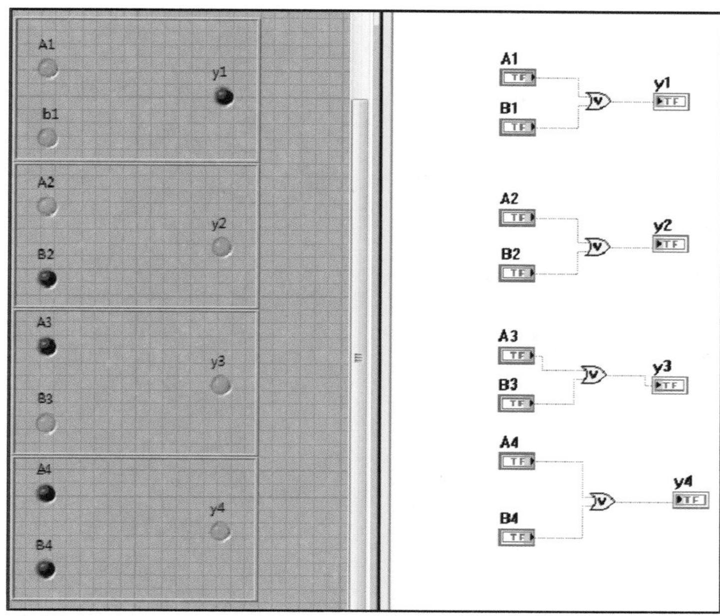

图 4.29　“或”运算真值编程与结果

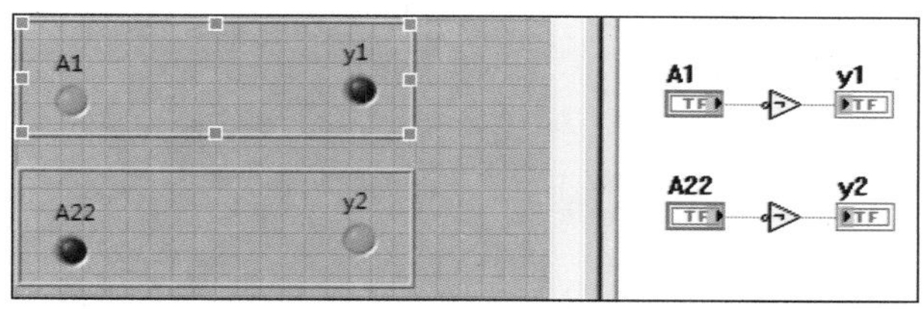

图 4.30　“非”运算真值编程与结果

“假”。可以用以下口诀记忆：“(输入)不同(输出)才为真，(输入)全同(输出)为假”。其真值表如表 4.7 所示。

表 4.7　“异或”运算真值表

A	B	y	A	B	y
0	0	0	1	0	1
0	1	1	1	1	0

使用 LabVIEW 编程运行后表达如图 4.31 所示。

(5) “与非”(NOT AND)、“或非”(NOT OR)、“异或非”(NOT XOR)3 种逻辑运算，相当于“与”、“或”、“异或”3 个运算分别与“非”运算结合，如图 4.32 所示。

3) 比较运算(Comparison)

比较运算是用于比较两个输入之间的大小关系或者某一个输入与特定值之间的大小、逻辑关系，其意义可以通过观察函数符号理解。比较运算函数中的大部分输出为逻辑

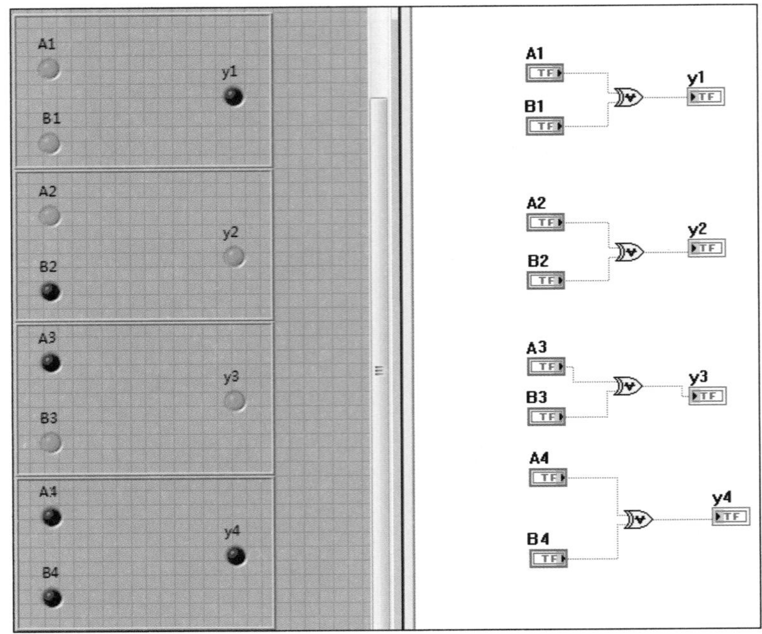

图 4.31 “异或”运算真值编程与结果

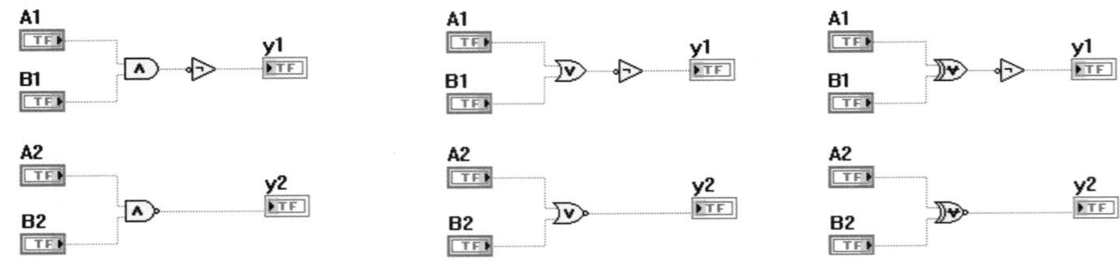

图 4.32 与非、或非、异或非运算等效图标

状态，但有 3 个函数：“选择”(Select)、“最大最小值”(Max&Min)、“是否在范围”(In Range?)输出其他数据类型。下面将对这 3 个特殊的比较函数进行介绍。

(1) “选择”(Select)。函数包含 3 个输入，两个类型相同的数据 A、B 和一个用作控制输出的逻辑状态。函数的含义根据逻辑状态进行输出选择，即“如果逻辑状态为‘真’，输出 A；否则输出 B”。LabVIEW 编程后如图 4.33 所示。

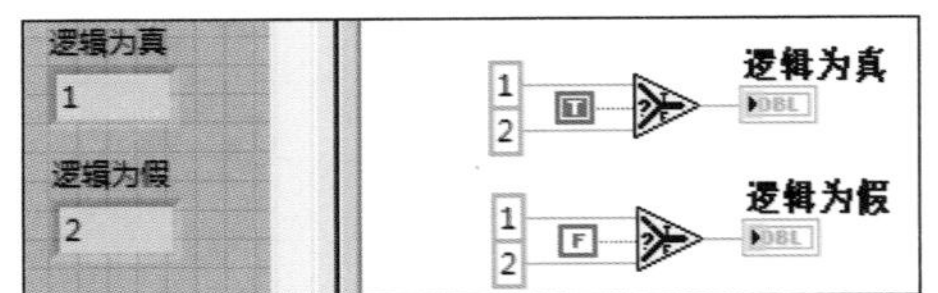

图 4.33 条件选择函数编程与结果

(2) “最大最小值”(Max&Min)。此函数将比较两个输入值的大小，将其中较大的输出为“最大”(Max)，较小的输出为“最小”(Min)。

(3) “是否在范围”(In Range?)。此函数除了将输入 X 与给定上限值和下限值比较，进而得出是否在范围内的逻辑状态输出外，还在输入 X 超出范围时将 X 值按设定进行就近取值作为输出，如图 4.34 所示。

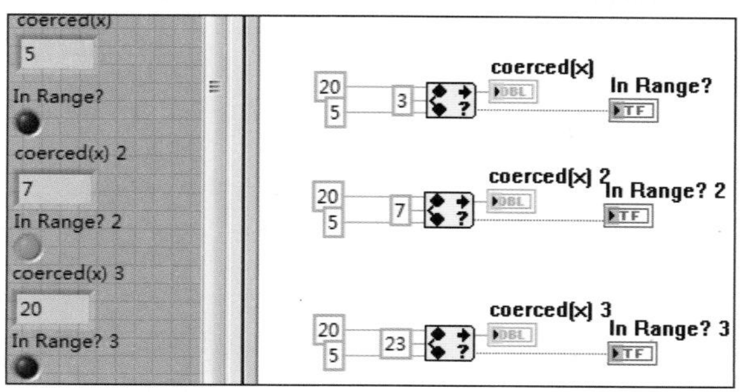

图 4.34　是否在范围函数的编程与结果

4.3　数组及其简单应用

在物理实验及数据采集过程中，不免会遇到大量的需要处理的数据，以及需要与实验设备交换大量的信息与控制命令。所以，必须对数据以及需要交互的信息进行有效的分组和归类，从而方便程序的储存与识别。在 LabVIEW 中，开发平台使用数组和簇协助编程者进行数据的分组与归类。其中，数组只用于相同数据类型的分组，而簇则可以用于不同数据类型之间的集合。

数组可以简单地理解为一系列相同类型数据的有序组合。比如在填某些申请表格时将身份证号码依次填入对应空格，在玩数独游戏时的游戏表格，在测量电阻伏安特性实验时需要填写的电压与电流表格，企业为员工发工资时使用的工资表等都属于数组的形式。

按照数组排列方式的不同，在实际应用中数组按维度(Dimension)划分为一维数组、二维数组、三维数组。如图 4.35 所示，把只有一行的有序数据列称为一维(1D)数组，把像行列式表格一样有序数据称为二维(2D)数组，把类似于一页页数据表格叠起来汇总成册的称为三维(3D)数组。在程序设计语言中，一般以一维数组作为基本的数据组织方式，通过变化不同元素类型，实现二维、三维甚至更高维度的数组。对于一维数组来说，元素是单个数据；对于二维数组来说，可以看成是由多个一维数组作为数组元素的一维数组；对于三维数组来说，可以看成由多个二维数组作为数组元素的一维数组。因此在定位数组中的某一个数据时，可以通过定位元素所在的列(Row)、行(Col)、页(Page)即可。

如前所述，数组内的元素并没有特别的数据类型要求，只要各个元素之间类型相同即可，因此各种 LabVIEW 中各种数据类型都能生成数组，如整型、浮点型、布尔型等。每种类型数据生成的数组 Control 和 Indicator 符号有些许差别，颜色以及与其他节点连线样式也不同。

图 4.36 所示为 3 种常用整型、浮点型及布尔型数据从变量到一维数组、二维数组的 Contorl、Indicator 的形式以及连线的样式。可以看到，数组颜色以及对数据类型的字母、颜色标识是跟随数据类型而定的，如布尔为绿色 TF，整型为蓝色 I* *，浮点为橙色 DBL。变量与数组在标识上区别于变量的类型标识外是方框DBL，而数组的类型标识外是中括

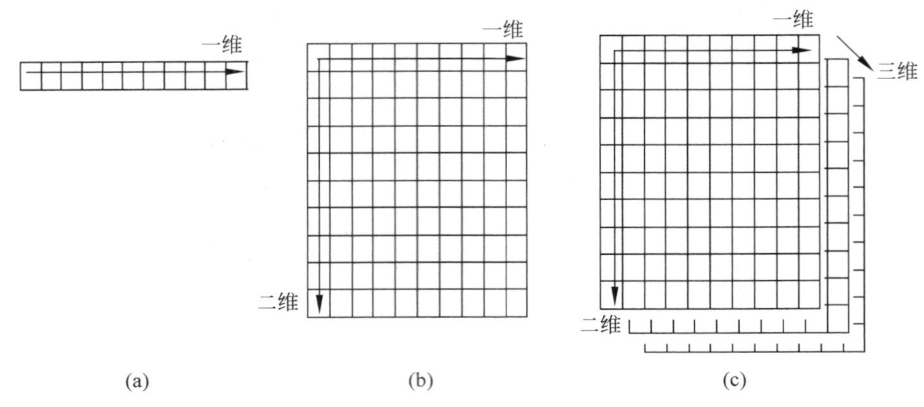

图 4.35 **一维、二维、三维数组结构对比**

号▶DBL]。另外，除布尔变量及数组外，其他数据类型的变量和数组的连线样式均作以下规定：变量之间使用单线连接“—”，表示一个数据的传输；一维数组之间用粗线连接“—”，表示一行数据的传输；二维数组之间使用双线连接“═”，表示一个表的传输。

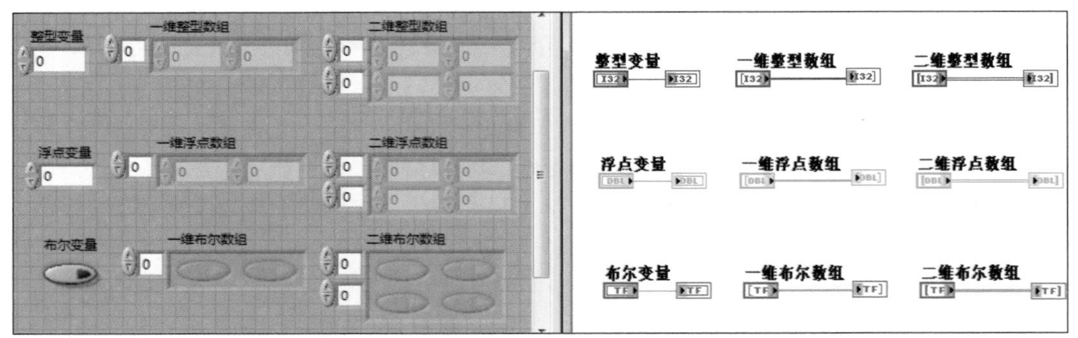

图 4.36 **整型、浮点、布尔数据类型的数组形式**

在前面板中，新创建数组 Control 控件如图 4.37 所示。左边 0 符号称为“序列显示器(Index Display)”，一维数组有一个，二维数组有两个。其作用如同浏览器滚动条一样，将相应行、列序号的元素移动到控件的顶端位置。数组的相关显示和属性，可以通过右击弹出菜单进行设置。其中“Add Dimension(增加维度)”、“Remove Dimension(移除维度)”命令常用于一维数组变成二维数组，二维数组降维变成一维数组，如图 4.38 所示。

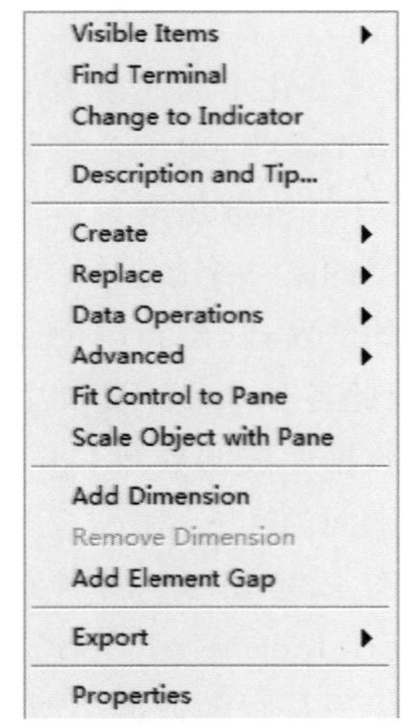

图 4.37 **数组控件右键快捷菜单**

数组的创建和使用如同平时填表格与读表格一般，按列、行、页对数据进行定位与操作。在 LabVIEW 中，数组称为“Array”，对数组的操作函数集中在 Programming→Array 菜单命令中，可以通过单击快捷菜单中的 array

图标获得。LabVIEW 对数组有初始化、创建、追加、删除、插入、替代、分割、读取、排序、查找等多种操作。现将常用函数及其功能汇总于表 4.8 中。

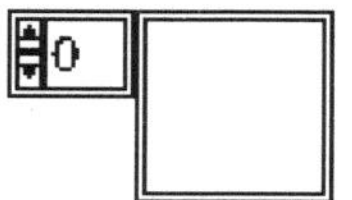

(a) 新建空白数组

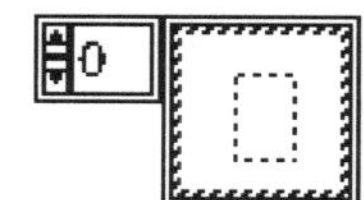

(b) 将DBL常量拖放到数组常量

(c) 生成最终DBL数组常量

图 4.38 创建数组常量过程

表 4.8 数组操作相关函数一览表

图 标	函 数	功 能
	Initialize Array 初始化数组	设定数组的长度与每一个元素的初始值
	Build Array 创建数组	将若干元素组合创建数组
	Index Array 索引数组元素(读取)	根据输入的序数,读取对应序号的数组元素
	Insert Array 插入数组元素	根据输入的序数,在对应序号位置插入外部输入的数组元素或数组
	Replace Array 替换数组元素	根据输入的序数,在对应序号位置将外部输入的数组元素或数组替换原数组的元素
	Delete Array 删除数组元素	根据输入的序数,删除对应序号位置数组元素或数组
	Array Subset 提取数组子集	根据输入的序数和数组子集长度,在对应序号位置设定长度的子数组
	Sort 1D Array 一维数组排序	对数组元素按照指定的方式排序
	Search 1D Array 一维数组查找元素	在一维数组中,查找是否存在与输入相同的元素
	Array Size 数组尺寸	计算数组的长度
	Array Constant 数组常量	创建一个数组常量

数组及其操作是 LabVIEW 程序,特别是有一定规模程序的常用操作。熟练使用数组操作,理解数组函数及其功能是每一个编程者应该掌握的基本功。下面用例程的方式

示范常用数组操作函数的功能及使用方法。

例 4.1 数组的创建与初始化。

(1) 通过常量创建数组(以浮点型数据 DBL 为例)。

① 建立一个空白 VI。

② 创建数组常量。在框图面板中通过快捷菜单 Programming→Array 选择 Array Constant 命令,并拖放到框图面板。此时出现一个呈黑白色的数组常量方框。

③ 拖放 DBL 常量。通过快捷菜单 Programming→Numeric 选择 123 DBL Constant 命令,并拖放到此前放置的数组常量方框中。当鼠标拖放过程中移到数组常量方框上时方框出现虚线,此时放开鼠标左键,空白的数组常量变成 DBL 类型的一维数组。其过程如图 4.38 所示。

④ 转换成控件。在新创建的 DBL 数组常量上右击弹出快捷菜单,选择 Change to Indicator 或者 Chang to Control 命令就可以转换成相应的 Control 控件和 Indicator 控件,并出现在前面板中。

⑤ 输入初始化数据。在前面板的空间中,当数组空白没有数据时,数据项背景呈现灰色。当鼠标单击需要初始化数据的项并输入数据后,数据项变成白底黑字,表示此项已有数据。至此,数组创建与初始化结束,如图 4.39 所示。

图 4.39 数组控件初始化操作

(2) 通过程序构建数组。

如数组的定义,一系列数按序集合排列就形成数组。因此,如果在程序执行过程中,需要将几个数据集合成数组,就需要使用创建数组(Build Array)函数创建数组。有需要的话,还可以使用初始化数组函数设定数组的长度及元素初值。

例 4.2 使用创建数组函数,将 3 个 DBL 型控件数据集合成一维数组;将 3 个 DBL 型一维数组常量集合成二维数组。

① 创建空白 VI。

② 在前面板,从 Modern→Numeric 菜单中,任意拖放 3 个 Num Ctrl 控件。如例子中使用数值显示控件、旋钮控件和水平填充条控件,并分别命名为数据 1、数据 2、数据 3,并分别输入初始数据。

③ 在程序面板中,如例 4.1 所示方法创建 3 个一维 DBL 数组常量,并通过拉伸数组常量框,增加数组的长度并输入元素初值。完成后,如图 4.40 所示。

④ 在程序框中,通过右键快捷菜单 Programming→Array,拖放创建数组函数图标,并将函数输入端子增加为 3 个。其方法为:一开始,函数只有一个输入端子。将光标放在函数图标的上沿或下沿,此时鼠标变成白色上下箭头形状,然后按住左键上下拖

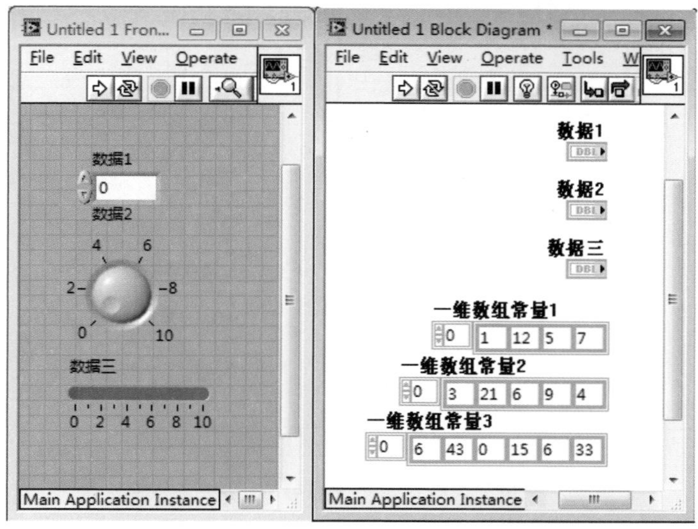

图 4.40　**创建数组常量与数值控件**

动图标的边框，出现增加的虚线区域即为增加的输入端子范围。在拖动鼠标选择合适的端子数目后，图标就变成增加数量以后的图标形状。如法创建两个具有 3 个输入端子的创建数组函数。

⑤ 将相关的控件端子与创建数组函数输入端子相连，分别在两个创建数组输出端子用右键快捷菜单创建两个数组显示控件。完成后如图 4.41 所示。

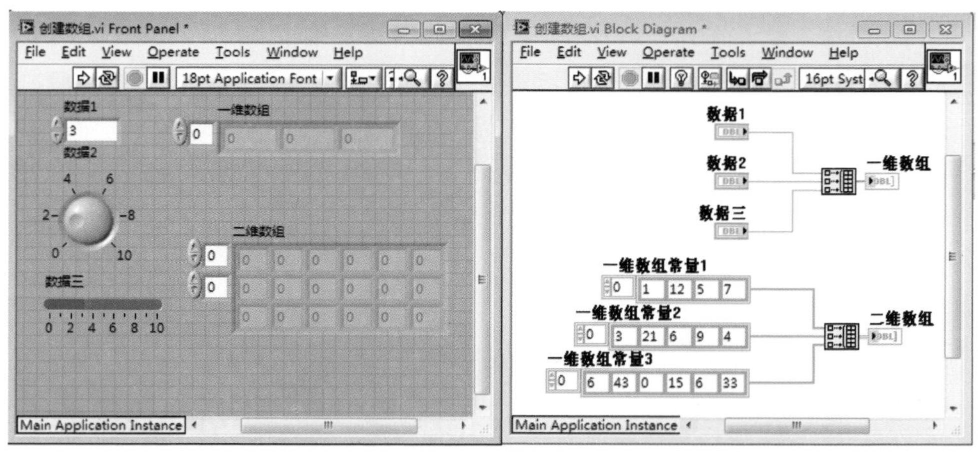

图 4.41　**使用创建数组函数创建一维、二维数组**

⑥ 高亮执行程序可以看到数据和一维数组如何通过创建数组函数功能生成新数组的过程。程序执行后，新数组被创建并赋值，如图 4.42 所示。由于通过常量创建二维数组，数组的列长度由最长的一维数组元素决定。因此从二维数组的赋值情况可以看到，较短的两个一维数组常量原来没有定义的元素也被默认定义为“0”。

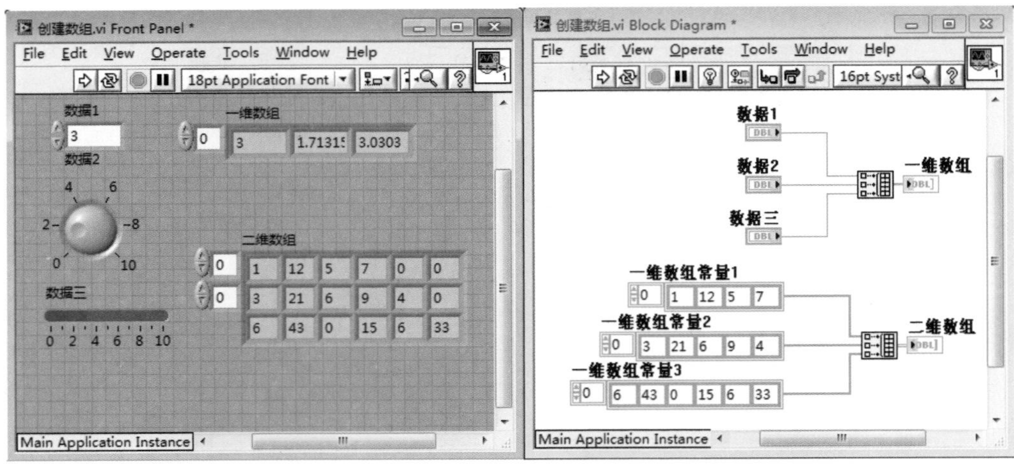

图 4.42　使用创建数组函数创建一维、二维数组运行结果

例 4.3　对一维、二维数组进行索引、插入、替换、删除操作。

在本例中，将分别对一维、二维数组进行索引、插入、替换、删除操作。请读者自行体会同一个操作函数对不同数组对象的操作差别。

① 建立一个空白 VI。

② 使用例 4.1 所述方法，在程序前面板建立一个空白的一维数组控件，并拉出 5 位空白数组元素，并在前 4 位分别定义“1”、“2”、“3”、“4”。新建一个空白的二维数组控件，并拉出 4×4 空白数组元素方阵，并在前 3×3 方阵中将 1～9 数字分别按行列顺序定义空白元素。

③ 测量数组长度。在程序框图中，通过右键快捷菜单 Programming→Array 拖放数组尺寸（Array Size）函数，连接后用以显示数组的尺寸（一维数组显示数组长度，二维数组分别显示行、列长度）。在数组尺寸函数输出端子常见显示控件。一维数组长度使用一个整型数值控件显示，命名为“一维数组长度”；二维数组长度使用一个一维整型数组控件显示，命名为“二维数组长度”。完成后如图 4.43 所示。运行程序后的结果如图 4.44 所示。

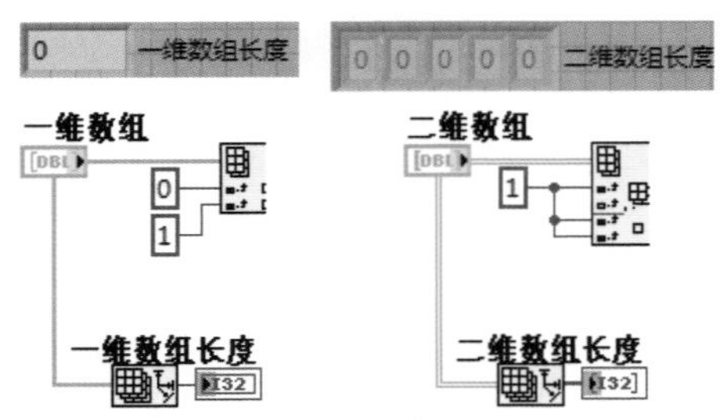

图 4.43　使用测量数组长度函数测量数组长度编程

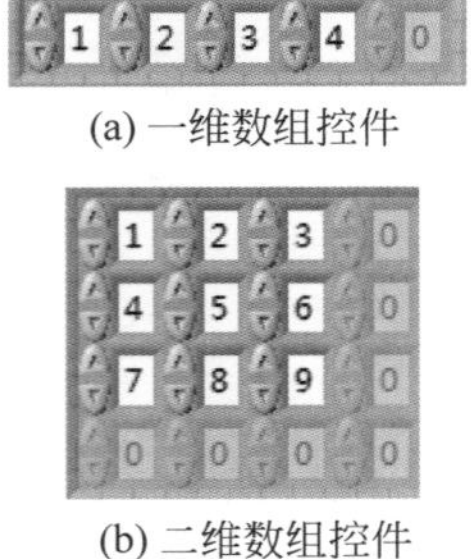

图 4.44　使用测量数组长度函数测量数组长度结果

④ 索引数组元素。索引即按序号查找读取之意。索引数组元素函数引脚功能如图 4.45 所示。对于一个(组)索引号,对应于一个索引元素输出。可以通过上下拉动符号,增删输入索引号的组数。

图 4.45　索引数组函数引脚功能

从右键快捷菜单 Programming→Array 中拖放索引数组元素(Index Array)函数,并分别增加输入端子组数到两组,以索引两个不同元素。然后将步骤③中生成的两个数组分别连接索引数组函数后,可以观察到,一维数组控件连接的函数对应每一组输出的索引号输入端子 index 只有一个。而二维数组控件连接的函数对应每一组输出的索引号输入端子有两个,分别为 Index(row)、Disable Index(cow)。如果 Disable Index(cow)没有连接参数,则索引函数默认按 Index(row)读取所对应的整个一维数组元素。但若 Disable Index(cow)连接了数据,则在 Index(row)所读取的整个一维数组中,再按 Disable Index(cow)所指定的序号,具体索引指向某一个数值。完成该步骤后如图 4.46 所示。对于一维数值,设定索引第 0、1 号元素的数值,分别命名为"索引元素 1"、"索引元素 2"。对于二维数组,则分别索引行序号为"1"的一维数组元素,命名为"索引子数组",以及行、列序号均为"1"的数值元素,命名为"索引元素"。

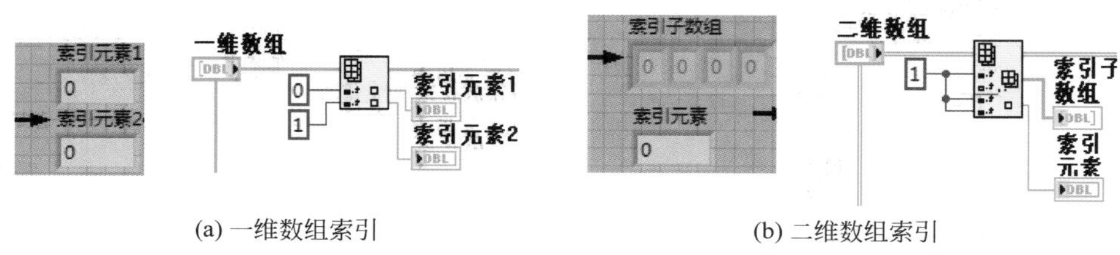

(a) 一维数组索引　　(b) 二维数组索引

图 4.46　使用索引数组函数索引一维、二维函数编程

⑤ 替换数组元素。替换数组元素(Replace Array)函数可以将新的数据或者数组,按照指定的序号替换原有数组的元素。其引脚功能如图 4.47 所示。可以看到,该函数也可以通过符号,增删输入需要替换元素的组数。从右键快捷菜单 Programming→Array 中,拖放替换数组元素函数到程序框图中。对一维数组,在序号"2"位置将"0"替换原有元素数值。对二维数组,一方面将由两个"0"的一维数组替换掉行序号"1"的一维数组中原有的数值;另一方面将另一个数据"0"替换行、列序号都为"1"的对应数组元素。两个替换后的数组,用命名为"替换元素后数组"的显示控件显示。程序完成后如图 4.48 所示。

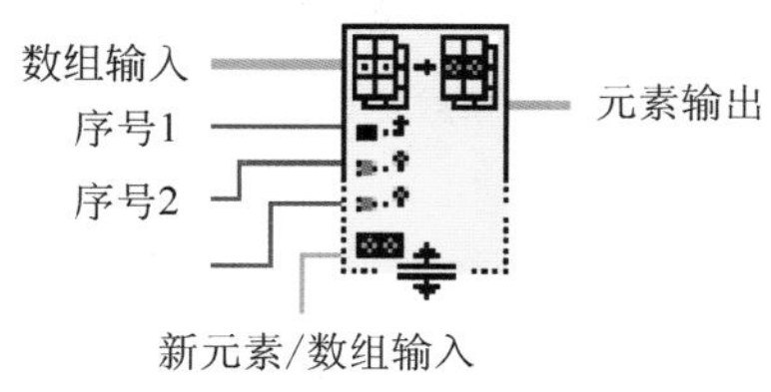

图 4.47　替换数组元素函数引脚功能

⑥ 插入数组元素。插入数组元素(Insert Array)函数可以将新的数据或者数组按照指定的序号插入原有数组。其引脚功能如图 4.49 所示。可以看到,该函数也可以通

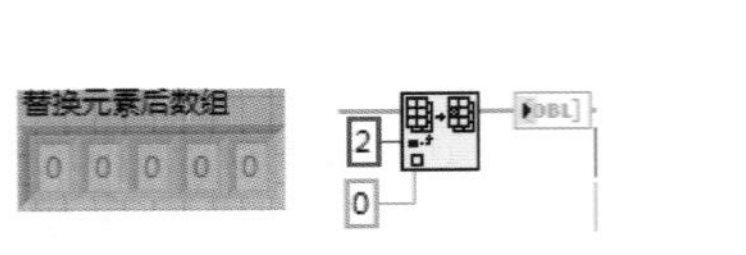

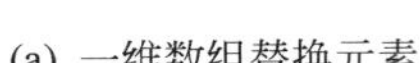
(a) 一维数组替换元素

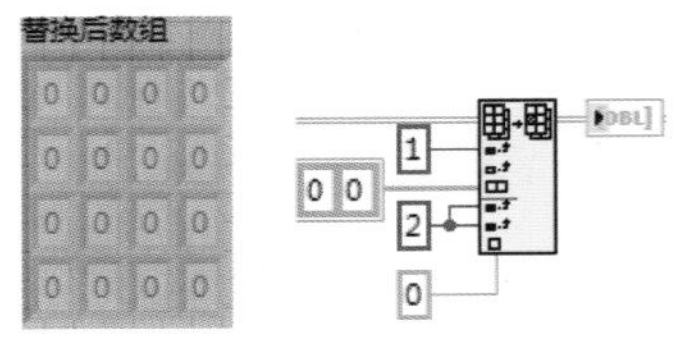

(b) 二维数组替换元素

图 4.48　使用替换数组元素函数替换一维、二维数组元素编程

过符号，增删输入需要替换元素的组数。从右键快捷菜单 Programming→Array 中，拖放插入数组元素函数到程序框图中。对一维数组，在序号“2”位置将“9”插入到数组中。对二维数组，将由两个“1”的一维数组从行序号“0”处插入原数组，使新数组编程一个 3×4 的数组。两个替换后的数组，用命名为“插入元素后数组”的显示控件显示。程序完成后如图 4.50 所示。

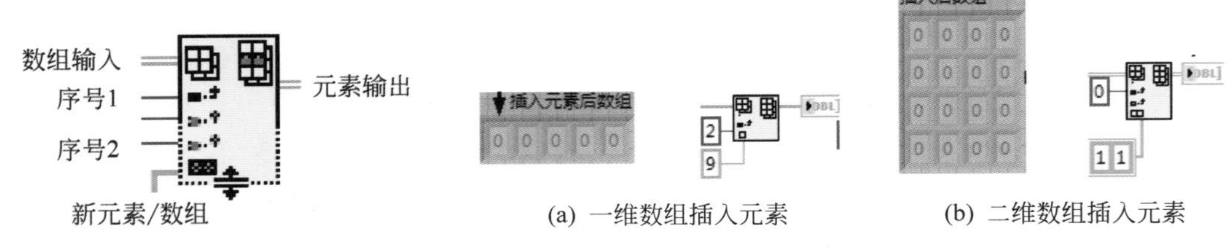

图 4.49　插入数组元素函数引脚功能

(a) 一维数组插入元素　(b) 二维数组插入元素

图 4.50　使用替换数组元素函数替换一维、二维数组元素编程

⑦ 删除数组元素。删除数组元素（Delete Array）函数可以在数组中指定长度和序号数组或数据元素删除。其引脚功能如图 4.51 所示。可以看到，该函数也可以通过符号，增删输入需要替换元素的组数。另外值得注意的是“length（长度）”参数端子。若该端子无参数连接，则默认长度为“1”。这代表在一维数组中的一个元素和二维数组的一个一维数组元素。

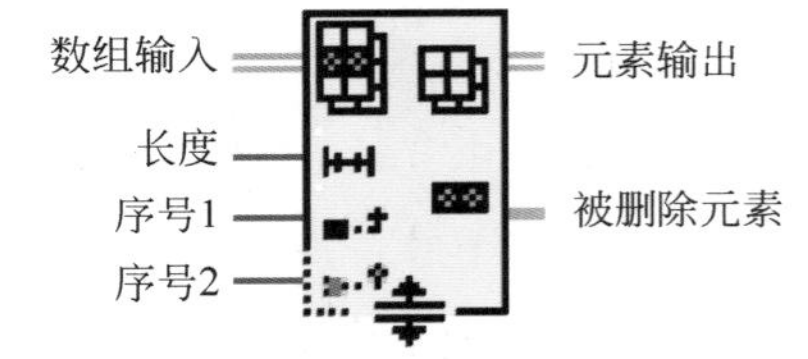

图 4.51　删除数组元素函数引脚功能

从右键快捷菜单 Programming→Array 中，拖放删除数组元素函数到程序框图中。对于一维数组，删除序号为“1”的元素。对于二维数组，一方面删除长度为默认“1”、行序号为“2”的一维数组，结果从“被删除元素后数组”的显示控件显示；另一方面删除长度为“2”、行序号为“2”的数组元素，即从行序号“2”开始，删除两个一维数组，结果用名为“删除两行元素后数组”的显示控件显示。程序完成后如图 4.52 所示。

⑧ 高亮执行程序可以看到数据和一维数组执行函数功能对数组进行索引、插入、替换、删除等操作的过程。程序执行后，各个执行步骤的结果都显示在各个数组显示控件中，读者可以通过对比操作前后数组的差别并结合操作函数的端子定义，体会端子参数的设定对于操作的影响。执行结果如图 4.53 所示。

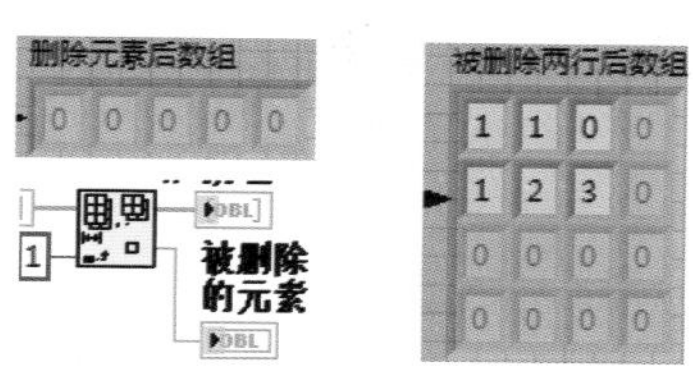

(a) 一维数组删除元素

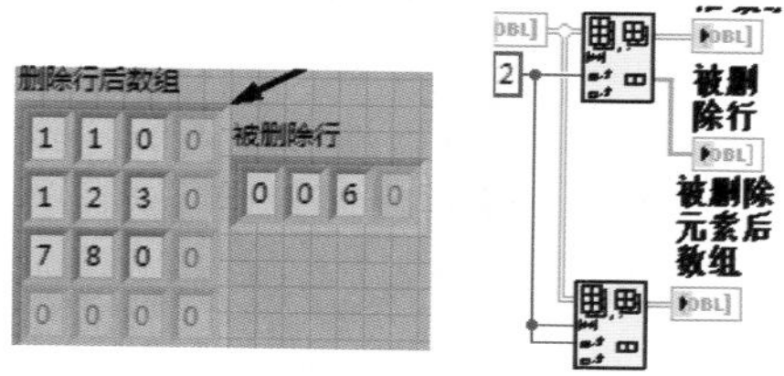

(b) 二维数组删除元素

图 4.52 **使用删除数组元素函数删除一维、二维数组元素编程**

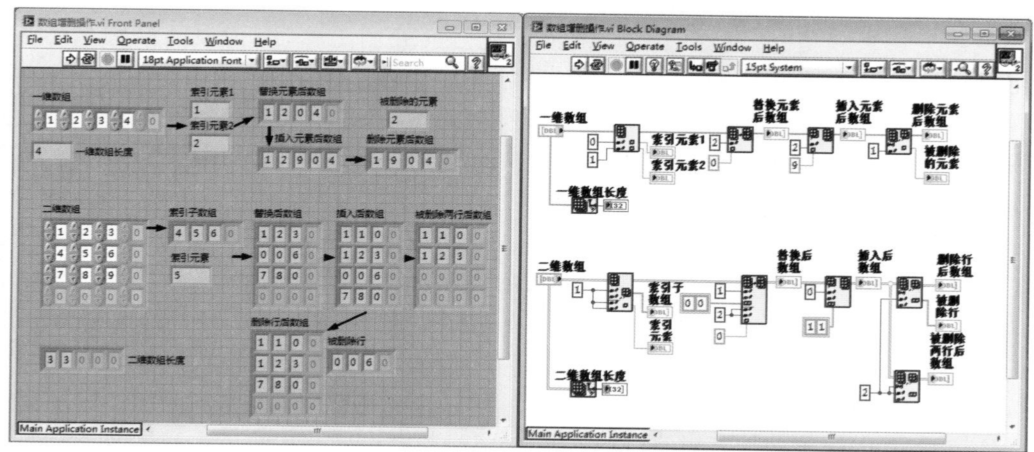

图 4.53 **对数组进行索引、替换、插入、删除操作的编程及结果**

4.4 使用 myDAQ 测量传感器数据

从第 3 章中对各种传感器进行测量的例子中可以看到，使用 myDAQ 设备结合一定的虚拟仪器程序可以对传感器数据进行测量，完成具有一定实用价值的工作。但是第 3 章所使用的是随 myDAQ 设备配套的通用虚拟仪器面板，如示波器、万用表等。对于需要专用虚拟仪器面板，需要做进一步数据处理，实现特定功能的场合，前面介绍的传感器数据测量方法就显得无能为力了。

所以，要实现特定的测量任务，就需要利用 LabVIEW 软件编程的方法，按需要设计专用的虚拟仪器面板，进而通过对 myDAQ 设备的数据采集功能进行编程调用，在进行一定的数据处理后，最终送到前面板进行显示。因此，本节将介绍一种在 LabVIEW 程序中快速设定并调用 myDAQ 设备数据采集功能的控件及方法，帮助读者能快速设计建立自己专用的数据采集程序。

1. DAQmx 功能简介

NI 测量设备如 myDAQ，均附带 NI-DAQmx 驱动软件。NI-DAQmx 驱动软件是一个可从 LabVIEW 调用的用途广泛的库，可以对 myDAQ 等 NI 设备编程。库就是已经被

打包的各种功能函数的集。有了这些函数，就可以对设备进行各种各样的控制与操作。此外，驱动软件有一个应用程序编程接口（API），包括用于创建某特定设备的相关测量应用所需的 VI、函数、类及属性。使用 NI-DAQmx 进行设备的控制与操作有很多优点，如操作配置方法简单、与硬件配合程度高且速度快，可以自动生成 G 代码等。

使用 DAQmx 进行测量与控制，首先要了解相关的基础概念及功能。在 NI-DAQmx 中，虚拟通道是最重要的基本概念。

虚拟通道有时简称为通道，是将实体端口和通道需要设定相关信息（测量范围、接线端配置、自定义换算等格式化设定数据）组合在一起的集合。简单来说，虚拟通道如同一个沟通 myDAQ 具体物理接口与 LabVIEW 虚拟仪器程序的一个中间环节。它负责设定端口的相关功能和信息，使端口一旦被读取就能够开始工作，而读取的一方（一般是 LabVIEW 程序）不需要了解端口的详细细节就能读取相应的信息。

一般来说，根据通道的信号特性、方向特性来区分，虚拟通道可以分为模拟输入通道（Analog Input）、模拟输出通道（Analog Output）、数字输入输出（Digital I/O）、计数器输入输出（Counter I/O）。

1）模拟输入通道

模拟输入通道使用各种传感器测量不同的物理现象。创建的通道类型取决于传感器以及测量现象的类型。例如，可创建热电偶测量温度的通道、测量电流和电压的通道、测量带激励电压的通道等。

2）模拟输出通道

NI-DAQmx 支持两种类型的信号，即电流信号和电压信号。如设备测量的是其他信号，可将测得的信号进行转换得到电压或电流信号。

3）数字输入/输出通道

对于数字通道，可创建基于线和基于端口的数字通道。基于线的通道可包含设备一个或多个端口的一条或多条数字线。读取通道不会影响硬件上的其他数字线。可将一个端口中的数字线在多条通道中使用，并在一个或多个任务中同时使用这些通道，但是某条通道中的线必须全是输入线或输出线。另外，任务中的所有通道必须是输入通道或输出通道。有些设备还规定端口中的线必须都是输入线或输出线。基于端口的通道表示设备上的一组数字线。读取或写入端口将影响端口中的所有数字线。端口中所有线的数量（端口宽度）是一个硬件参数，通常从 8 线（MIO 设备）到 32 线（SCXI 数字模块）不等。

4）计数器输入/输出通道

计数器输入/输出通道是属于数字类型端口的一种，是在数字输入/输出端口功能中独立出来的，专用于对外部脉冲信号进行计数或者基于内部计时器向设备外部输出脉冲信号的一种具有特殊功能的数字端口类型。NI-DAQmx 支持不同计数器测量和生成类型的输入与输出。

2. DAQmx 创建与调用的方法

DAQmx 支持多种创建的方法，如 API 创建法、EXPRESS VI 创建法、Measurement & Automation 创建法等。这 3 种创建方法中，最终会生成由 LabVIEW 程序自动生成，或者编程者生成的由 DAQmx API 操作函数组成的一系列程序或者程序子 VI。EXPRESS

VI 创建法、Measurement & Automation 创建法在本质上是等价的 3 种不同操作，都是通过利用程序对话框进行人机交互，设定测量过程中需要的参数后，由程序自动生成一个类似子 VI 的函数。下面将分别介绍 EXPRESS VI 创建法、Measurement & Automation 创建法、任务变量创建的过程，之后在此基础上简单介绍 DAQmx Data Acquisition 菜单中的 DAQmx 函数命令。

例 4.4　使用 3 种方法创建一个使用 myDAQ 设备的电压采集程序。其中，输入电压限定在±5V，采用差分输入，数据采集方式为每次 N 个样本。

1) EXPRESS VI 创建法

LabVIEW 在编程中提供了一系列方便编程者快速建立程序的函数 VI，名叫 EXPRESS VI。其功能覆盖数据采集、程序控制、数据处理等各个方面的最常用的操作流程。在与 DAQmx 交互的控制过程，程序提供 DAQ Assist 的 EXPRESS VI 供编程者使用。

创建 EXPRESS VI 步骤如下：

(1) 将 myDAQ 设备插入计算机 USB 口，并确保设备正常工作。

(2) 在 Programming→Express-Input 或者 Programming→Express-Output 菜单中即可找到“DAQ Assist”EXPRESS VI 图标。将图标拖放到程序框图中时，出现“Creat New Express Task...”对话框，如图 4.54 所示。因为任务要求进行电压采集，因此选择对话框中树型目录 Acquire Signals→Analog Input→Voltage 选项，进入下一个对话框。选择 ai0 作为电压信号输入模拟通道，如图 4.55 所示。

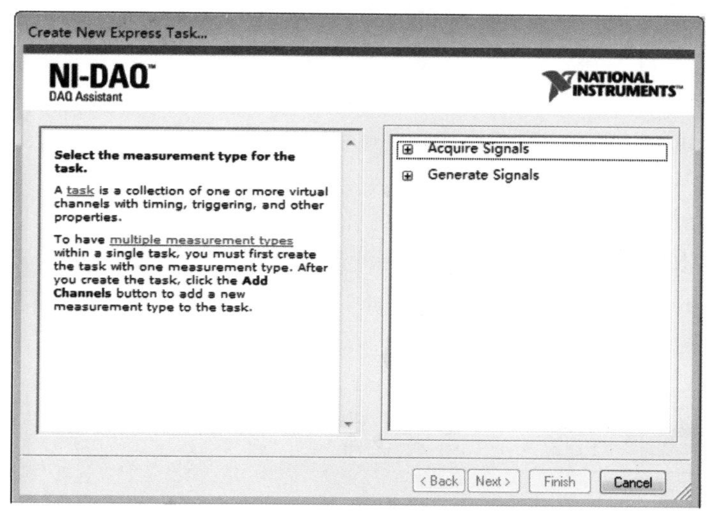

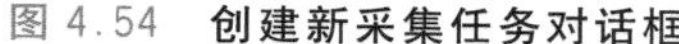
图 4.54　创建新采集任务对话框

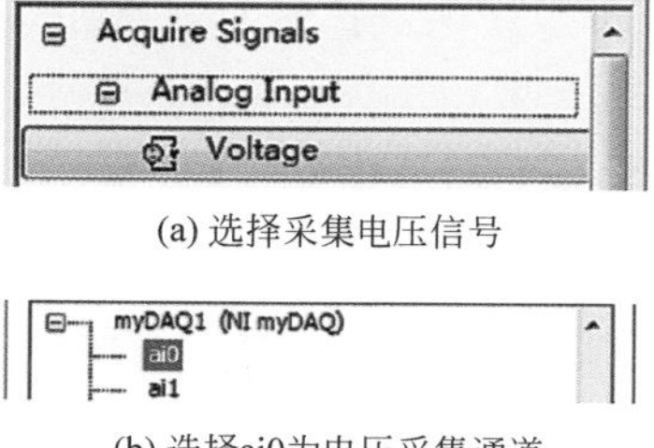

(a) 选择采集电压信号

(b) 选择ai0为电压采集通道

图 4.55　设置采集属性

(3) 此时，对话框显示 myDAQ 设备中可用于模拟输入(Analog Input)的通道名称。由于本例中只需要一个输入，因此可选择“ai0”。若任务中需要多个输入，则可以按住 Ctrl 键或 Shift 键，选中多个需要的通道。选择后，单击 Finish 按钮结束对话框。

(4) 此后，程序调出 DAQ Assistant 对话框，如图 4.56 所示，用于设置测量任务中虚

拟通道的参数。在此仅介绍常用的一般设置，有兴趣的读者可以根据帮助以及相关参考文献进行仔细研究。在对话框中有以下主要功能。

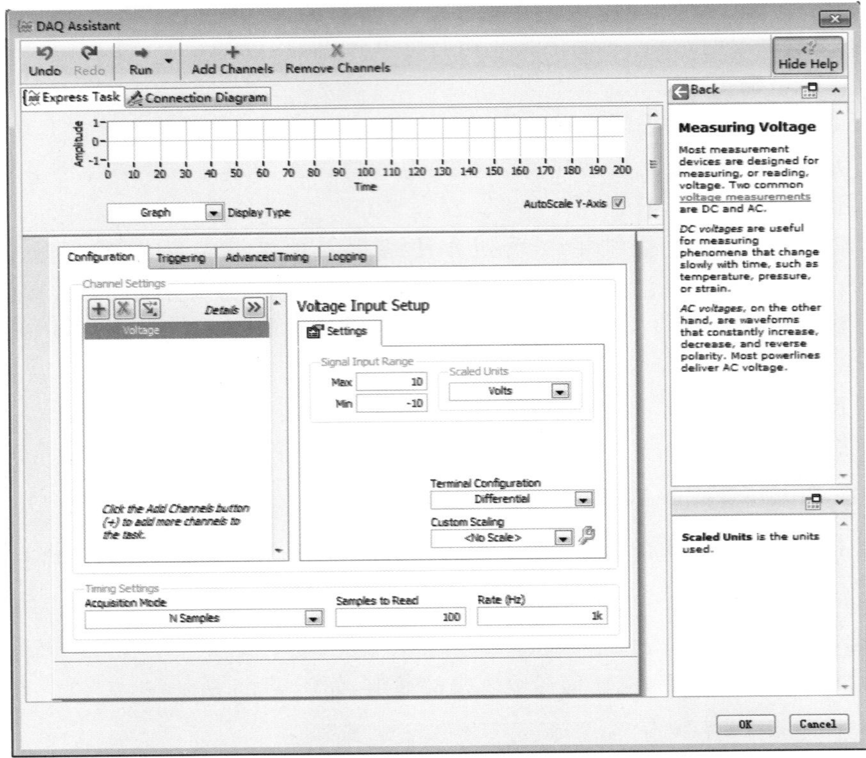

图 4.56　DAQ 助手设置对话框

① 增加、删除通道(Add/remove Channels 按钮)。

② 设置通道特性(Channel Settings)。

③ 设定采样模式(Acquisition Mode)。

④ 测试运行及观察(Run 按钮及下部由 Display Type 设定的数据图或列表)。

另外，单击 Connection Diagram 选项卡以图示方法显示指定的虚拟通道在 myDAQ 设备上与外部连接的示意图，如图 4.57 所示。

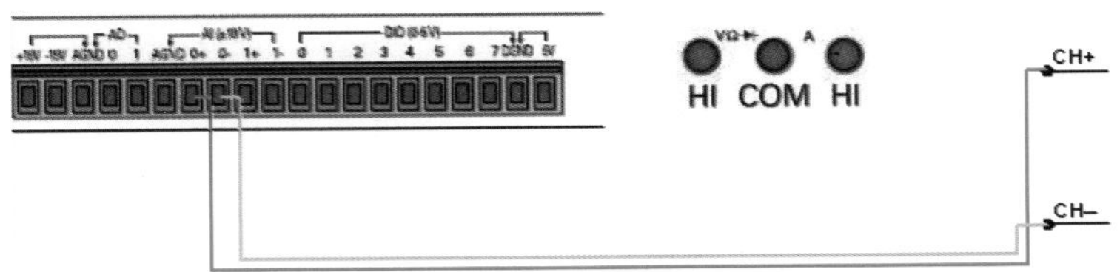

图 4.57　使用 ai0 设置时 myDAQ 外部连接

在 DAQ Assistant 对话框中设定测试输入/输出的范围和设备连通性。首先，设置输入电压范围。在 Channel Setting 中 Voltage Input Setup 框的 Signal Input Range 的

Max 文本框中输入“5”，Min 文本框中输入“-5”。“Scaled Unit（幅值单位）”保持为“Volts（电压）”不变。

然后，在 Timing Settings 栏中 Acquisition Mode 下拉列表框中选择 N Sample 选项。此时“Samples to Read（采样点数）”、“Rate（Hz，采样率）”文本框从灰色不可输入变成正常可输入状态。在此维持默认值不变，表示设备将以 1000Hz 采样率采集数据，每次设备返回 100 个数据采样点。

之后，在 Display Mode 中选择 Chart 选项，以便使用波形图观察采集测试的返回数据，并单击 Run 按钮启动测试。如果设备连接正常以及参数设置正确，设备将正常采集数据显示在波形图上，如图 4.58 所示。波形图中返回一次的 100 个数据采集点。如果在 Acquisition Mode 下拉列表框中设置为 Continuos Sampling，该波形图将一直显示持续采样的实时数据点。

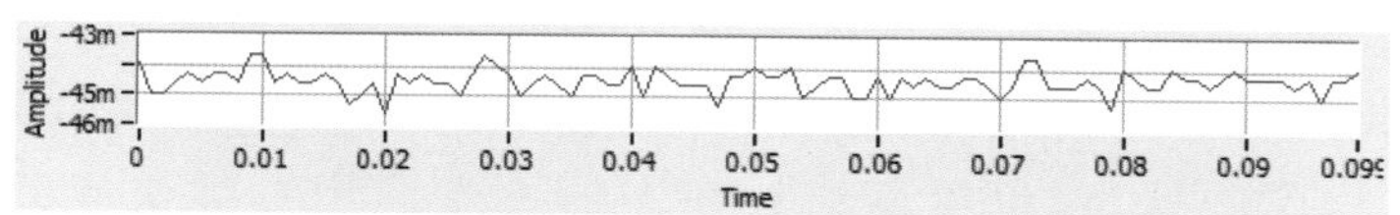

图 4.58　ai0 通道测试读数波形

最后，在波形测试正确的情况下，单击 OK 按钮，完成创建工作。此时，在程序框图中生成一个如图 4.59 所示的 DAQ Assistant 图标。其中 data 的端子用于向外输出数据，可以连接“Chart（示波器）”显示控件或者其他数值显示控件。连接显示控件后，单击“持续运行”按钮即可循环执行数据采集程序，并将结果在显示控件中显示。

图 4.59　DAQ 采集图标

另外，如果需要对参数进行设置，可以双击图标重新进入设置对话框，重复上述步骤即可。如果需要将图标转换成实际的 G 代码，则可以在图标上调出右键菜单，选择“生成 NI-DAQmx 代码”命令。若将上述图标转换成 G 代码，则程序如图 4.60 所示。

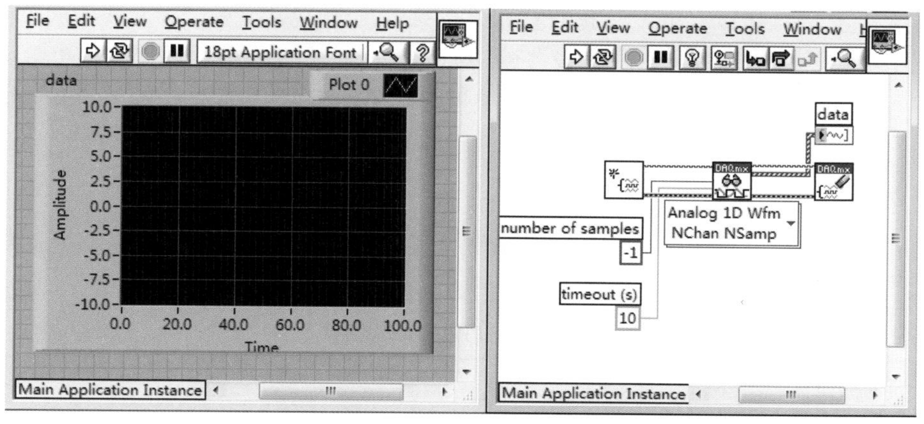

图 4.60　转换后 DAQ 采集 LabVIEW G 代码

2）Measurement & Automation 创建法

Measurement & Automation Explorer 是 NI-DAQmx 程序库附带的一个作用类似于 Windows 的资源管理器，用于显示计算机中已有的数据采集软、硬件资源的浏览器。在浏览器中可以执行浏览资源、测试设备、远程连接等多项功能。其中，在"数据邻居"项目中可以管理 NI-DAQmx 采集任务，可以用于创建、删除、设置相应的采集任务供 LabVIEW 或其他程序调用。

展开"数据邻居"并选中 NI-myDAQ 任务。在右侧显示框上选中 创建新NI-DAQmx任务...，或者在下方显示已有任务的框中通过右键快捷菜单选中"创建新 NI-DAQmx 任务"命令生成。此时，程序进入前面介绍过的"创建新 NI-DAQmx 任务(Creat New Express Task...)"对话框。按照前面方法设置即可完成任务设置。最后将任务命名为 task1，任务就会显示在显示框中。

若要让此任务在 LabVIEW 中调用，则可以新建一个空白 VI，并将刚刚生成的 task1 任务拖放到程序框图中。程序自动在程序框图中生成一个 task1 任务常量图标。此图标可以用于 API 程序的编写，也可以通过在图标上方调用右键快捷菜单，通过选择 Generate Code 命令中的项目转变成相应的程序代码，如图 4.61 所示。

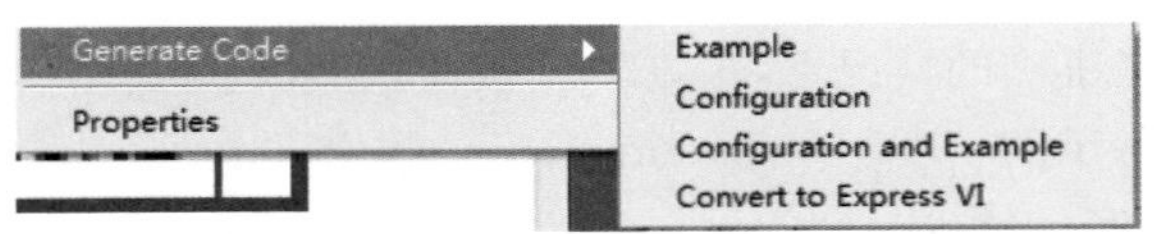

图 4.61　LabVIEW 中通过调用已有任务的任务常量生成 LabVIEW G 代码

其中，Example 子命令依据任务设定生成数据采集模板代码，Configuration 子命令用于生成定义任务所需参数的子 VI，Configuration and Example 子命令用于同时生成任务设定子 VI 和数据采集模板代码，Convert to Express VI 子命令用于将此任务常量转变成和前面一样的参数设定相同的 EXPRESS VI 图标。

3）DAQmx Data Acquisition 菜单函数简介

如前所述，由 NI-DAQmx 任务生成的数据采集 G 代码中，含有多个基本的 DAQmx API 操作函数。这些函数可以完成设备的初始化、开始、结束等基本操作以及更多更底层的操作。理解这些操作函数的基本含义，对于理解 EXPRESS VI 的操作原理，对生成的模板代码进行修改借鉴有重要的作用。

从 Measurement I/O→NI-DAQmx 菜单中，可以调出 DAQmx→Data Acquisition 对话框，如图 4.62 所示。现在对基本的操作函数做介绍，其余子菜单中的函数，有兴趣的读者可以参考相关文献作进一步学习。基本操作函数功能如表 4.9 所示。

表 4.9　DAQmx 常用数据采集函数及功能

图　标	函　　数	功　　能
TASK	Task Constant 任务常量	用于选择在 Measurement Explorer 中已设定的任务。也可为空

续表

图　标	函　　数	功　　能
CHAN	Channel Constant 虚拟通道常量	用于选择在 Measurement Explorer 中已设定的通道。也可为空
DAQmx	Create Channel 创建虚拟通道	创建一个虚拟通道用以传输数据
DAQmx	Read 读通道数据	通过虚拟通道读取输入端子的数据
DAQmx	Write 写通道数据	通过虚拟通道向输出端子传输数据
DAQmx	Start 开始采集任务	开始数据采集任务
DAQmx	Stop 停止采集任务	停止数据采集任务
DAQmx	Clear 清除任务	清除数据采集任务的信息，释放数据采集的资源
	DAQ Assistant DAQ 助手	快速创建数据采集程序的 VI 程序

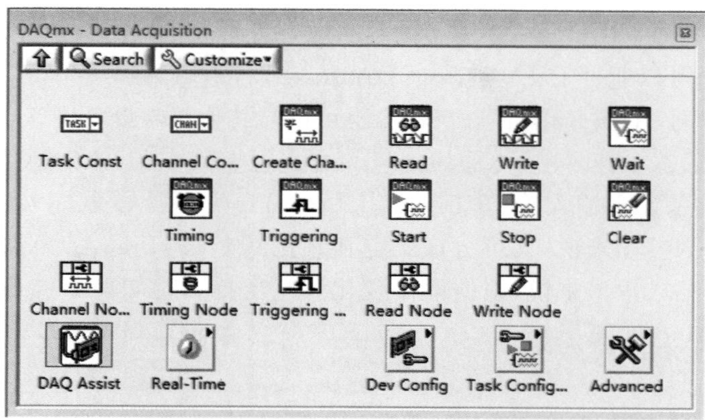

图 4.62　DAQmx 数据采集函数

从生成的数据采集代码来看，DAQmx 操作函数使用有一个基本的流程，就是“初始化并打开通道→读数据→清除通道设定并关闭”。如果是持续进行数据采集，流程增加“开始任务”环节，变成“初始化并打开通道→开始任务→读数据→清除通道设定并关闭”。两个流程分别如图 4.63(a)、(b)所示。

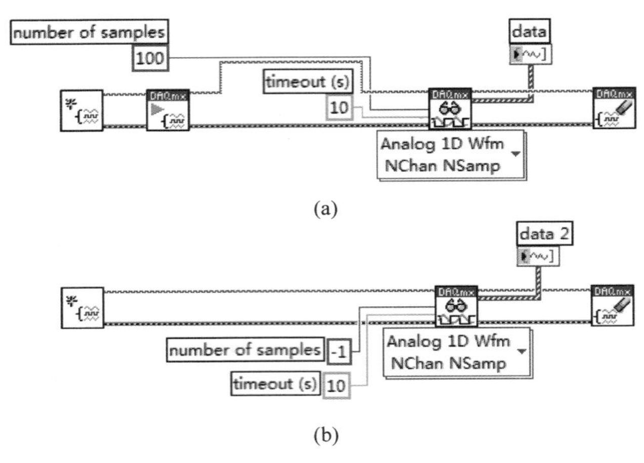

图 4.63 **数据采集范例**

4.5 读写 myDAQ 数字控制端口(端口 R/W)

对于 myDAQ 设备来说，除了可以采集电流、电压等连续的被称为模拟信号的信号外，还能采集数字信号。数字信号指使用高电压(通常是 5V)代表 1、低电压(通常是 0V)代表 0 的，并通过一系列连续的高、低电压及其变化表示信息的一种信号。数字信号可以以两种形式进行传输：一种是读写两个部分各有一个端子，通过一根连线传递连续的高低电压变化，称为线传输或者串行传输；另一种是读写两个部分各有相同数量的多个端子，通过多根连线同时传递连续的高低电压变化，称为口传输或者并行传输。

DAQmx 软件支持对 myDAQ 设备的数字端口进行线传输和口传输的读写控制与设定。因此，编程者可以通过 LabVIEW 对 DAQmx 软件进行编程调用，实现对外部输入的开关信号、时钟信号、电压变化信号的识别，也可以与其他数字设备进行各种协议的通信。

数字信号的形态多种多样，传输的信息和方式也有很多。DAQmx 软件对数字信号分成两大类，一类是数字输入输出(Digital I/O)；另一类是计数器输入输出(Counter I/O)。对于数字输入输出来说，又可分成如前所述的线传输(Line I/O)和口传输(Port I/O)。对于计数器输入输出来说，根据电压变化和电压持续时间的不同，可以分为边缘计数输入(Edge Count)、频率输入(Frequence)、占空比输入(Period)、脉宽输入(Pulse Width)等。

1. 二进制数简介

数字输入输出是基本的数字信号形式，是一种使用高、低电压代表“0”和“1”进行二进制数运算与表达的一种数字信号形式。因此，介绍数字输入输出之前，有必要对二进制对数的表达进行简单介绍。

与目前广泛使用的十进制对比，二进制是相对简单的一种数的表达方式。对于十进制而言，表达数是使用了从 0～9 这 10 个不同的数字符号，逢 10 进位，并且通过这 10 个数字符号结合不同位数的排列组合，达到表达所有数的目的。而二进制则只使用 0、1 两

个数字符号，逢 2 进位，通过 0 和 1 的反复排列组合，表达所有的数，数学上称为布尔代数。

从本质上说，十进制数必须通过转换成二进制数才能被计算机设备识别输出。下面结合 0～15 这 16 个十进制数的二进制数转换列表，介绍十进制数与二进制数转换的方法，如表 4.10 所示。

表 4.10　**十进制与二进制转换**

十进制	二进制	二进制指数表达	十进制	二进制	二进制指数表达
0	0000	0	8	1000	2^3
1	0001	2^0	9	1001	2^4+2^0
2	0010	2^1	10	1010	2^3+2^1
3	0011	2^1+2^0	11	1011	$2^3+2^1+2^0$
4	0100	2^2	12	1100	2^4+2^2
5	0101	2^2+2^1	13	1101	$2^3+2^2+2^0$
6	0110	2^2+2^1	14	1110	$2^3+2^2+2^1$
7	0111	$2^2+2^1+2^0$	15	1111	$2^3+2^2+2^1+2^0$

从表 4.10 可以容易地看出，二进制数的某一个位上满 2 就会往高一位进位 1，自身归零。可以认为，二进制的每一个为“1”的位都代表一个 2^{n-1} 的十进制数（n 为该二进制位从低位到高位的序号）。因此，一个十进制数可以表达成一系列 2^n 的十进制数相加所得的数，而 n 与二进制有“1”的位数有关。通过这个关系，可以将十进制数转换成二进制数。

如表 4.10 所列二进制有 4 位，从低到高的各位分别表示第一位 1 等于 $2^0=1$、第二位 1 等于 $2^1=2$，第三位 1 等于 $2^2=4$，第四位 1 等于 $2^3=8$。

以表 4.10 中十进制数“11”为例：

$$11=\underline{1}\times 2^3+\underline{0}\times 2^2+\underline{1}\times 2^1+\underline{1}\times 2^0=1011$$

仿照上面的对应关系式，可以简单地实现任意二进制数和十进制数之间的转换。

2. 数字端口输入输出

如前所述，数字端口输入输出可分为口输入输出和线输入输出两种。口输入输出每一次可以同时传输多个高（低）电压，相当于完整的一个二进制数。而线输入输出每次只能传输一个高（低）电压，相当于一个二进制数中的一位。对于口输入输出来说，传输信息量更大、效率更高，但是占用硬件端子数量较大。对于线输入输出来说，每次传输一位，效率低，但是占用硬件端子数量少，硬件简单。因此在实际使用中，两种方式都视应用场合与需要进行选择。

myDAQ 硬件设备中提供一个端子数为 8 的数字端口进行数字读写输入输出，称为 8 位数字端口。每一次可以传输一个长度为 8 位的二进制数、两个 4 位的二进制数或者利用端口中任一个端子把一个或者多个二进制数按位逐位传输。

在LabVIEW中，同样类似前面章节介绍的方法，使用DAQ Assist实现数字端口的设定与数据传输。下面将以例子辅助说明。

例4.5 使用单个端子进行线传输。

本例中，使用myDAQ设备的数字输出端口的一个端子DIO0输出信号，一个端子DIO1口读入信号。信号由一个布尔开关控件控制。

（1）新建一个空白VI。

（2）建立一个数字信号输出。从EXPRESS→Output菜单中拖放一个DAQ Assist图标到程序框图，并如前述方法按要求设置。在“Create a New Express Task...”对话框中选择Generate Signals→Digital Output→Line Output，在下一个目录中选择port0/line0的第0口第0线作为信号输出线，如图4.64所示。单击finish按钮完成功能设定，进入DAQ Assistant设定对话框。

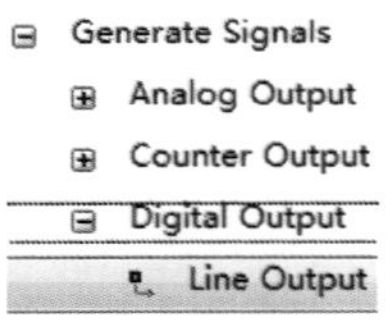

(a) 设置数字输出方式

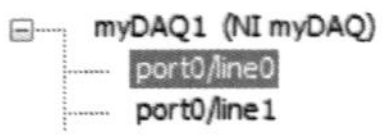

(b) 设置数字输出端子

图4.64 **设置数字输出属性**

（3）设置线输入虚拟通道参数。参数设定按默认设置即可。如果需要对输出的高、低电平进行取反（关于取反可参考布尔控件一节），则可以勾选“Invert Line（对线取反）”复选框。另外，由于对高、低电平信号的识别只在程序调用时才执行，因此“Generation Mode（生成模式）”中只能选择“1 Sample（On Demand）”（在请求时产生一个样本）。

（4）选择“run”运行测试。在测试框中有一个布尔控件用于在运行测试以后，将布尔控件的“1”、“0”状态以电压方式输出到设定的端子，如图4.65所示。可以使用ELVISmx中的万用表程序，辅助测量line0是否能按设定获得正确的高、低电压。

（5）完成设定后，将DAQ Assistant图标转换成DAQmx代码，如图4.66所示。由于程序默认多个端子按照多个虚拟信道同时进行通信，因此程序显示“NChan 1Samp”。按照例子需要，要对这个代码进行改造。

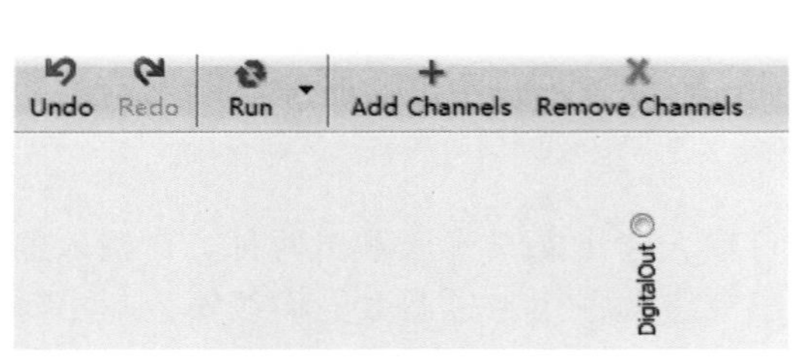

图4.65 **数字输出测试对话框**

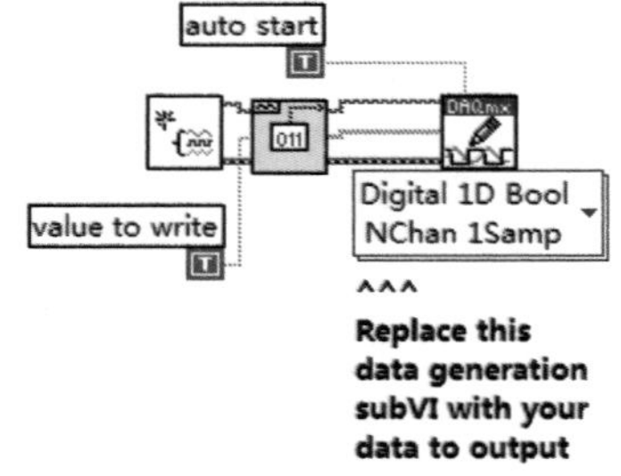

图4.66 **数字输出LabVIEW代码**

① 单击紫色Digital 1D Bool NChan 1Samp框，并从中选择Digital→Single Channel→Single Sample→Boolean（1 line）选项，意思是以一个通道一个样本的线输出方式输出一个布尔变量，如图4.67所示。

② 在写输出函数的左侧第二个端子：data端子中创建一个布尔控件名为“数

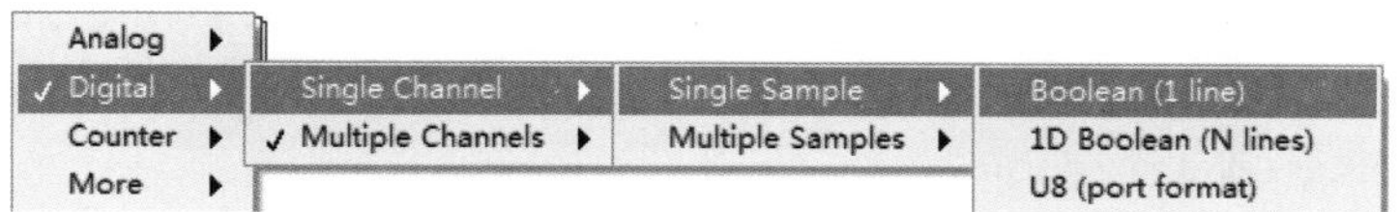

图 4.67　设置单通道单样本采集方式

据输入"并连线。此时会在程序前面板出现一个按钮布尔控件。删除不必要的函数图标后，产生如图 4.68 所示程序框图。至此，线输出程序编写完毕。

(6) 建立一个读入数字信号输入的程序。在 EXPRESS→Input 菜单中拖放 DAQ Assistant 图标到程序框图，并如前述方法按要求设置。在"Create a New Express Task..."对话框中选择 Acquire Signals→Digital Input→Line Input，在下一个目录中选择 port0/line1 第 0 口第 1 线作为信号输入线，如图 4.69 所示。单击 Finish 按钮完成功能设定，进入 DAQ Assistant 设定对话框。

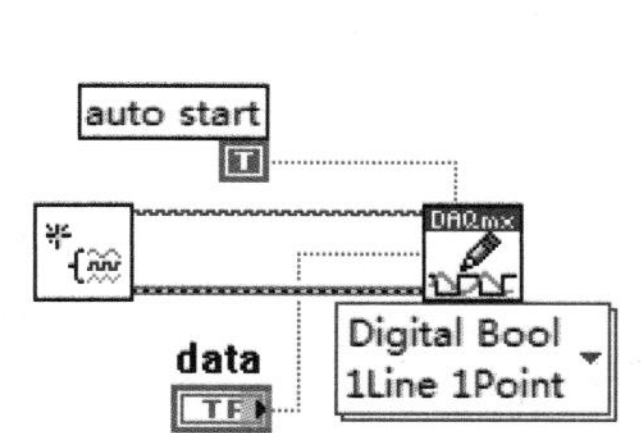

图 4.68　使用 myDAQ 数字输出的 LabVIEW G 代码

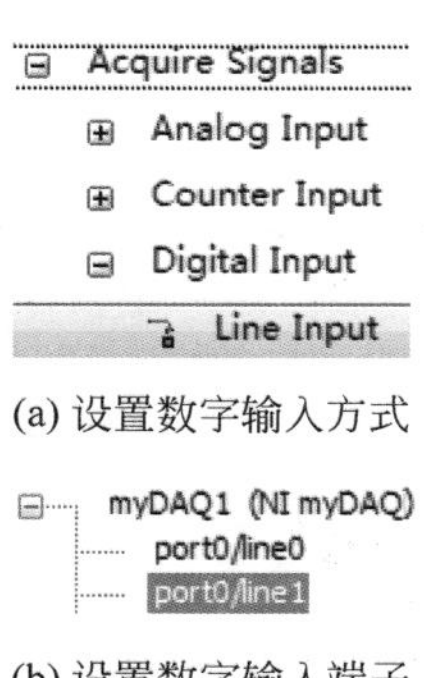

(a) 设置数字输入方式

(b) 设置数字输入端子

图 4.69　设置数字输入属性

(7) 设置线输入虚拟通道参数。参数设定按默认设置即可。如果需要对输入的高、低电平进行识别时取反(关于取反可参考布尔控件一节)，则可以勾选"Invert Line(对线取反)"复选框。另外，由于对高、低电平信号的识别只在程序调用时才执行，因此"Generation Mode(生成模式)"中只能选择"1 Sample(On Demand)"(在请求时产生一个样本)。

(8) 选择"run"运行测试。在测试框中有一个布尔控件用于在运行测试以后把从设定的端子读入的高、低电压以"1"、"0"方式在布尔控件中显示，如图 4.70 所示。

(9) 完成设定以后，将 DAQ Assistant 图标转换成 DAQmx 代码，如图 4.71 所示。由于程序默认多个端子按照多个虚拟信道同时进行通信，因此程序显示 NChan 1Samp。按照例子需要，要对这个代码进行改造。

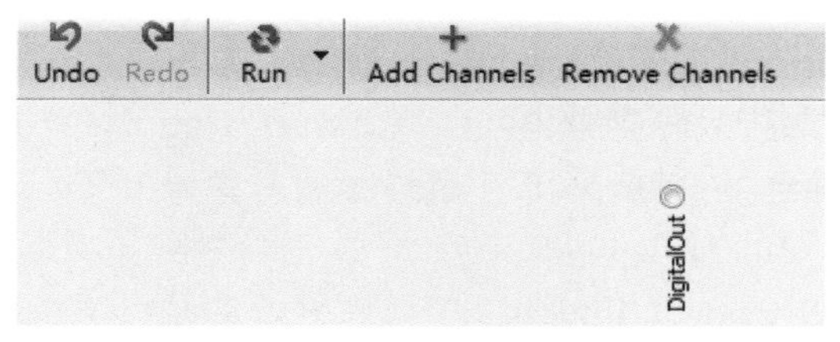

图 4.70　数字输出测试对话框

图 4.71　数字输出 LabVIEW 代码

① 单击紫色 Digital 1D Bool NChan 1Samp 框，并从中选择 Digital→Single Channels→Single Sample→Boolean(1 line)，意思是以一个通道一个样本的线输出方式，从端子中读入一个布尔变量，如图 4.72 所示。

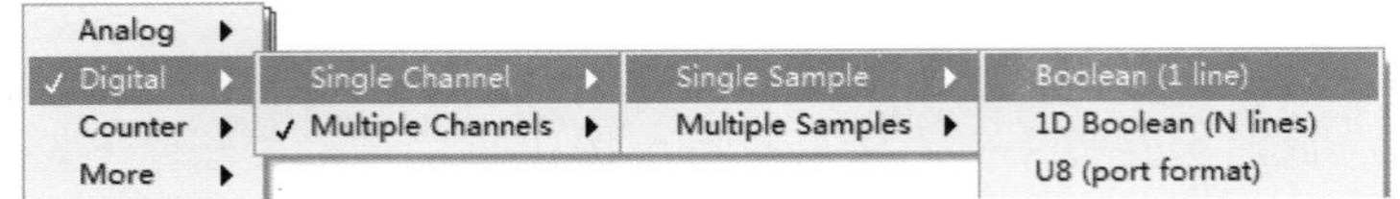

图 4.72　**设置单通道单样本采集方式**

② 在[DAQmx]读输入函数的右侧第二个端子：data 端子中创建一个布尔控件命名为“数据输出”并连线。此时会在程序前面板出现一个按钮布尔控件。删除不必要的函数图标后，产生如图 4.73 所示程序框图。至此，线输入程序编写完毕。并且将线输入程序与前面线输出程序按照顺序连接，以先产生数据输出再读入数据的效果。最终程序效果如图所示 4.73 所示。

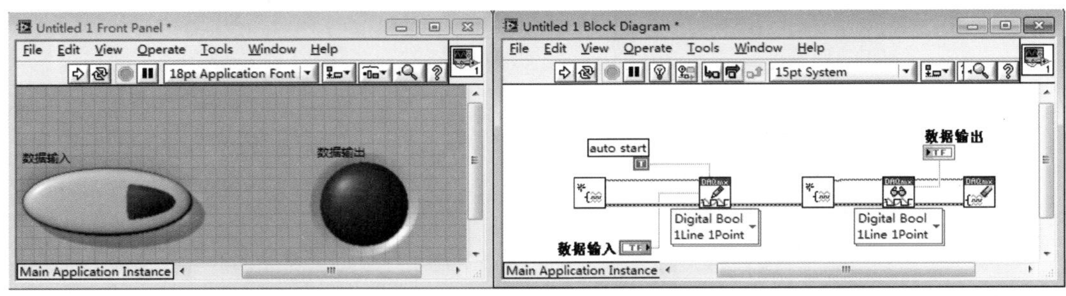

图 4.73　**使用 myDAQ 进行数字输出、输入的编程代码**

(10) 单击[运行]按钮循环执行程序，此时，“数据输出”显示 LED 状态应该受到“数据输入”开关的控制，同亮同灭，说明 line0 端子输出的信号能被 line1 端子正确识别并显示。

例 4.6　使用端口的多个端子的线传输。

本例中，使用 myDAQ 设备的数字输入输出端口的其中一半端口 DIO0～DIO3 输出信号，由端口的另一边 DIO4～DIO7 读入信号。输出信号由 4 个布尔开关控件控制。DIO0 连接 DI04，DIO1 连接 DIO5，DIO2 连接 DIO6，DIO3 连接 DIO7。

(1) 新建一个空白 VI。

(2) 建立一个数字信号输出。从 EXPRESS→Output 菜单中，拖放一个 DAQ Assistant 图标到程序框图，并如前述方法按要求设置。在“Create a New Express Task...”对话框中选择 Generate Signals→Digital Output→Line Output，在下一个目录中按 Shift 键选择“port0/line0～port0/line3”第 0 口第 0 线至 3 线作为信号输出线，如图 4.74 所示。

Generate Signals
Analog Output
Counter Output
Digital Output
Line Output
Port Output

(a) 设置数字口输出方式

myDAQ1 (NI myDAQ)
port0/line0
port0/line1
port0/line2
port0/line3

(b) 设置数字口输出端子

图 4.74　**设置数字口输出属性**

单击 Finish 按钮完成功能设定，进入 DAQ Assistant 设定对话框。

(3) 设置线输入虚拟通道参数。参数设定按默认设置即可。如果需要对输出的高、低电平进行取反(关于取反可参考布尔控件一节)，则可以勾选“Invert Line(对线取反)”复选框。另外，由于对高、低电平信号的识别只在程序调用时才执行，因此“Generation Mode(生成模式)”中只能选择“1 Sample(On Demand)”(在请求时产生一个样本)选项。

(4) 选择 Run 运行测试。在测试框中有 4 个布尔控件用于在运行测试以后，将布尔控件的“1”、“0”状态以电压方式输出到设定的端子，如图 4.75 所示。可以使用 ELVISmx 中的万用表程序，辅助测量各个端子输出是否能按设定获得正确的高、低电压。

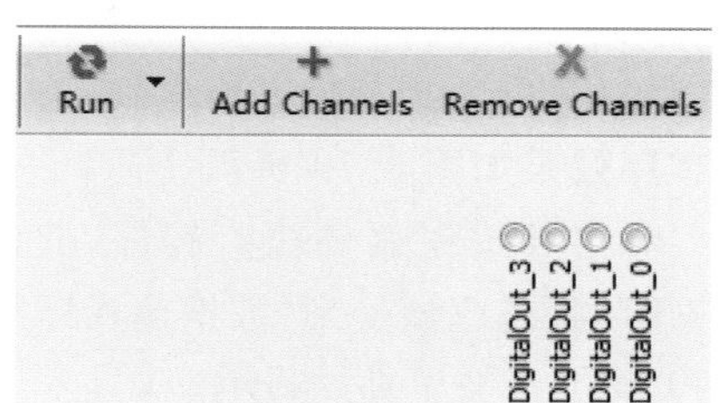

图 4.75 数字口输出测试对话框

(5) 完成设定以后，将 DAQ Assistant 图标转换成 DAQmx 代码。根据提示，在函数左侧第二个 data 端子创建一个名为“数据输入”的布尔控件。此时在前面板可以看到一个由两个布尔开关控件组成的数组(关于数组内容，在此处可暂不深究，详情请查阅后面数组章节)，将布尔开关控件数组往右拉长并增加数量到 4 个，如图 4.76 所示。

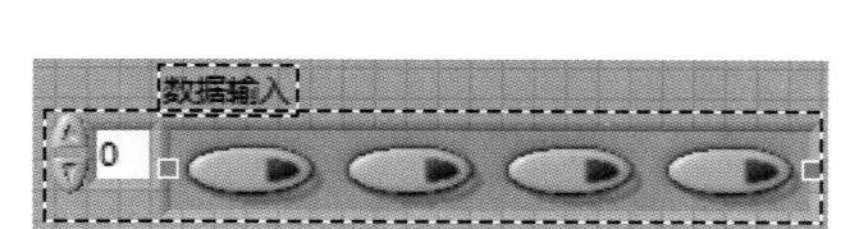

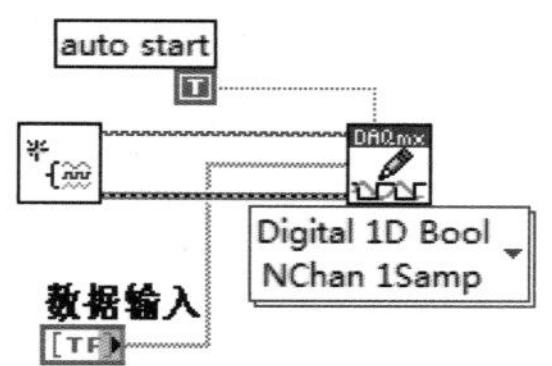

图 4.76 数字口输出 LabVIEV 代码

Acquire Signals
Analog Input
Counter Input
Digital Input
Line Input

(a) 设置数字输入方式

myDAQ1 (NI myDAQ)
port0/line0
port0/line1
port0/line2
port0/line3
port0/line4
port0/line5
port0/line6
port0/line7

(b) 设置数字输入端子

图 4.77 设置数字口输入属性

(6) 建立一个读入数字信号输入的程序。在 EXPRESS→Input 菜单中拖放 DAQ Assistant 图标到程序框图且按要求设定，并如前述方法按要求设置。在“Create a New Express Task...”对话框中选择 Acquire Signals→Digital Input→Line Input，在下一个目录中选择“port0/line4～line7”第 0 口第 4 线到第 7 线作为信号输入线，如图 4.77 所示，并单击 Finish 按钮完成功能设定，进入 DAQ Assistant 设定对话框。

(7) 设置线输入虚拟通道参数。参数设定按默认设置即可。如果需要对输入的高、低电平进行识别时取反(关于取反可参考布尔控件一节)，则可以勾选“Invert Line(对线取反)复选框”。另外，由于对高、低电平信号的识别只在程序调用时才执行，因此“Generation Mode(生成模式)”中只能选择“1 Sample(On Demand)”(在请求时产生一个样本)。

（8）选择 Run 运行测试。在测试框中有一个布尔控件用于在运行测试以后，把从设定的端子读入的高、低电压以“1”、“0”方式在布尔控件中显示，如图 4.78 所示。

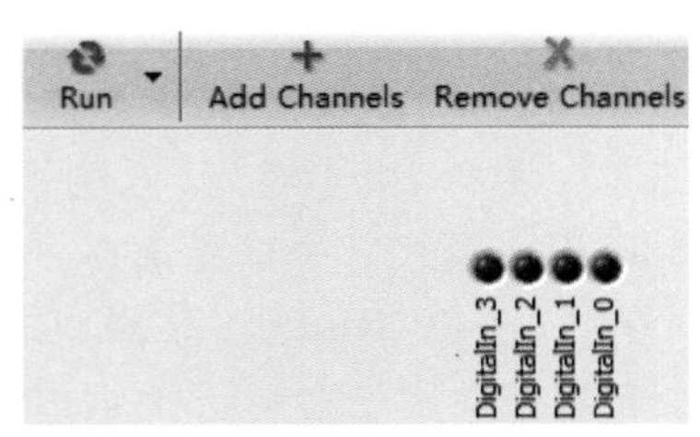

图 4.78　**数字输出端口测试窗口**

（9）完成设定以后，将 DAQ Assistant 图标转换成 DAQmx 代码。如图 4.79 所示。至此，线输入程序编写完毕。并且将线输入程序与前面线输出程序按照顺序连接，以先产生数据输出，再读入数据的效果。最终程序效果如图 4.79 所示。

单击按钮循环执行程序，此时，“数据输出”显示 LED 状态应该受到“数据输入”开关的控制，同亮同灭，说明 line0 端子输出的信号能被 line1 端子正确识别并显示。

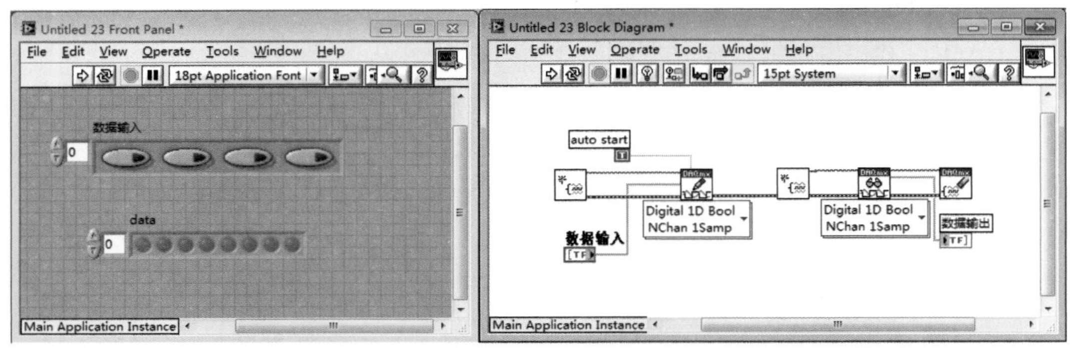

图 4.79　**使用 myDAQ 进行端口数字输出、输入的编程代码**

例 4.7　使用单个端子进行计数器输入输出。

本例中，使用 myDAQ 设备的计数器输出端口的一个端子 ctr0/PFI3 输出信号，一个端子 ctr0/PFI1 口读入信号。

Acquire Signals
Analog Input
Counter Input
Edge Count
Frequency

(a) 设置数字输出方式

myDAQ1 (NI myDAQ)
ctr0

(b) 设置数字输出端子

图 4.80　**设置数字脉冲输出属性**

（1）新建一个空白 VI。

（2）建立一个数字信号输出，如图 4.80 所示。从 EXPRESS→Output 菜单中拖放一个 DAQ Assistant 图标到程序框图，并如前述方法按要求设置。在“Create a New Express Task...”对话框中选择 Acquire Signals→Counter Output→Pulse Output，在下一个目录中选择 ctr0 PFI3 线作为信号输出线，并单击 Finish 按钮完成功能设定，进入 DAQ Assistant 设定对话框。

（3）设置脉冲输出虚拟通道参数。参数设定按默认设置即可。在 Pulse Output Range Setup 栏中，可以设置输出脉冲的高电平时间（High Time）和低电平时间（Low Time）。按默认设置，设备将输出一个高电平、低电平各为 10ms、频率为 50Hz 的脉冲。另外，在“Generation Mode（生成模式）”中可以选择“1 Pulse（一个脉冲输出）”、“N Pulse（N 个脉冲

输出)”和“Continuos Pulse(持续脉冲输出)”等。在本例中,选择“1 Pulse”,如图 4.81 所示。

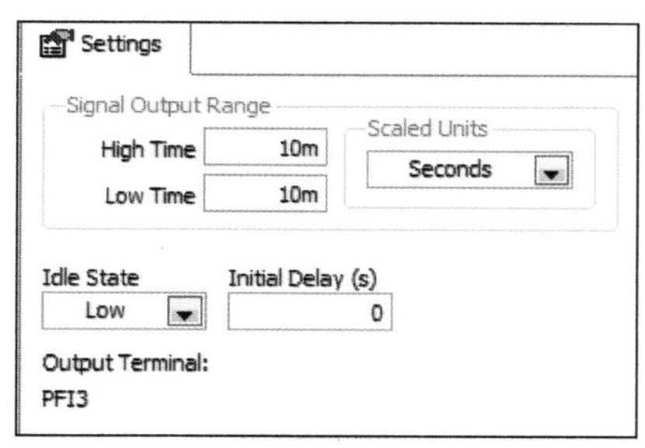

(a) 数字脉冲输出属性设置

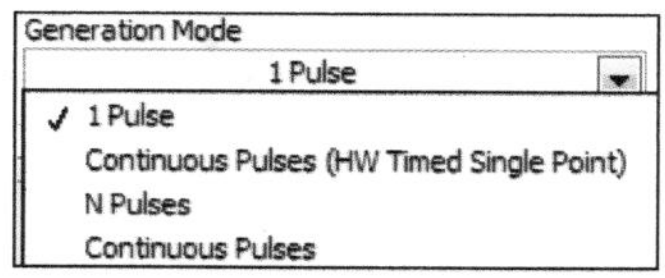

(b) 数字脉冲输出模式

图 4.81　**数字脉冲输出设置**

(4) 选择 Run 运行测试。可以使用 ELVISmx 中的示波器程序,辅助测量是否能按设定获得正确的脉冲电压。

完成设定后,将 DAQ Assistant 图标转换成 DAQmx 代码,如图 4.82 所示。

图 4.82　**数字脉冲输出 DAQ Assistant 图标转换为 DAQmx 代码程序框图**

(5) 建立一个读入数字信号输入的程序,如图 4.83 所示。在 EXPRESS→Input 菜单中拖放 DAQ Assistant 图标到程序框图,并如前述方法按要求设置。在“Create a New Express Task...”对话框中选择 Acquire Signals→Counter Input→Frequency,表示测量输入信号的频率。设定并进入下一个目录中选择 ctr0 口作为信号输入线,并单击 Finish 按钮完成功能设定,进入 DAQ Assistant 设定对话框。

使用 Counter Input 中的其他选项可以测量输入信号的不同参数,比如占空比、计数等。读者可以按照需要逐个尝试。

(6) 设置线输入虚拟通道参数。参数设定按默认设置即可,程序自动测量 2~100Hz 之间的频率信号,如图 4.84 所示。另外,“Generation Mode(生成模式)”中选择“1 Sample(On Demand)”(在请求时产生一个样本)。

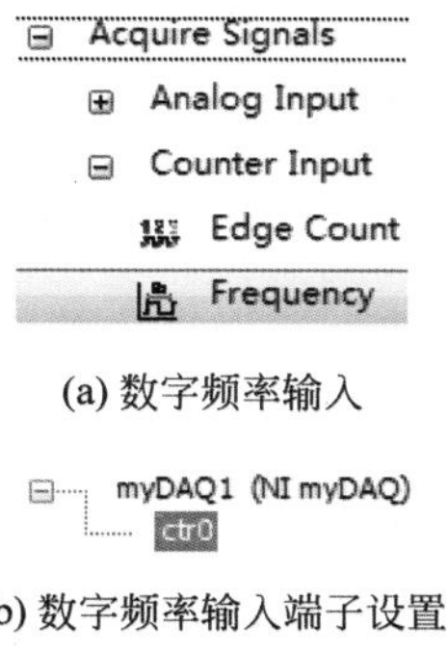

(a) 数字频率输入

(b) 数字频率输入端子设置

图 4.83　**数字频率输入端口设置**

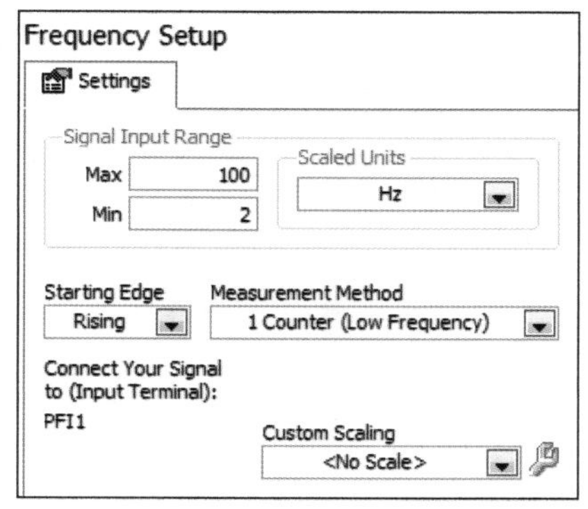

图 4.84　**数字频率输入属性设置**

（7）选择 Run 运行测试。在测试框的 Measured Value 中可以显示所测量到的脉冲的频率值。可以利用 ELVISmx 中的信号发生器程序，辅助测量端子是否能按设定获得脉冲频率信息。

（8）完成设定后，将 DAQ Assistant 图标转换成 DAQmx 代码，并且将线输入程序与前面线输出程序按照顺序连接，以先产生数据输出，再读入数据的效果。最终程序效果如图 4.85 所示。

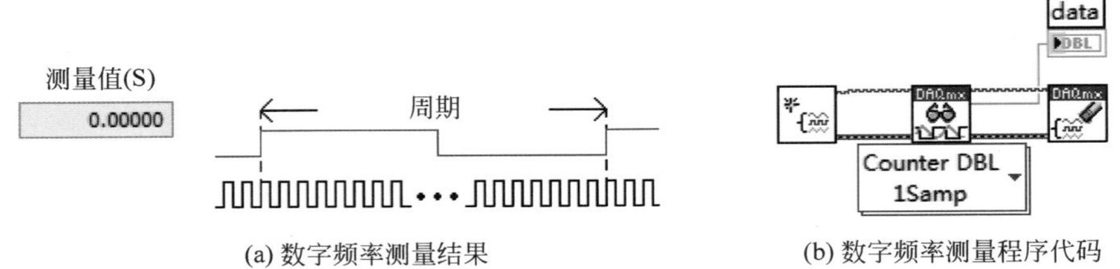

(a) 数字频率测量结果　　(b) 数字频率测量程序代码

图 4.85　**数字频率测量代码及其结果**

（9）单击按钮循环执行程序，此时“频率值”测量设备不断发出的一个 50Hz 脉冲，并将该脉冲实际接收时频率测量值显示出来，如图 4.86 所示。

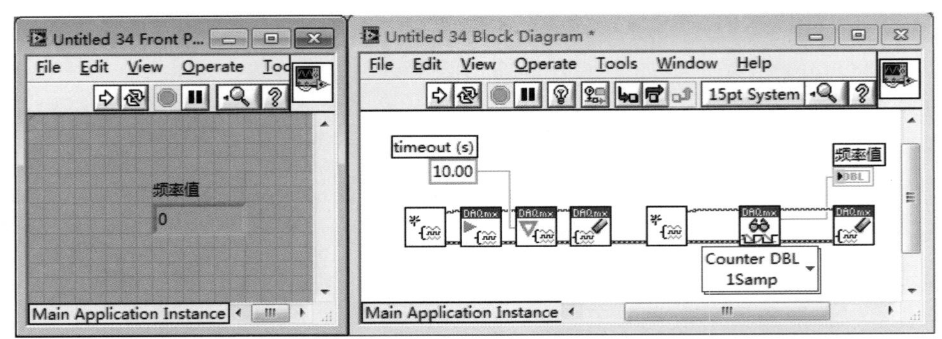

图 4.86　**数字频率输出及输入程序代码**

4.6　创建第一个传感器监控程序

根据本章节介绍的各种编程方法与设备控制手段，读者可以很方便地为第 3 章中各个传感器实验编写一个脱离 NI ELVISmx 软件的，属于自己独特需求的传感器检测程序，向独立开发传感器采集应用程序迈出第一步。

下面将重温第 3 章中的所有实验程序，分别为这些实验装置编写特定的数据采集程序，并做一些简单的数据处理与变换。

例 4.8　光敏电阻与特雷蒙琴。

实验原理：

通过光敏电阻阻值随光而变换的特性，通过电路将阻值变化信号变换成电压变换信号，进而通过 myDAQ 的模拟信号输入端进行采集。经过分析后电压信号变成频率信号

输入到发声程序，最后音频信号通过扬声器输出。

实验器材：

(1) NI myDAQ 数据采集器。

(2) 光敏电阻一个、100kΩ 电位器一个。

(3) 导线若干。

实验过程：

(1) 如图 4.87 所示连接，使用+15V 电源作为装置的供电部分。将光敏电阻和一个 100kΩ 的电位器以及 15V 电源串联形成回路。将光敏电阻的分压节点 A 点连接到 AO 0，以便光电信号能够被 myDAQ 收集。另外，在装置中的光敏电阻如果用小纸筒或者是圆筒形挡光物覆盖，能够提高装置的感受灵敏度。

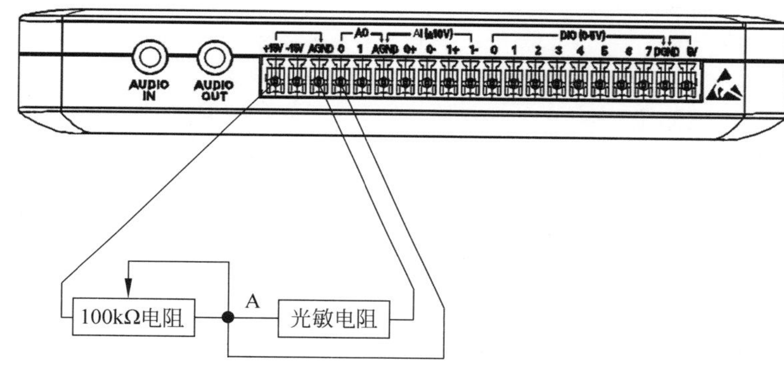

图 4.87　**光敏电阻与特雷蒙琴装置**

(2) 首先通过第 3 章介绍的方法进行实验，观察串联电路以及各连线是否连通并正常工作，并且调整 100kΩ 电位器使光敏电阻能大致正常工作。如正常则可以进入下一步编程工作。

(3) 新建一个空白 VI，并命名为"特雷蒙琴主程序_章 4.vi"，开始编制程序。

(4) 创建输入 EXPRESS VI。在 Programming→Express-Input 菜单中找到 DAQ Assist EXPRESS VI 图标。将图标拖放到程序框图中时，出现"Create New Express Task..."对话框。因为任务要求进行电压采集，因此点选对话框中树型菜单 Acquire Signals→Analog Input→Voltage，进入下一个对话框。根据连线要求，选择 ai0 作为模拟电压信号输入采集端子。

(5) 设置模拟输入通道参数。进入 Data Assist，设置输入电压范围。由电路特性分析可以知道，电压范围在 0V 以上，因此在 myDAQ 允许的输入范围内选择 0～10V 作为电压输入范围。在 Channel Setting 中 Voltage Input Setup 框的 Signal Input Range 的 Max 文本框中输入"10"，Min 文本框中输入"0"。"Scaled Units(幅值单位)"保持为"Volts(电压)"不变，如图 4.88 所示。

另外由于实验性质，并不要求程序能迅速响应，因此在 Timing Setting 栏的 Acquisition Mode 下拉列表框中选择"1 Sample(On Demand)"选项，即每一次调用返回

一个当前电压值数据。

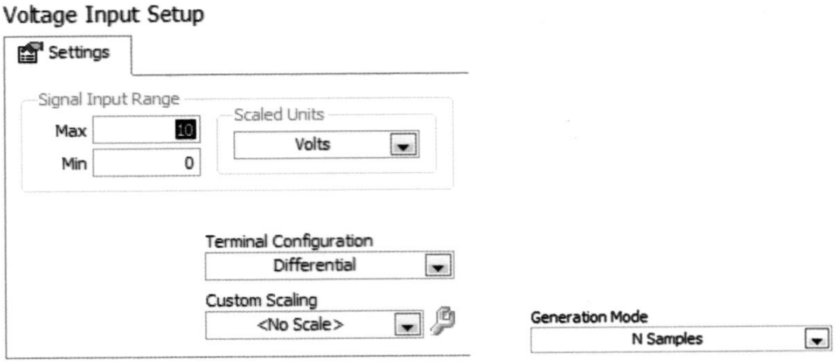

Voltage Input Setup

Settings

Signal Input Range

Max 10

Min 0

Scaled Units

Volts

Terminal Configuration

Differential

Custom Scaling

<No Scale>

Generation Mode

N Samples

(a) 电压输入属性设置　　(b) 电压采集模式设置

图 4.88　**电压输入属性设置**

(6) 创建输出 EXPRESS VI。在 Programming→Express-Output  菜单中找到 DAQ Assist EXPRESS VI  图标。将图标拖放到程序框图中时，出现“Create New Express Task...”对话框。因为任务要求进行电压采集，因此选择对话框中树型菜单 Generate Signals→Analog Input→Voltage，进入下一个对话框。根据连线要求，选择 ai0 作为模拟电压信号输入采集端子。

(7) 设置模拟输出通道参数。进入 Data Assistant，设置输出电压范围。由电路特性分析可以知道，电压范围在 0V 以上，因此在 myDAQ 允许的输出范围内，选择 0～10V 作为电压输入范围。在 Channel Setting 中 Voltage Output Setup 框的 Signal Output Range 的 Max 文本框中输入“10”，Min 文本框中输入“0”。“Scaled Units(幅值单位)”保持为“Volts(电压)”不变，如图 4.89 所示。

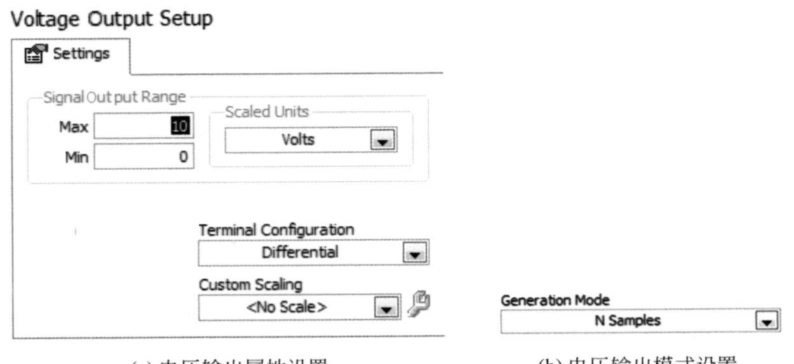

(a) 电压输出属性设置　　(b) 电压输出模式设置

图 4.89　**电压输出特性设置**

另外，由于实验性质并不要求程序能迅速响应，因此在 Timing Setting 栏的 Acquisition Mode 下拉列表框中选择“1 Sample(On Demand)”选项。即每一次调用返回一个当前电压值数据。

（8）完成后，将 EXPRESS VI 转换成 DAQmx 代码，并将数据的采集参数改成 Analog→Single Channel→Single Sample→DBL，即采集单通道的模拟电压信号，每一次一个数据，数据格式为双精度浮点数，如图 4.90 所示。

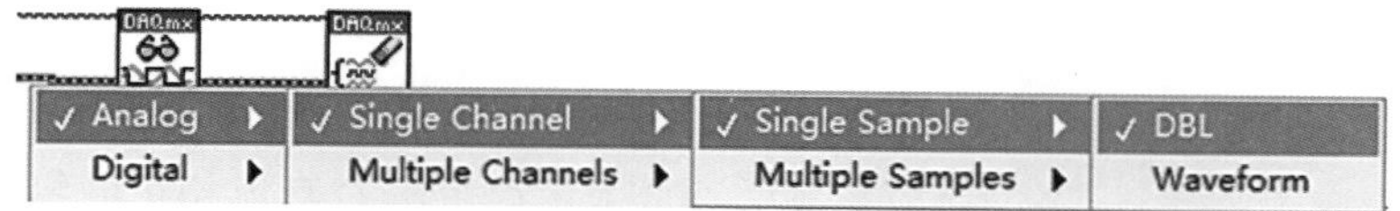

图 4.90　模拟电压信号采集模式 DAQmx 代码设置

（9）一方面在前面板中添加 Waveform Chart 波形显示器，将此数据输出连接 Waveform Chart 显示电压波形信号。

（10）调用波形发生函数产生波形数据，通过发光二极管发送信号。在 Signal Processing→Wfm Generator 菜单中调用"Basic Function Generator（基本波形发生器）"函数。在前面板新建一个旋钮控件作为频率输入，连接到 Frequency 端子。并以函数图标右侧上方第二个 Signal Out 端子作为数据输出端子。

（11）播放波形。在 EXPRESS VI→Output 菜单中，向程序框图拖放出（播放波形）函数。此时，出现 Configure Play Waveform 对话框，用于设置、测试扬声器设备，如图 4.91 所示。所有设置按默认即可，单击 Test Device 按钮，扬声器应该发出声音，表示设备正常工作。最后单击 OK 按钮退出。并生成图标。接着将上一步生成波形数据函数通过函数图标右侧上方第二个 Signal Out 端子连接到图标的"data（数据）"输入端子。完成后程序如图 4.92 所示。

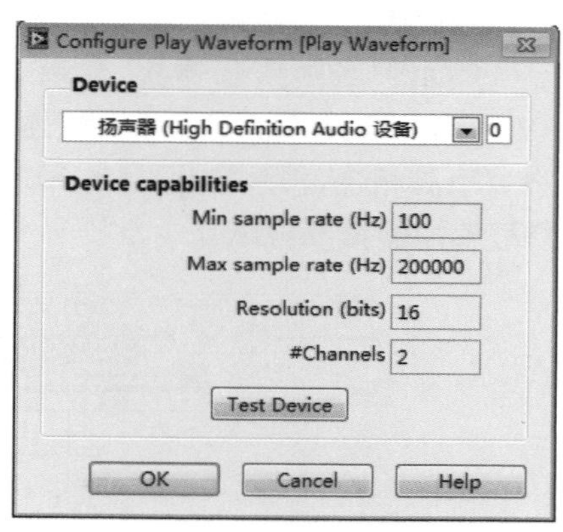

图 4.91　播放波形函数设置对话框

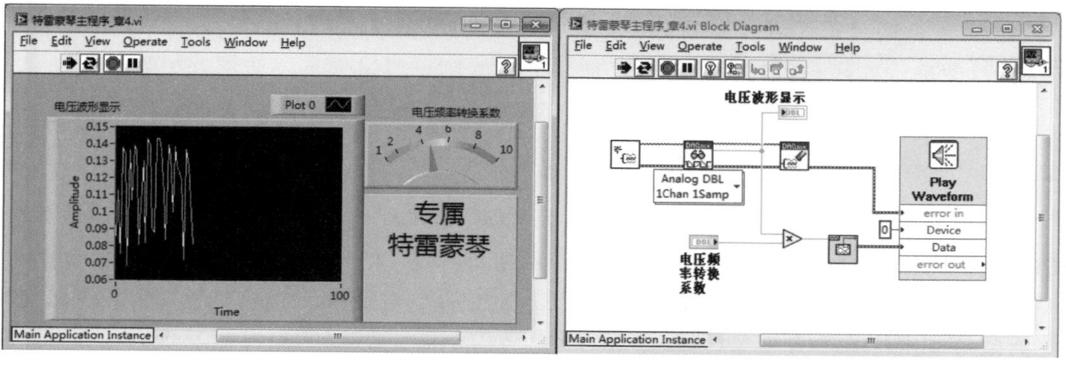

图 4.92　特雷蒙琴 LabVIEW 代码及运行

单击按钮循环执行程序，此时程序控制硬件不断采集光敏电阻器产生光电压，转换成对应的频率值，并且产生对应的波形行供扬声器发声。通过手指在光敏电阻上方上下移动改变光强，就可以控制计算机发出不同声音。

例 4.9 集成霍尔传感器磁场测量。

实验原理：

集成霍尔传感器是一种利用半导体霍尔效应测量空间磁感应强度 B 的集成电路。该电路同时集成了半导体霍尔元件、前置缓冲放大电路并经过直流校正的集成电路，最大输出电压在 4.5～4.9V 之间。在器件测量的磁场范围内，磁感应强度 B 与电压成正比（线性关系），系数可以通过查元件数据表结合实测得到。因此，通过采集集成传感器的电压输出，就能通过比例转换得到相应的磁感应强度值。

实验器材：

(1) NI myDAQ 数据采集器。

(2) 三端集成霍尔传感器 A2。

(3) 导线若干。

实验过程：

(1) 如图 4.93 所示连接，使用＋5V 电源作为装置的供电部分。将霍尔传感器的＋5V 引脚与 myDAQ 5V 引脚相连，霍尔传感器的 GND 引脚与 myDAQ 的 AGND、DGND 引脚相连，霍尔传感器的 Vo 引脚与 myDAQ 的 AI0 引脚相连这样，霍尔传感器电压信号就能够被 myDAQ 收集。

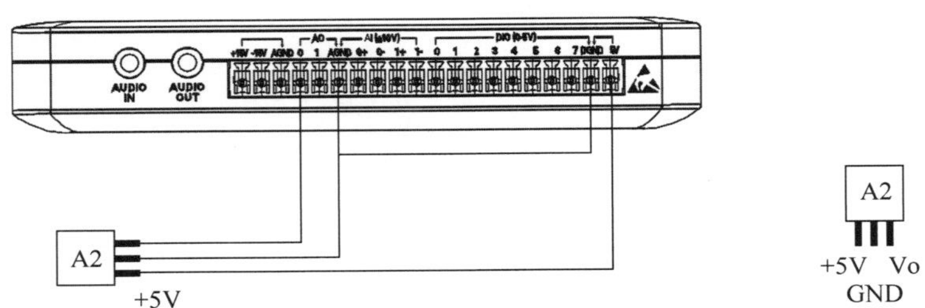

图 4.93 **集成霍尔传感器磁场测量仪装置**

(2) 首先通过第 3 章介绍的方法进行实验，观察磁铁能够引发霍尔元件输出电压的变换，以便确定连线是否连通并正常工作。如正常则可以进入下一步编程工作。

(3) 新建一个空白 VI 并命名为"霍尔传感器_章 4. vi"，开始编制程序。

(4) 创建 EXPRESS VI。在 Programming→Express-Input 菜单中找到 DAQ Assistant EXPRESS VI 图标。将图标拖放到程序框图中时，出现"Create New Express Task..."对话框。因为任务要求进行电压采集，因此选择对话框中树型菜单 Acquire Signals→Analog Input→Voltage，进入下一个对话框。根据连线要求，选择 ai0 作为模拟电压信号输入采集端子。

(5) 设置模拟输入通道参数。进入 Data Assist，设置输入电压范围，如图 4.94(a)所示。由电路特性分析可知，电压范围在 0V 以上，单输出电压不超出霍尔元件的电源电压

5V。因此在 myDAQ 允许的输入范围内，选择 0～5V 作为电压输入范围。在 Channel Setting 中 Voltage Input Setup 框的 Signal Input Range 的 Max 文本框中输入“5”，Min 文本框中输入“0”。“Scaled Units(幅值单位)”保持为“Volts(电压)”不变。

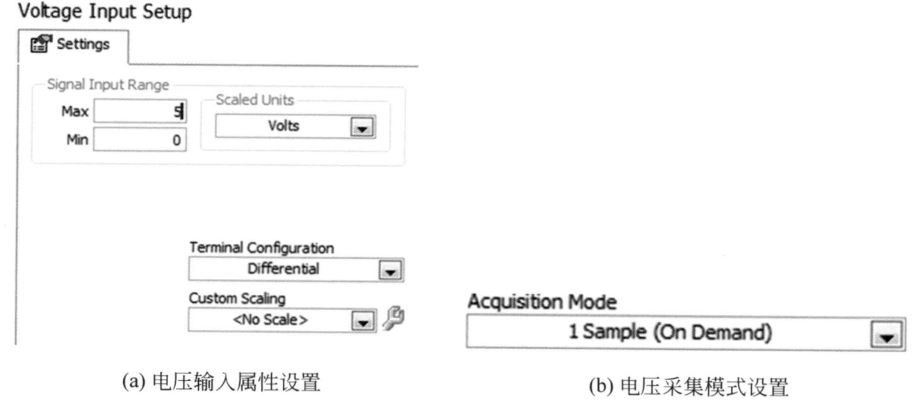

(a) 电压输入属性设置　　(b) 电压采集模式设置

图 4.94　**电压输入属性设置**

另外由于实验性质，并不要求程序能迅速响应，因此在 Timing Setting 栏的 Acquisition Mode 下拉列表框中选择 1 Sample(On Demand)选项。即每一次调用返回一个当前电压值数据，如图 4.94(b)所示。完成后，将 EXPRESS VI 转换成 DAQmx 代码，并将数据的采集参数改成 Analog→Single Channel→Single Sample→DBL，即采集单通道的模拟电压信号，每一次一个数据，数据格式为双精度浮点数，如图 4.95 所示。

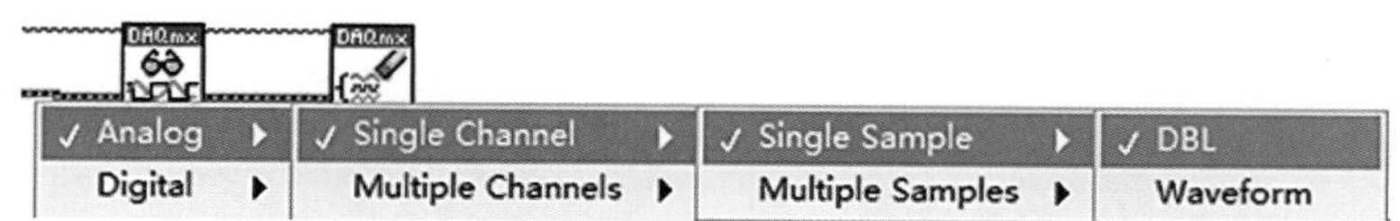

图 4.95　**模拟电压信号采集模式 DAQmx 代码设置**

(6) 一方面，在前面板中添加 Meter 数据显示控件，将此数据输出连接 Meter 数据显示控件电压信号大小；另一方面，通过对数据与一个可调整系数相乘，计算对应的磁感应强度。最后程序如图 4.96 所示。

(7) 单击按钮循环执行程序，此时，程序控制硬件不断采集霍尔传感器产生电压，通过使用一个磁铁，并不断改变位置，可以看到电压数据以及大型仪表盘会产生相应的示数改变。如果将霍尔传感器固定在一根木棍上并做引线延伸，还可以测量螺线管中的轴线磁场，探究磁铁外部各点磁感应强度。

例 4.10　光电池与大气光通信实验。

实验原理：

光电池可以将光能吸收以后变成电能，转换为电流和电压，如同一个化学电池可以将化学能转变成电能一样。因此，利用光电池可以将光的变化直接转变成电流或电压的变

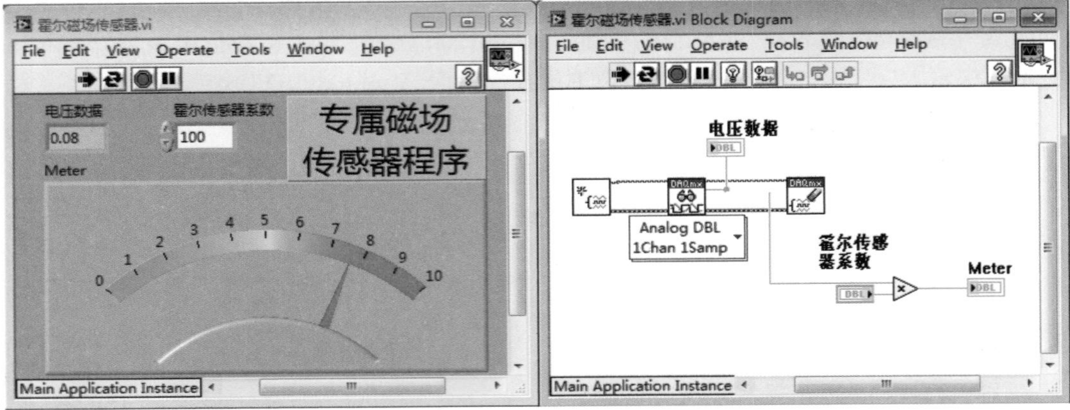

图 4.96 磁场传感器 LabVIEW 代码及运行

化而不需要外接电源。此类传感器称为有源(电源)传感器。利用 myDAQ 信号采集器的模拟输入端子可以采集这种因光强变化而造成的电压或电流变化。另外,作为大气光通信实验,必须要有信号来源。在实验中使用 myDAQ 设备输出一个可调的信号电压,并将电压加载到一个发光二极管(LED)上。通过发光二极管和光电池这一组发送与接收组合,在一定距离内可以实现大气中电信号的光隔离传输。在实际生产生活中,这种组合也是光耦合器、光纤通信的基本原理。

实验过程:

(1) 装置如图 4.97 所示连接,使用 AO 0 电压输出作为装置的供电部分。将发光二极管和一个 1kΩ 的电阻与 AO 0 串联形成回路。将光电池的正极连接到 AI 0+,以便光电信号能够被 myDAQ 采集,而光电池负极则与 AI 0- 及 AGND 相连。另外,装置中的光敏电阻,如果用小纸筒或者是圆筒形挡光物覆盖,能够提高光电池受环境光的影响,提高传输信号的清晰度。

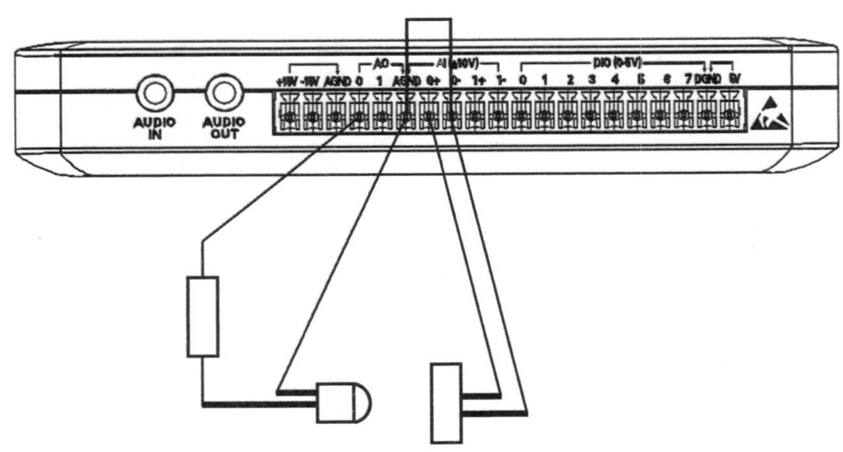

图 4.97 光电池与大气光通信实验仪装置

（2）首先通过第 3 章介绍的方法进行实验，观察串联电路以及各连线是否连通并正常工作。如正常则可以进入下一步编程工作。

（3）新建一个空白 VI，并命名为“光电池_章 4. vi”，开始编制程序。

（4）完成后，将 EXPRESS VI 转换成 DAQmx 代码，并将数据的采集参数改成 Analog→Single Channel→Multiple Sample→Waveform，即采集单通道的模拟电压信号，每一次一组数据，数据格式为波形专用数据。并在前面板中添加 Waveform Chart 波形显示器，将此数据输出连接 Waveform Chart 以显示电压波形信号。

（5）创建信号输出 EXPRESS VI。在 Programming→Express-Output 菜单中找到 DAQ Assistant EXPRESS VI 图标。将图标拖放到程序框图中时，出现“Create New Express Task...”对话框。因为任务要求进行电压采集，因此选择对话框中树型菜单 Generate Signals→Analog Output→Voltage，进入下一个对话框。根据连线要求，选择 ao0 作为模拟电压信号输出采集端子，如图 4.98 所示。

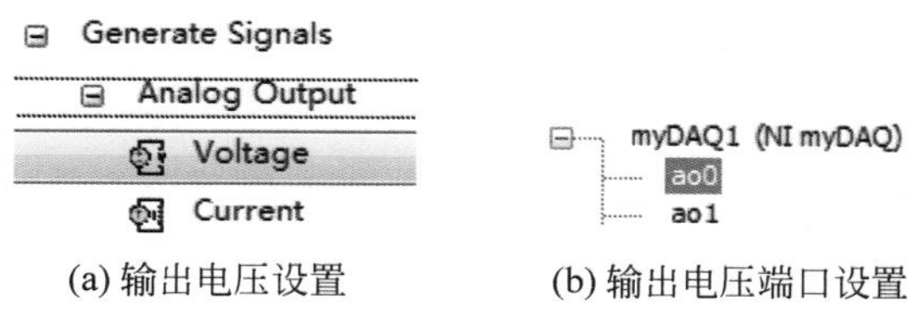

(a) 输出电压设置　　(b) 输出电压端口设置

图 4.98　myDAQ 输出类型与端口选择

接着，设置模拟通道参数。进入 Data Assistant，设置输出电压范围。由电路特性分析可知，电压范围在 0V 以上，因此在 myDAQ 允许的输出范围内，选择 0～10V 作为电压输出范围。在 Channel Setting 中 Voltage Input Setup 框的 Signal Output Range 的 Max 文本框中输入“10”，Min 文本框中输入“0”。“Scaled Units（幅值单位）”保持为“Volts（电压）”不变，如图 4.99 所示。

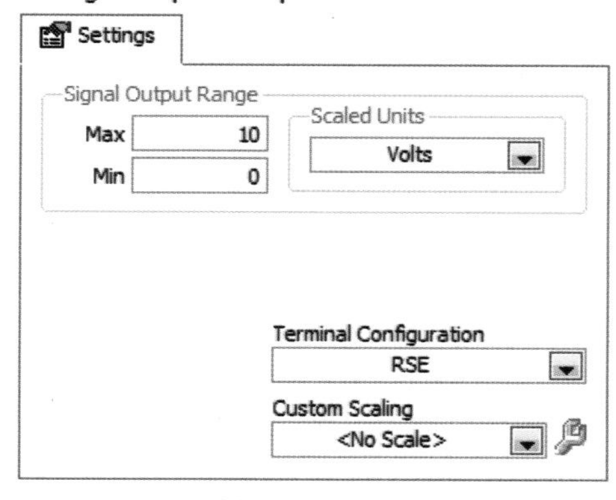

(a) 输出电压属性设置　　(b) 输出信号采集模式设置

图 4.99　myDAQ 输出信号属性及采集模式设置

完成设置后，生成 EXPRESS VI。随后将其转换成 DAQmx 代码，如图 4.100 所示。

(6) 调用波形发生函数产生波形数据，并从电压输出端子输出。在 Signal Processing→Wfm Generator 菜单中调用“Basic Function Generator(基本波形发生器)”函数。由于输出的必须是大于 0V 的电压，因此除了将调整频率的旋钮控件连接到 Frequency 端子外，还需要将波形整体上移 1，使得送到电压发送端的波形数据全部为正数。基本波形发生器函数产生的波形数据送到 Waveform Char 波形显示器显示作为信号源，并以函数图标右侧上方第二个 Signal Out 端子作为数据输出端子，将此信号送到 myDAQ 电压输出端子。完成后，程序如图 4.100 所示。

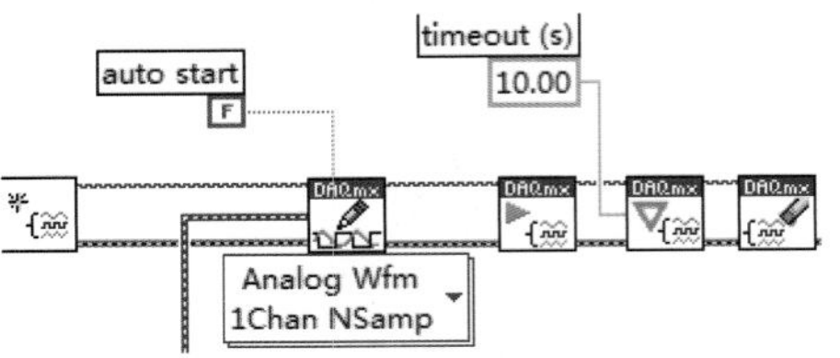

图 4.100 **波形电压输出 DAQmx 代码**

(7) 单击按钮循环执行程序，此时，程序控制硬件不断从发光二极管中将电压信号转变成调制光信号，而光电池受光产生光电压，被 myDAQ 采集到计算机中，从而完成信号的传输过程。

例 4.11 线性差分变压器与数字弹簧测力计。

实验原理：

线性差分变压器(LVDT)是利用线圈之间位置变化而导致的电磁感应的传输紧密程度的变化，而将线圈位置信号变成某种电压信号的传感器。在中学实验中经常用到的弹簧测力计、圆筒测力计实质上是外力使弹簧发生形变，从而将力的信息变成可观测的位移变化，如图 4.101 所示。因此，利用 LVDT 位移传感器与普通弹簧测力计进行有机结合，就可以实现普通弹簧测力计的数字化，最终通过计算机将外力数据进行采集、分析、储存。

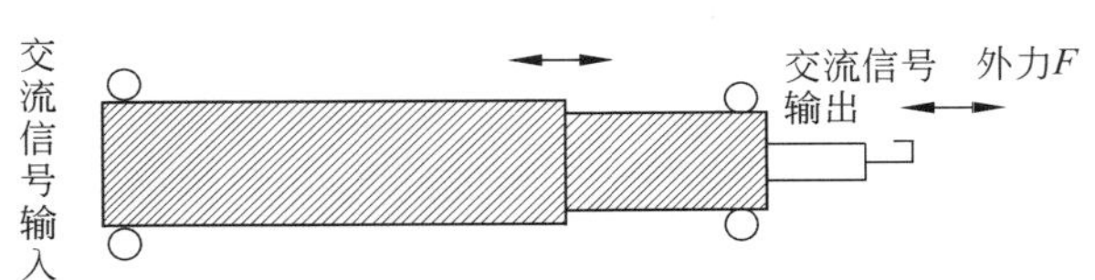

图 4.101 **LVDT 线性差分电压传感器装置**

实验器材：

(1) NI myDAQ 数据采集器。

(2) 自制原、副线圈各一对。

(3) 导线若干。

实验过程：

(1) 创建一个空白 VI，并命名为“数字测力计.vi”。

(2) 创建信号输出 EXPRESS VI。在 Programming→Express-Input 菜单中找到 DAQ Assistant EXPRESS VI 图标。将图标拖放到程序框图中时，出现“Create New Express Task...”对话框。因为任务要求进行电压采集，因此选择对话框中树型菜单 Generate Signals→Analog Output→Voltage，进入下一个对话框。根据连线要求，选择 ao0 作为模拟电压信号输入采集端子，如图 4.102 所示。

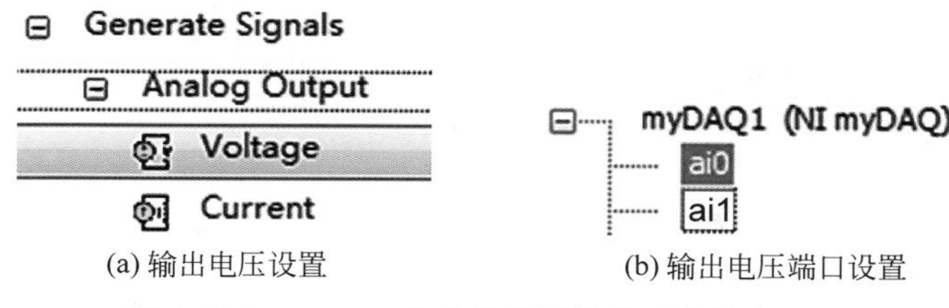

(a) 输出电压设置　　(b) 输出电压端口设置

图 4.102　myDAQ 输出信号属性及采集模式设置

接着，设置模拟通道参数。进入 Data Assistant，设置输出电压范围。由电路特性分析可知，电压为交流信号。因此在 myDAQ 允许的输出范围内，选择−10～10V 作为电压输出范围。在 Channel Setting 中 Voltage Output Setup 框的 Signal Output Range 的 Max 文本框中输入"10"，Min 文本框中输入"−10"。"Scaled Units（幅值单位）"保持为"Volts（电压）"不变。完成设置后，生成 EXPRESS VI。随后将其转换成 DAQmx 代码，如图 4.103 所示。并且通过设置 Analog→Single Channel→Multiple Samples→Waveform，使 myDAQ 设备输出端连续输出一系列波形信号，如图 4.104 所示。

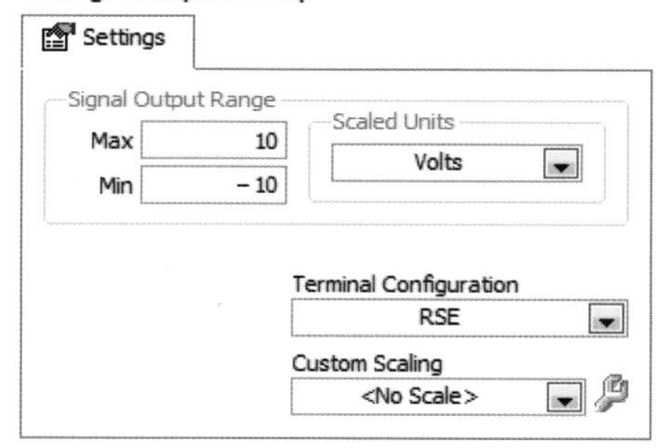

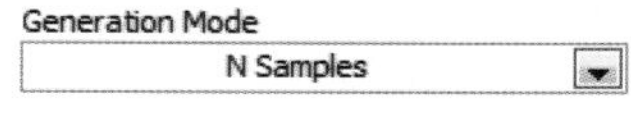

(a) 输出电压属性设置　　(b) 输出信号采集模式设置

图 4.103　myDAQ 输出信号属性及采集模式设置

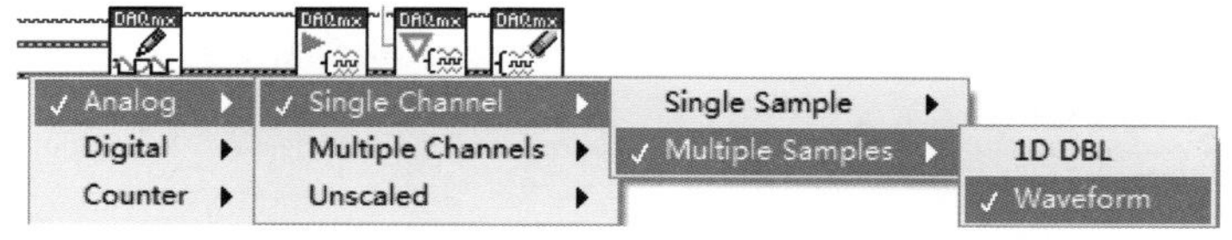

(a) 信号输出模式DAQmx代码设置

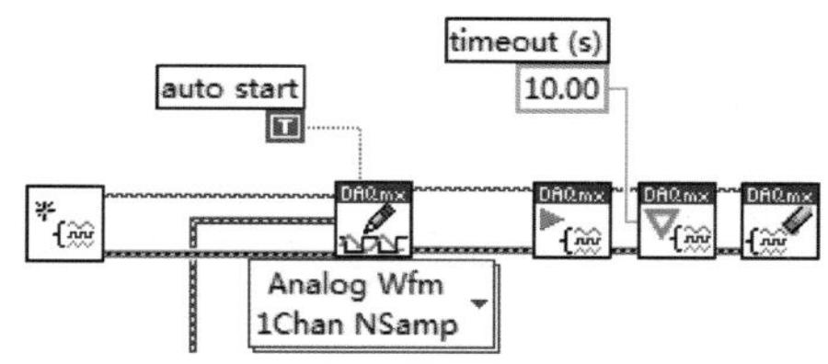

(b) 信号输出DAQmx代码

图 4.104　信号输出代码

（3）调用波形发生函数产生波形数据，并从电压输出端子输出。在 Signal Processing→Wfm Generator 菜单中调用“Basic Function Generator（基本波形发生器）”函数。通过设置图标左侧第二个 Frequency 端子与整型常量“500”相连，表示基本波形发生器函数产生的频率为 500Hz 的波形数据作为 LVDT 信号源。波形数据送到 Waveform Char 波形显示器显示，并以函数图标右侧上方第二个 Signal Out 端子作为数据输出端子，将此信号送到 myDAQ 电压输出端子。完成后，程序如图 4.105 所示。

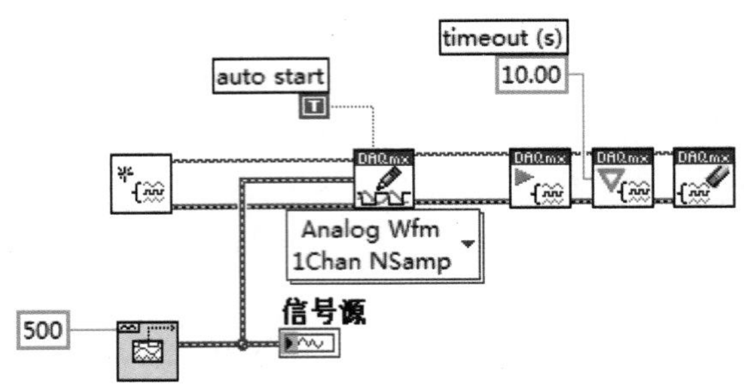

图 4.105　**信号输出部分最终 LabVIEW 代码**

（4）创建输入 EXPRESS VI。在 Programming→Express-Input 菜单中找到 DAQ Assistant EXPRESS VI 图标。将图标拖放到程序框图中时，出现“Create New Express Task...”对话框。因为任务要求进行电压采集，因此选择对话框中树型菜单 Acquire Signals→Analog Input→Voltage，进入下一个对话框。根据连线要求，选择 ai0 作为模拟电压信号输入采集端子。

设置模拟通道参数。进入 Data Assistant 对话框，设置输入电压范围。由电路特性分析可以知道信号数据属于交流电信号，但能够接收信号的幅度不大，因此在 myDAQ 允许的输入范围内，选择－2～2V 作为电压输入范围。在 Channel Setting 中 Voltage Input Setup 框的 Signal Input Range 的 Max 文本框中输入“5”，Min 文本框中输入“0”。“Scaled Units（幅值单位）”保持为“Volts（电压）”不变，如图 4.106 所示。

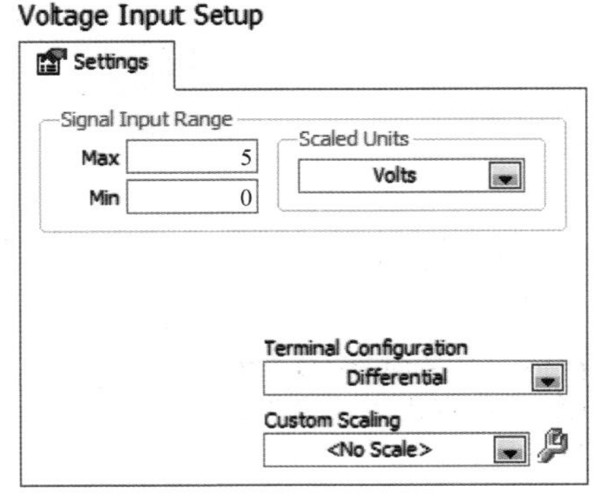

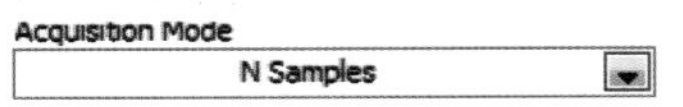

(a) 电压输入属性设置　　(b) 电压采集模式设置

图 4.106　**电压输入属性设置**

此外 Timing Setting 栏中 Acquisition Mode 下拉列表框中选择 N Sample 选项。即每一次调用返回一系列电压值数据。完成后，将 EXPRESS VI 转换成 DAQmx 代码，并将数据的采集参数改成 Analog→Single Channel→Multiple Sample→Waveform，即采集单通道的模拟电压信号，每一次一组数据格式为波形的信号数据，如图 4.107 所示。

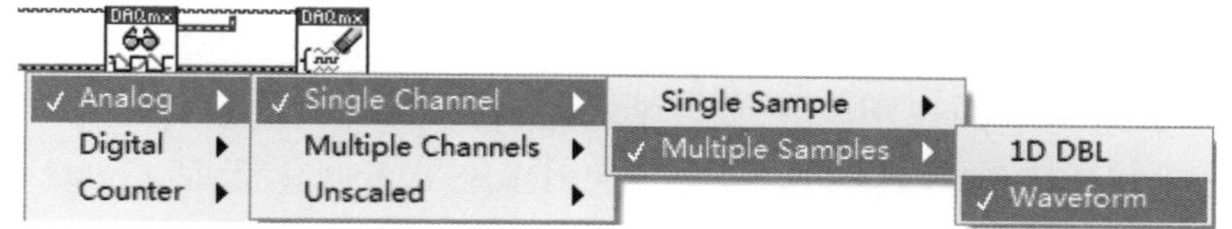

图 4.107　模拟电压信号采集模式 DAQmx 代码设置

(5) 对采集数据进行数据处理。根据 LVDT 工作原理，线圈的位置与接收信号的强弱成比例。而信号强弱体现在所接收信号的峰值电压大小。因此需要对采集到的交流电数据进行信号峰值提取操作。利用相关的 EXPRESS VI 可以完成这个操作。

通过 Signal Processing→wfm Measurement 菜单中，拖放 EXPRESS VI AMP&level 到程序框图。在随后出现的设置对话框中，选择"Peak to Peak(峰-峰值)"作为 EXPRESS VI 的数据处理功能。完成后，将前面步骤采集到的数据波形连接到 AMP&level 图标的 data 端子，而在 Peak to Peak 端子中创建一个 Meter 控件并与之相连，命名为"信号强度"。

(6) 按照顺序连接输入、输出程序。最终程序如图 4.108 所示。

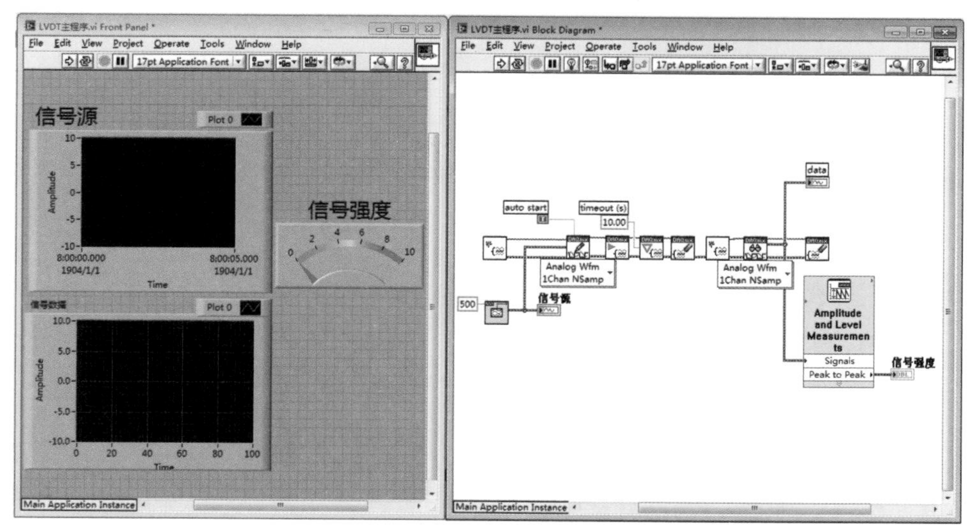

图 4.108　LVDT 线性差分变压器 LabVIEW 代码及运行

(7) 单击按钮循环执行程序，此时，程序控制硬件一方面不断产生 500Hz 的信号源驱动 LVDT 传感器，另一方面不断使 LVDT 产生信号电压。通过改变 LVDT 两个线圈的相对位置，可以看到接收到的波形电压数据以及电压峰-峰值就会产生吸纳供应的变化，大型仪表盘也会产生相应的示数改变。通过使用刻度值标定线圈相对位移大小与电压峰-峰值大小之间的关系，可以直接使用 Meter 控件显示位移大小。

思考与练习

(1) 如何在前面板创建控件？如何在程序框图面板调用函数？

(2) 与数学运算有关的数据类型和函数有哪些？它们的作用如何？

(3) 什么是数组？它的作用是什么？什么是簇？簇的作用是什么？

(4) 什么是 EXPRESS VI？如何通过 EXPRESS VI 创建读取 myDAQ 端口数据的程序？如何通过 EXPRESS VI 创建向 myDAQ 端口输出数据的程序？

(5) 请结合案例，描述利用 EXPRESS VI 创建一个传感器实验及其虚拟仪器软件的一般过程。

第5章 趣味传感器实验电路

本章内容与学习方法简介

在前4章中，系统介绍了LabVIEW编制程序的基本方法和使用myDAQ进行传感器数据采集的一般过程，并使用比较简单的方法建立数据采集程序。在本章中，将利用前面章节介绍过的传感器简单实验方法与过程，结合一定的实验用途或工业用途，使用较为系统化的编程方法，建立可用于实际生产或实验中的传感器数据采集、实验装置。让读者对前面章节例子有更深入理解的同时，能够在多个趣味电路的实践中不断熟练myDAQ的使用与编程，并对myDAQ的结构与实验设计之间的联系有初步的了解。

本章共介绍5个趣味实验电路。读者可以按照感兴趣的程度，选择进行学习与实践。

5.1 电子温度控制与报警

在实验、生产中,常需要进行温度控制与利用其报警。有时还需要同时测量多个温度,myDAQ有多个信号输入接口,可以实现多个温度的测量。通常用温度传感器进行感温,通过电路方式显示与报警以及恒温功能。使用myDAQ设备进行电子温控和报警则简单得多,只需要按要求连接传感器和需要控制的继电器,就可以通过编程方式进行各项操作。修改方便,适用性强。

本例通过使用myDAQ设备的两个模拟输入和输出端子,分别监控两个平底烧瓶中煤油的温度,并控制平底烧瓶中加热丝的电源通断,实现对平底烧瓶的温度监控、恒温、报警等功能。装置如图5.1所示。本装置也适用于探究焦耳定律、比较液体热容大小的实验。

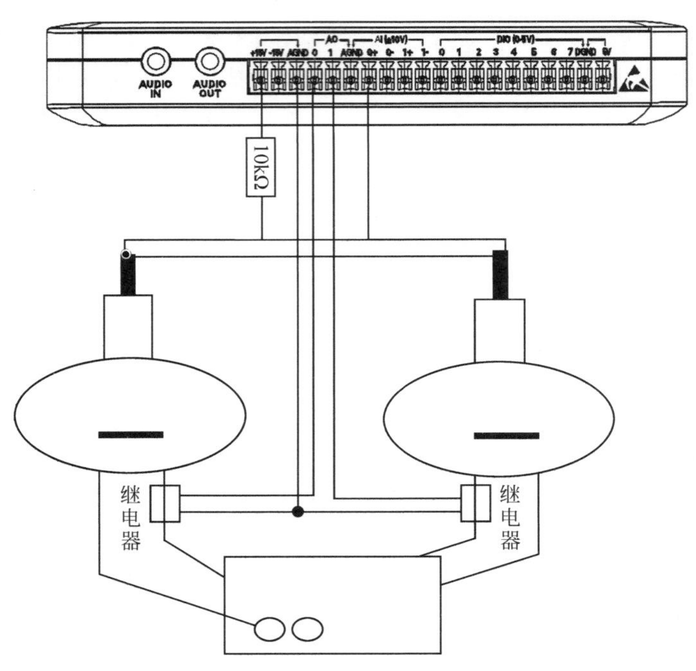

图5.1 双路电子温控报警装置

实验原理:

装置使用两段电热丝加热烧瓶中的液体,myDAQ通过AO 0、AO 1控制继电器,从而控制加热回路的通断。另外,myDAQ通过AI 0、AI 1两个模拟信号输入口测量热敏电阻,因为温度变化而产生的电阻两端的电压变化,从而间接测量两个烧瓶中的温度大小。在软件中,通过间接测量烧瓶实际温度值并显示,可以反映两个烧瓶加热升温的快慢过程。同时程序通过实测温度值与程序设定的温度值阈值比较,从而控制对继电器的开关,可以实现烧瓶的恒温及温度报警功能。

实验器材：

(1) 热敏电阻制作的感温器(需要使用硅胶密封后伸入液体中)。

(2) 平底烧瓶两个。

(3) 发热丝两段。

(4) 12V 继电器两个。

(5) 12V 电源一个。

实验过程：

(1) 新建一个空白 VI，并命名为“双路控温显示.vi”，开始编制程序。

(2) 创建输入 EXPRESS VI。在 Programming→Express-Input 菜单中找到 DAQ Assistant EXPRESS VI 图标。将图标拖放到程序框图中时，出现“Create New Express Task...”对话框。因为任务要求进行电压采集，因此选择对话框中树型菜单 Acquire Signals→Analog Input→Voltage，进入下一个对话框。根据连线要求，复选 ai0、ai1 作为模拟电压信号输入采集端子。进入 Data Assistant 对话框，设置输入电压范围。由电路特性分析可知，电压范围在 0V 以上，因此在 myDAQ 允许的输入范围内，选择 0～10V 作为电压输入范围。在 Channel Setting 中 Voltage Input Setup 框的 Signal Input Range 的 Max 文本框中输入“10”，Min 文本框中输入“0”。“Scaled Units(幅值单位)”保持为“Volts(电压)”不变，如图 5.2 所示。另外，在 Timing Setting 栏中 Acquisition Mode 下拉列表框中选择“1 Sample(On Demand)”选项。即每一次调用返回一个当前电压值数据。完成后，将 EXPRESS VI 转换成 DAQmx 代码，并将数据的采集参数改成 Analog→Single Channel→Single Sample→DBL(见图 5.3)，即采集单通道的模拟电压信号，每一次一个数据，数据格式为双精度浮点数。

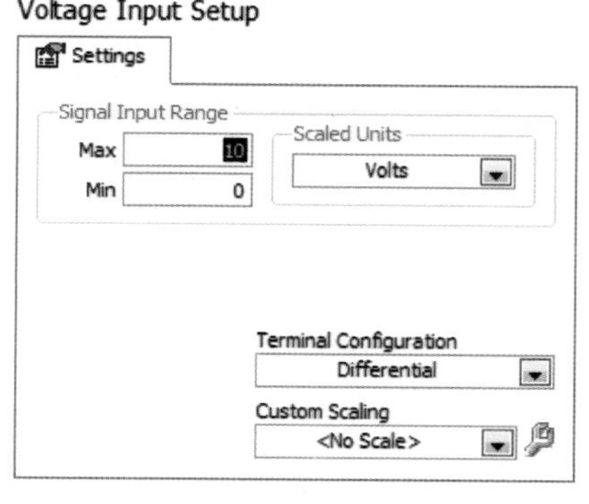

(a) 电压输入属性设置　　(b 电压采集模式设置

图 5.2　**电压输入属性设置**

(3) 创建输出 EXPRESS VI。在 Programming→Express-Output 菜单中找到 DAQ Assistant EXPRESS VI 图标。将图标拖放到程序框图中时，出现“Create

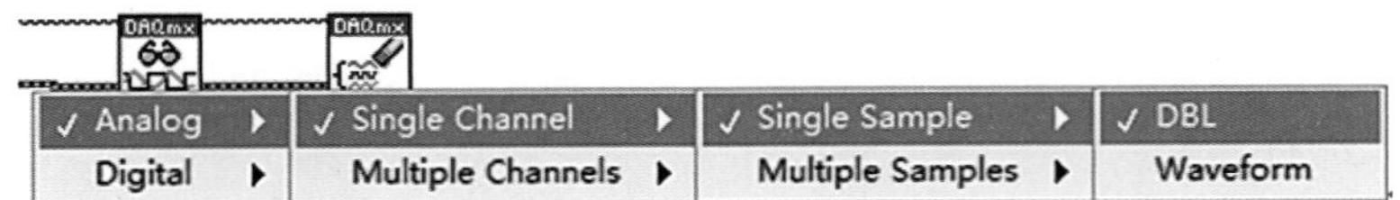

图 5.3 模拟电压信号采集模式 DAQmx 代码设置

New Express Task…"对话框。因为任务要求进行电压采集，因此选择对话框中树型菜单 Generate Signals→Analog Output→Voltage，进入下一个对话框。根据连线要求，选择 ao0、ao1 作为模拟电压信号输入采集端子，如图 5.4 所示。

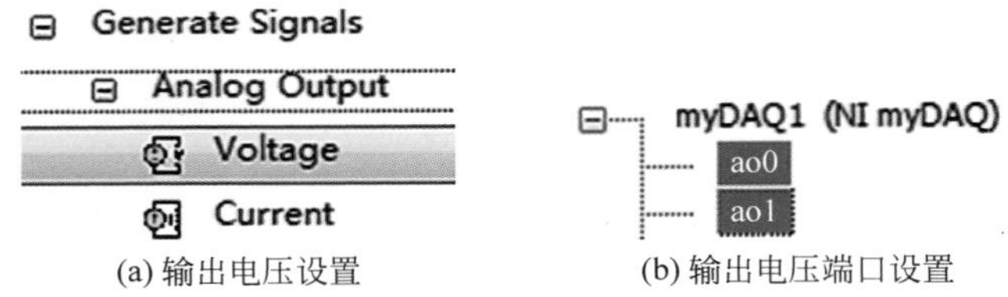

(a) 输出电压设置　　(b) 输出电压端口设置

图 5.4 myDAQ 输入类型与端口选择

接着设置模拟通道参数。进入 Data Assistant 对话框，设置输出电压范围。由电路特性分析可知，电压范围在 0V 以上，因此在 myDAQ 允许的输出范围内，选择 0～10V 作为电压输出范围。在 Channel Setting 中 Voltage Output Setup 框的 Signal Output Range 的 Max 文本框中输入"10"，Min 文本框中输入"0"。"Scaled Units（幅值单位）"保持为"Volts（电压）"不变。此外，在 Generation Mode 选项中，设置为"1 Sample（On Demand）"，让程序在每次得到命令后输出一个电压值。完成所有设置后，生成 EXPRESS VI。随后将其转换成 DAQmx 代码，如图 5.5 和图 5.6 所示。

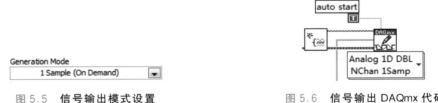

图 5.5 信号输出模式设置　　图 5.6 信号输出 DAQmx 代码

（4）设计前面板。首先，在前面板中拖放一个 Waveform Chart 波形显示器控件，命名为"温度"，用于显示两个通道温度值随时间变化的曲线。然后，在前面板中拖放两个数值旋钮控件，分别命名为"温度系数"和"控温温度"。"温度系数"控件通过 Properties→Scale 菜单设置范围为 1～10，用于将输入数据值转换为最终温度值。"控温温度"控件通过 Properties→Scale 菜单设置范围为 1～99，用于设置控温温度。最后，拖放两个温度计数值控件，分别命名为"温度 1"和"温度 2"，用于显示两个通道的温度数据。最终面板设计如图 5.7 所示。

（5）为根据任务要求，编写控制函数。如任务所描述，当采集温度值高于设定温度值

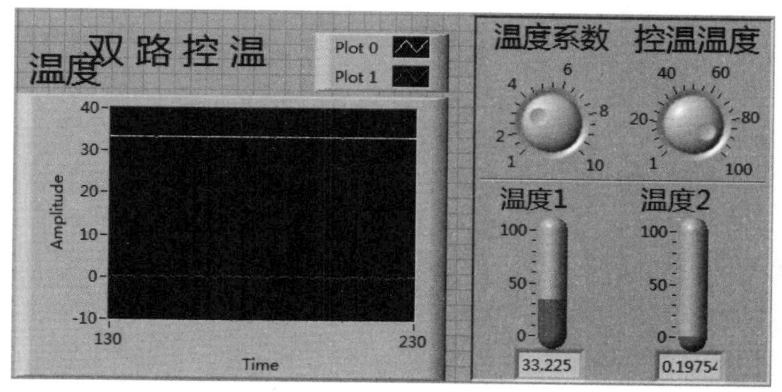

图 5.7　双路控温装置前面板设计

时,程序输出一个低电压 0V,控制继电器断开加热丝电路。当采集温度值低于设定温度值时,程序输出一个高电压 10V,控制继电器吸合,接通加热丝电路。因此,首先,在读数据函数 读入一组采集数据后,将这个一维数组与"温度系数"控件相乘,转换成最终的温度值数据数组。然后分别提取数组中两个温度值,送到"温度 1"、"温度 2"温度计显示控件,并且将两个温度值通过创建簇函数 将两个温度数据形成一个簇,显示在"温度"示波器控件中。接着,将两个温度值分别与"控温温度"所设定的数值比较,并将选择结果通过选择赋值函数 控制将要从电压输出端口的电压值大小。比较输出程序如图 5.8 所示。最后将生成的两个控制电压值用创建数组函数 形成输出数据,送到 信号输出函数,控制 myDAQ 通过电压输出端子,向两个继电器输出控制电压。双路控温程序最终输出程序如图 5.9 所示。

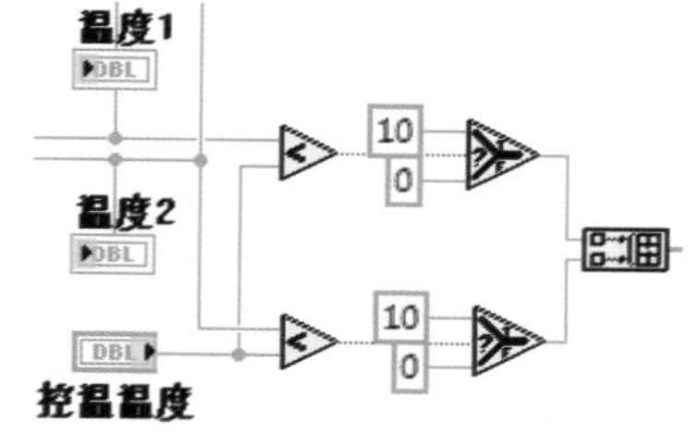

图 5.8　温度阈值控制 LabVIEW 程序代码

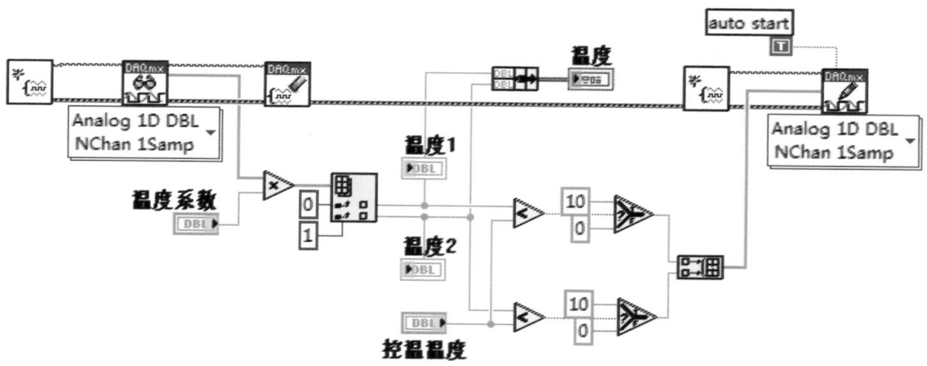

图 5.9　双路控温装置最终 LabVIEW 代码

5.2 磁场测量与微小形变测量仪

形变、位移是工业生产中经常需要测量的一种物理量，有多种测量方法，如应变法、光纤法、电磁法等。应用固定在待测物体上的永磁体与霍尔元件之间的相对位置变化导致霍尔元件的输出电流变化的特性，是其中一种非接触测量形变、位移的方法。该方法具有灵敏度高、抗干扰性好的优点。

实验原理：

集成霍尔传感器是一种利用半导体霍尔效应测量空间磁感应强度 B 的集成电路。该电路同时集成了半导体霍尔元件、前置缓冲放大电路，并经过直流校正的集成电路，最大输出电压在4.5～4.9V。在器件测量的磁场范围内，磁感应强度 B 与电压成正比(线性关系)，系数可以通过查元件数据表结合实测得到。因此，通过采集集成传感器的电压输出，就能通过比例转换得到相应的磁感应强度值。进一步地，将集成霍尔传感器位置固定，将一个永磁体通过小弹簧放在霍尔传感器附近。通过外部按压小弹簧从而带动永磁体远离或者靠近传感器，使位移信息通过传感器感受由于距离永磁体远近而产生的磁场大小变化，最后转变为霍尔电压信号实现位移测量。由于霍尔传感器对磁场变化的感知灵敏度高，所以能测量微小的距离。

实验器材：

(1) NI myDAQ数据采集器。

(2) 三端集成磁场传感器A2。

(3) 圆柱形强磁铁1块。

(4) 弹簧1根。

(5) 导线若干。

实验过程：

(1) 利用永磁体和霍尔传感器构成弹簧微小形变测力计。将永磁体和弹簧相连，并固定在测力计框架上。霍尔传感器平行地固定在永磁体附近，并与永磁体保持一小段距离。此时，若弹簧带动永磁体产生微小形变，霍尔传感器就能感受磁场的变化。

另外，霍尔传感器的电气连接如图5.10所示，使用+5V电源作为装置的供电部分。将霍尔传感器的+5V引脚与myDAQ 5V引脚相连，霍尔传感器的GND引脚与myDAQ的AGND、DGND引脚相连，霍尔传感器的Vo引脚与myDAQ的AI 0引脚相连。这样，霍尔传感器电压信号就能够被myDAQ收集。在完成连接后，通过第3章介绍的方法进行实验，观察磁铁能够引发霍尔元件输出电压的变换，以便确定连线是否连通并正常工作。如正常则可以进入下一步编程工作。

(2) 新建一个空白VI，并命名为“霍尔传感器_章5.vi”，开始编制程序。

(3) 创建EXPRESS VI。在Programming→Express-Input 菜单中找到DAQ Assistant EXPRESS VI 图标。将图标拖放到程序框图中时，出现“Create New Express Task...”对话框。因为任务要求进行电压采集，因此选择对话框中树型菜单

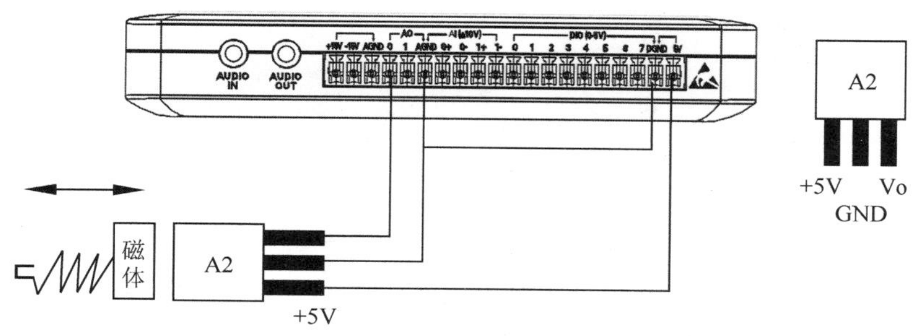

图 5.10　集成磁场传感微小形变测量仪装置

Acquire Signals→Analog Input→Voltage，进入下一个对话框。根据连线要求，选择 ai0 作为模拟电压信号输入采集端子。

设置模拟通道参数。进入 Data Assistant 对话框，设置输入电压范围。由电路特性分析可知，电压范围在 0V 以上，单输出电压不超出霍尔元件的电源电压 5V。因此在 myDAQ 允许的输入范围内，选择 0～5V 作为电压输入范围。在 Channel Setting 中 Voltage Input Setup 框的 Signal Input Range 的 Max 文本框中输入“5”，Min 文本框中输入“0”。“Scaled Units（幅值单位）”保持为“Volts（电压）”不变。在 Timing Setting 栏的 Acquisition Mode 下拉列表框中选择“1 Sample（On Demand）”选项，即每一次调用返回一个当前电压值数据，如图 5.11 所示。

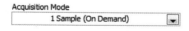

Voltage Input Setup
Settings
Signal Input Range
Max 5
Min 0
Scaled Units
Volts
Terminal Configuration
Differential
Custom Scaling
<No Scale>

(a) 电压输入属性设置

Acquisition Mode
1 Sample (On Demand)

(b) 电压采集模式设置

图 5.11　电压输入属性设置

（4）完成后，将 EXPRESS VI 转换成 DAQmx 代码，并将数据的采集参数改成 Analog→Single Channel→Single Sample→DBL，即采集单通道的模拟电压信号，每一次一个数据，数据格式为双精度浮点数，如图 5.12 所示。

（5）一方面，在前面板中添加 Meter 数据显示控件，并命名为“弹力（N）”。通过“Properties（属性）”菜单，设置“Scale（范围）”从－10～10，代表弹力范围从－10～10N。另一方面，通过对传感器数据与一个名为“校正系数”的数值控件相乘，并与名为“调零”的

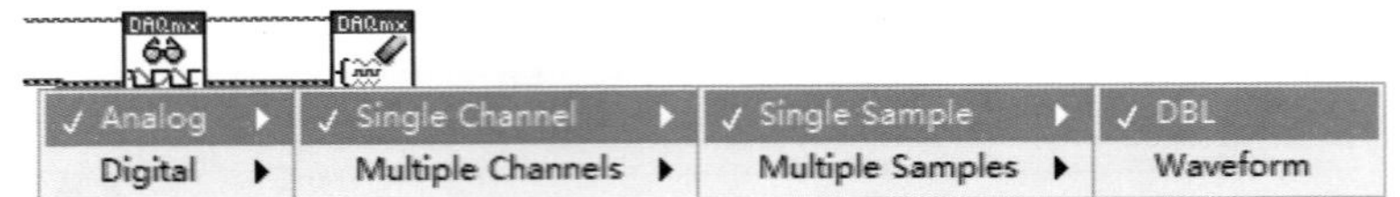

图 5.12　**模拟电压信号采集模式 DAQmx 代码设置**

数值控件相加，计算对应的弹力大小。完成后程序如图 5.13 所示。

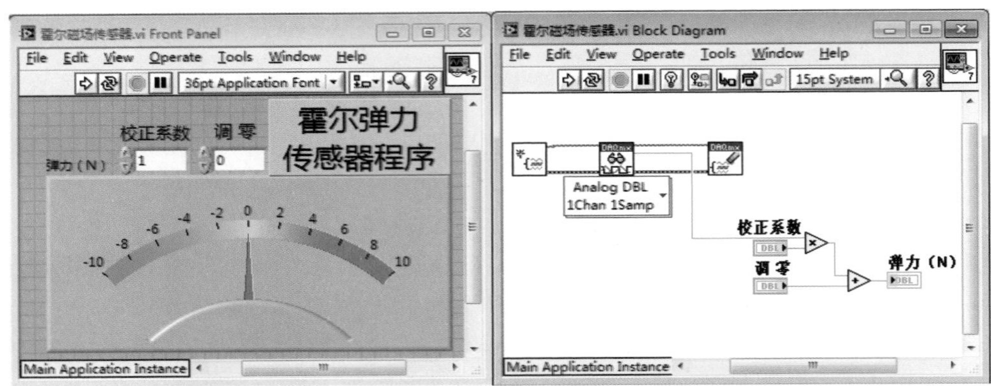

图 5.13　**霍尔弹力计 LabVIEW 代码及运行**

5.3　湿度检测仪

湿敏元件是最简单的湿度传感器。湿敏元件主要有电阻式、电容式两大类。湿敏电容一般是用高分子薄膜电容制成的，常用的高分子材料有聚苯乙烯、聚酰亚胺、酪酸醋酸纤维等。当环境湿度发生改变时，湿敏电容的介电常数发生变化，使其电容量也发生变化，其电容变化量与相对湿度成正比。电子式湿敏传感器的准确度可达 2%～3%RH，比干湿球测湿精度高。

实验原理：

集成湿度传感器是一种利用湿度敏感的器件测量空气中湿度变化的集成电路。该电路同时集成了湿度敏感元件、前置缓冲放大电路，并经过直流校正的集成电路，最大输出电压在 4.5～4.9V。在相对湿度 95%以内，湿度与电压成正比（线性关系），系数可以通过查元件数据表结合实测得到。因此，通过采集集成传感器的电压输出，就能通过比例转换得到相应的相对湿度值，从而实现相对湿度的感知。

实验器材：

(1) NI myDAQ 数据采集器。

(2) 三端集成湿度传感器 S2。

(3) 导线若干。

实验过程：

(1) 装置如图 5.14 所示连接，使用＋5V 电源作为装置的供电部分。将湿度传感器

的+5V 引脚与 myDAQ 5V 引脚相连，湿度传感器的 GND 引脚与 myDAQ 的 AGND、DGND 引脚相连，霍尔传感器的 Vo 引脚与 myDAQ 的 AI 0 引脚相连。这样，湿度传感器电压信号就能够被 myDAQ 收集。

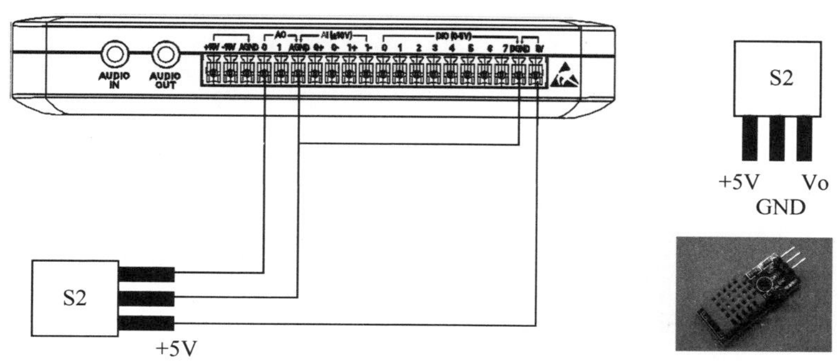

图 5.14　**集成湿度传感器测量仪装置**

(2) 首先通过第 3 章介绍的方法进行实验，观察磁铁能够引发湿度元件输出电压的变化，以便确定连线是否连通并正常工作。如正常则可以进入下一步编程工作。

(3) 新建一个空白 VI，并命名为“湿度传感器_章 5. vi”，开始编制程序。

(4) 创建 EXPRESS VI。在 Programming→Express-Input 菜单中找到 DAQ Assistant EXPRESS VI 图标。将图标拖放到程序框图中时，出现“Create New Express Task...”对话框。因为任务要求进行电压采集，因此选择对话框中树型菜单 Acquire Signals→Analog Input→Voltage，进入下一个对话框。根据连线要求，选择 ai0 作为模拟电压信号输入采集端子。

(5) 设置模拟通道参数。进入 Data Assistant 对话框，设置输入电压范围。由电路特性分析可知，电压范围在 0V 以上，单输出电压不超出霍尔元件的电源电压 5V。因此在 myDAQ 允许的输入范围内，选择 0～5V 作为电压输入范围。在 Channel Setting 中 Voltage Input Setup 框的 Signal Input Range 的 Max 文本框中输入“5”，Min 文本框中输入“0”。“Scaled Units(幅值单位)”保持为“Volts(电压)”不变。

另外由于实验性质，并不要求程序能迅速响应，因此在 Timing Setting 栏的 Acquisition Mode 下拉列表框中选择“1 Sample(On Demand)”选项，即每一次调用返回一个当前电压值数据，如图 5.15 所示。

(6) 完成后，将 EXPRESS VI 转换成 DAQmx 代码，并将数据的采集参数改成 Analog→Single Channel→Single Sample→DBL，即采集单通道的模拟电压信号，每一次一个数据，数据格式为双精度浮点数，如图 5.16 所示。

(7) 一方面在前面板中添加 Meter 数据显示控件，并命名为“相对湿度”。并且通过 Properties→Scale 菜单设定显示范围为 0～99，用于使显示控件显示从 0～99%的空气相对湿度值。另外，将此传感器读入一个用于调整系数的数值控件“校正系数”相乘，结果与数值控件“调零”相加后，计算对应的相对湿度，其代码如图 5.17 所示。

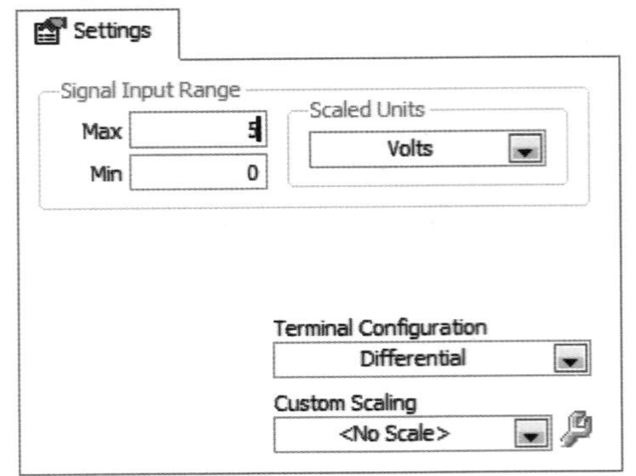

Acquisition Mode

1 Sample (On Demand)

(a) 电压输入属性设置　　　　(b) 电压采集模式设置

图 5.15　电压输入属性设置

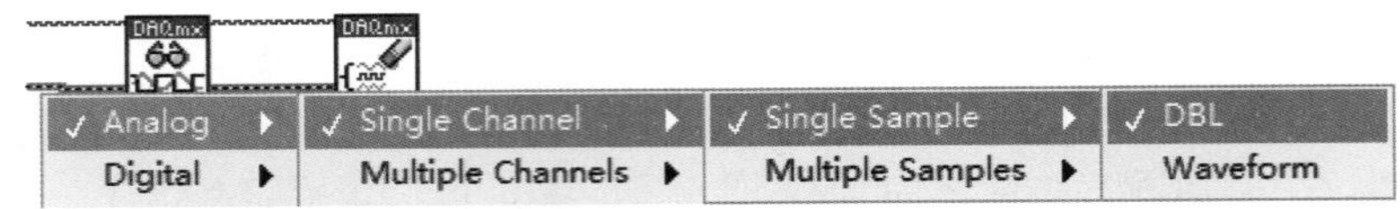

图 5.16　模拟电压信号采集模式 DAQmx 代码设置

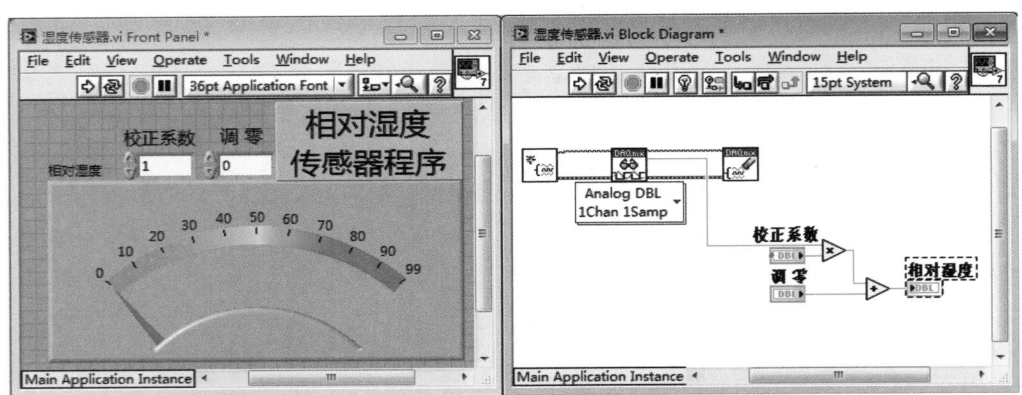

图 5.17　相对湿度传感器 LabVIEW 代码及运行

(8) 单击“循环执行”按钮，使程序不断执行，显示当前空气中的相对湿度值。

5.4　电子水平仪(集成加速度传感器：模拟输出)

两轴集成加速度传感器是利用内置的相互垂直的两个悬臂梁加速度传感模块，将 X 轴、Y 轴的加速度(倾角)数据，以电压形式输出到外部电路的传感器。一般集成加速度传感器以模块形式出现，使用 5V 电压作为工作电压，在加速度测量范围内，输出电压大小与加速度大小成正比。

实验原理：

使用安装在平台上的集成加速度模块，将平台关于 X 轴、Y 轴的倾角数据传送到 myDAQ 中，进而通过计算机采集显示。一方面可以显示平台的水平情况；另一方面也可以根据计算机显示的数据，对平台进行水平调整。因此，装置称为电子水平仪。

实验器材：

（1）NI myDAQ 数据采集器。

（2）两轴加速度倾角传感器 MMA7660。

（3）导线若干。

实验过程：

（1）装置如图 5.18 所示连接，使用＋5V 电源作为装置的供电部分。将两轴加速度传感器的＋5V 引脚与 myDAQ ＋5V 引脚相连，加速度传感器的 GND 引脚与 myDAQ 的 AGND、DGND 引脚相连，加速度传感器的 X 轴 Vo 引脚与 myDAQ 的 AI 0 引脚相连，Y 轴 Vo 引脚与 myDAQ 的 AI 0 引脚相连，两个方向的加速度（倾角）电压信号就能够被 myDAQ 收集。

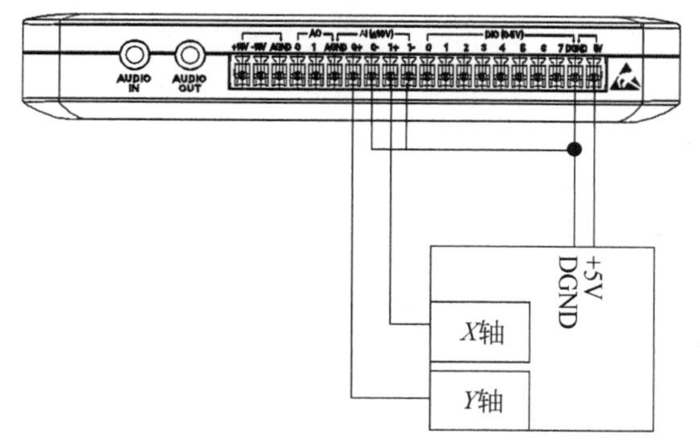

图 5.18　**两轴电子水平仪装置**

（2）新建一个空白 VI，并命名为“电子水平仪_章 5. vi”，开始编制程序。

（3）创建 EXPRESS VI。在 Programming→Express-Input 菜单中找到 DAQ Assistant EXPRESS VI 图标。将图标拖放到程序框图中时，出现“Create New Express Task...”对话框。因为任务要求进行电压采集，因此选择对话框中树型菜单 Acquire Signals→Analog Input→Voltage，进入下一个对话框。根据连线要求，选择 ai0、ai1 作为模拟电压信号输入采集端子，如图 5.19 所示。

myDAQ1 (NI myDAQ)
ai0
ai1

图 5.19　**电压输入端子设置**

（4）设置两个模拟电压通道参数。进入 Data Assistant 对话框，设置 X 轴输入电压范围。由电路特性分析可知，电压范围在 0V 以上，每一个方向的加速度传感器的输入电压不超出电源电压 5V。因此在 myDAQ 允许的输入范围内，选择 0～5V 作为电压输入范围。在 Channel Setting 中 Voltage Input Setup 框的 Signal Input Range 的 Max 文本框中输入“5”，Min 文本框中输入“0”。Scaled Units（幅值单位）保持为“Volts

(电压)”不变。Y 轴输入电压范围设置过程类似，只需要选择 **Voltage_1** 选项，在 Channel Setting 栏中设置相应的参数即可。

另外，在 Timing Setting 栏中 Acquisition Mode 下拉列表框中选择“1 Sample(On Demand)”选项，即每一次调用返回一个当前电压值数据(图 5.20)。完成后，将 EXPRESS VI 转换成 DAQmx 代码，其设置如图 5.21 所示，即 myDAQ 采集双通道的模拟电压信号，每一次一组数据，数据格式为双精度浮点数组。

Voltage Input Setup

Settings

Signal Input Range

Max 5

Min 0

Scaled Units

Volts

Terminal Configuration

Differential

Custom Scaling

<No Scale>

(a) 电压输入属性设置

Acquisition Mode

1 Sample (On Demand)

(b) 电压采集模式设置

图 5.20　电压输入属性设置

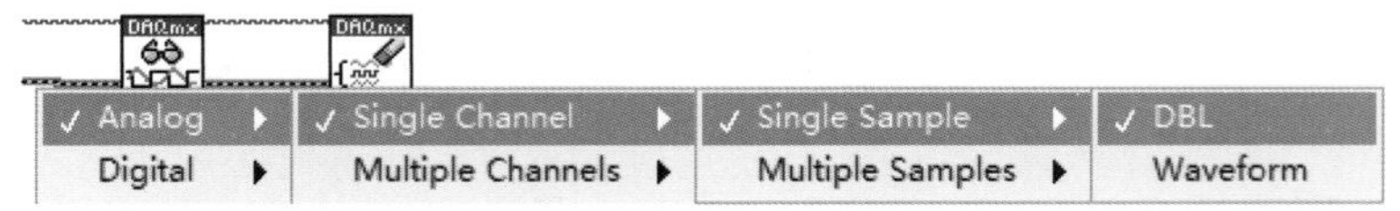

图 5.21　模拟电压信号采集模式 DAQmx 代码设置

(5) 将电压数值换算为加速度(倾角)并显示。因为在传感器的允许加速度范围内，传感器输出电压与加速度大小成正比，并且当传感器电压为 2.5V 时加速度为零，大于 2.5V 加速度为正，小于 2.5V 加速度为负。因此，将传感器输出电压减去 2.5V 后与 5V 除，再与最大测量加速度 g_{max} 相乘就能得到对应的加速度值。另外，由于静止状态下，加速度与角度的正弦值成正比，因此在求得加速度的情况下，去反正弦函数即可求得静止时物体(平台)的倾斜角度。因此，编程对数组内各个元素进行上述运算后分别送入 X 轴、Y 轴数值显示控件显示，最终程序框图如图 5.22 所示。另外，将 X 轴、Y 轴数值显示控件设置为 meter 控件，并通过 Properties→Scale 菜单将显示范围设定为 −10～10，即表示显示加速度值从 $-10g\sim10g$。程序最终前面板控件形式与排列如图 5.23 所示。

(6) 单击“持续运行”按钮，传感器实时输出当前运动物体的加速度(或静止物体的倾角)大小。将此模块放置在待调节的平台上时，缓慢调节平台的调平按钮，使 X 轴，Y 轴显示数据归零，即表示平台 X 方向和 Y 外方向倾角为零，此时平台调成水平。

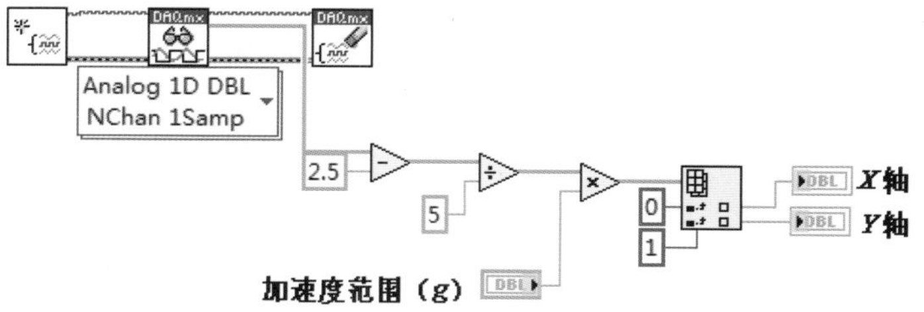

图 5.22 两轴加速度 LabVIEW 最终代码

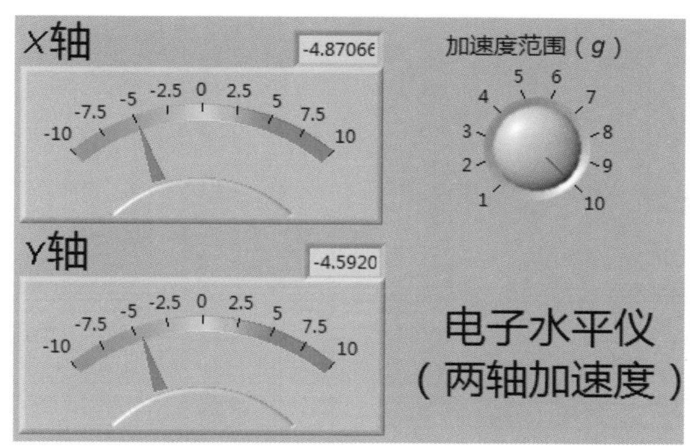

图 5.23 两轴加速度前面板排列

5.5 电子应变测力计

在工业生产和物理实验中，常常使用应变测力计测量力的大小。而应变测力计得到核心元件就是应变片。电阻应变片的工作原理是基于应变效应制作的。即导体或半导体材料在外界力的作用下产生机械变形时，其电阻值相应地发生变化，这种现象称为“应变效应”。金属电阻应变片品种繁多、形式多样，常见的有丝式电阻应变片和箔式电阻应变片。箔式电阻应变片最为常用，用金属箔作为敏感单元，能把被测试件的应变量转换成电阻变化量的敏感元件。在实际使用中，应变片被其牢固地粘贴在构件的测点上，构件受力后由于测点发生应变，应变片敏感单元也随之变形而使其电阻发生变化，再由专用仪器测得其电阻变化大小，并转换为测点的应变值，如图 5.24 所示。

(a) 力传感器实物

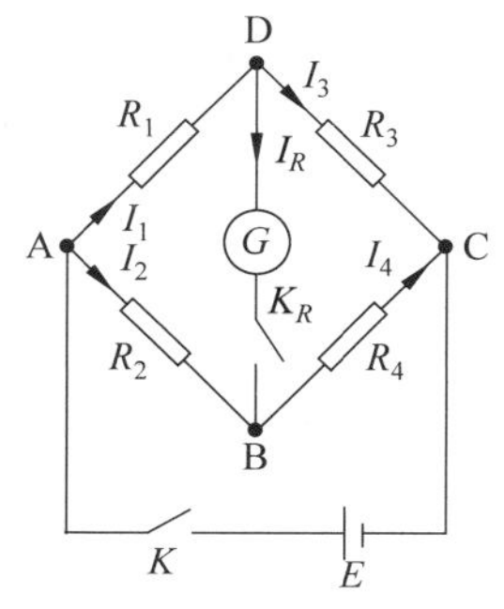

(b) 惠斯通电桥

图 5.24 力传感器原理

由于单一应变片因形变而造成的电阻变化很小，为了提高应变传感器的输出，通常使用惠斯通电桥的形式，将微小的电阻变化，转变成幅度较大的差动电流或

电压输出。惠斯通电桥原理如图 5.24(b)所示。

实验原理：

使用惠斯通电桥应变片测力模块，在模块中接入±15V 电压后，模块将外力使应变片电阻产生的电阻变化转变成电桥的差动电压变化，通过 myDAQ 的 AI 0 差动输入口进行数据采集，经过计算机处理后显示相应的力的大小。

实验器材：

(1) NI myDAQ 数据采集器。

(2) 应变片力传感器。

(3) 导线若干。

实验过程：

(1) 装置如图 5.25 所示连接，使用±15V 电源作为装置的供电部分。将模块的红、黑引脚分别与 myDAQ 的+15V、−15V 引脚相连。力传感器模块的绿、白(因模块而异)引脚分别与 myDAQ 的 AI 0+、AI 0−相连。这样，电桥的差动输出电压信号就能够被 myDAQ 收集。

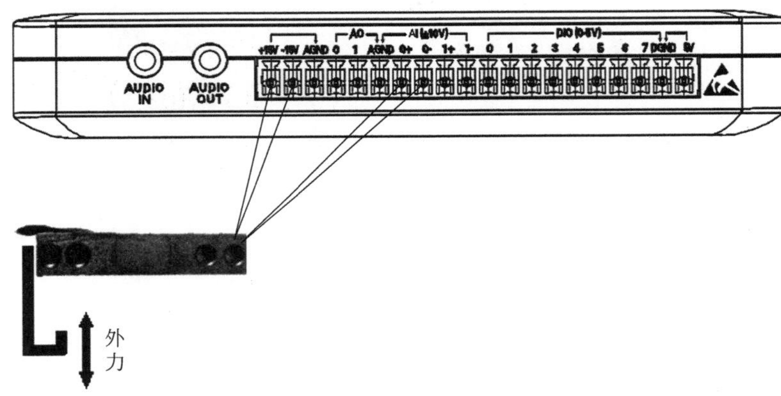

图 5.25　**力传感器装置**

(2) 新建一个空白 VI，并命名为"电子应变测力_章 5. vi"，开始编制程序。

(3) 创建 EXPRESS VI。在 Programming→Express-Input 菜单中找到 DAQ Assistant EXPRESS VI 图标。将图标拖放到程序框图中时，出现"Create New Express Task..."对话框。因为任务要求进行电压采集，因此选择对话框中树型菜单 Acquire Signals→Analog Input→Voltage，进入下一个对话框。根据连线要求，选择 ai0 作为模拟电压信号输入采集端子(见图 5.26)。

myDAQ1 (NI myDAQ)
ai0
ai1

图 5.26　**myDAQ 输入端口设置**

(4) 设置两个模拟电压通道参数。进入 Data Assistant 对话框，设置 X 轴输入电压范围。由电路特性分析可知，电压范围可正可负，但输出电压不超过总电源的一半，即 15V。因此在 myDAQ 允许的输入范围内，选择−10～10V 作为电压输入范围。在 Channel Setting 中 Voltage Input Setup 框的 Signal Input Range 的 Max 文本框

中输入“15”，Min 文本框中输入“－15”。Scaled Units(幅值单位)保持为“Volts(电压)”不变。

另外，在 Timing Setting 栏的 Acquisition Mode 下拉列表框中选择“1 Sample(On Demand)”选项，即每一次调用返回一个当前电压值数据，如图 5.27 所示。完成后，将 EXPRESS VI 转换成 DAQmx 代码，其设置如图 5.28 所示，即 myDAQ 采集单通道的模拟电压信号，每一次一个数据，数据格式为双精度浮点数。

Voltage Input Setup
Settings
Signal Input Range
Max 15
Min －15
Scaled Units
Volts
Terminal Configuration
Differential
Custom Scaling
<No Scale>
Acquisition Mode
1 Sample (On Demand)

(a) 电压输入属性设置　　(b) 电压采集模式设置

图 5.27　电压输入属性设置

图 5.28　模拟电压信号采集模式 DAQmx 代码设置

(5) 处理电压数据，转换成对应力的大小。将每一次采集的差动电压数据与一个“校正系数”数值控件的数值相乘后，与一个“调零系数”数值控件的数值相加，最后得到相应的外力大小的数值。最终完成的程序框图如图 5.29 所示。

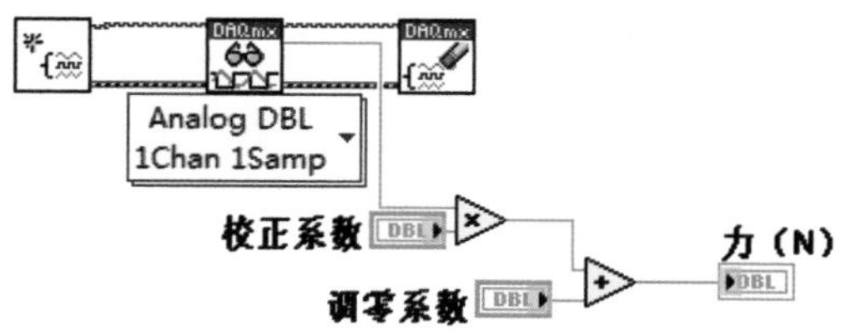

图 5.29　力传感器 LabVIEW 代码最终框图

(6) 调整“力(N)”数值控件外形为 Meter 控件形状，通过 Properties→Scale 菜单设定显示范围为－20～20，表示显示从拉力 20N 到压力 20N 的范围。并且在 Meter 控件上使用右键快捷菜单 Visible Item→Digital Display 命令调出 Meter 控件的具体数值显示框，通过指针和实际数值两种方式同时显示外力的大小，如图 5.30 所示。另外，调整“校

正系数”、“调零系数”控件外形为“Knob(旋钮)”外形，并通过 Properties→Scale 设定“校正系数”控件的显示范围为 1～20，通过 Properties→Scale 设定“调零系数”控件的显示范围为 −5～5。最后前面板控件设计如图 5.31 所示。

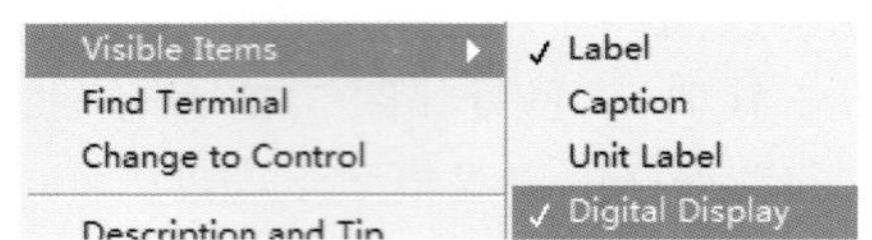

图 5.30　控件显示数值显示框设置

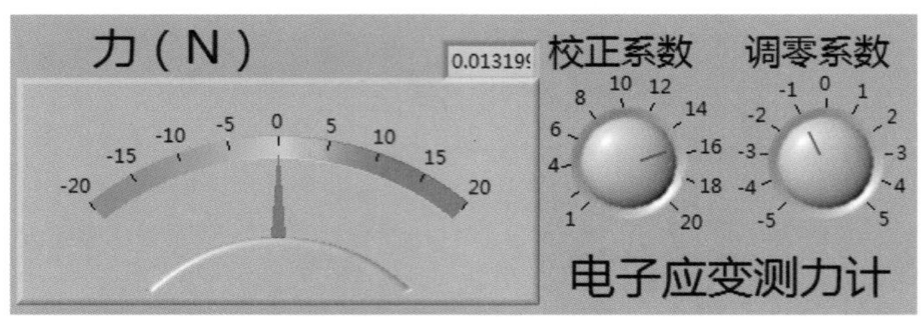

图 5.31　电子应变测力计前面板设计

（7）单击“持续运行”按钮，传感器实时输出受到外力的大小。通过校正和调零可以进一步完善传感器标定。竖直放置应变力传感器，调整调零旋钮，使力的示数和显示归零。然后将一个 2kg 的砝码挂在应变测力计上，调整校正旋钮，使指针显示靠近 20N，数值显示在 19.8N 左右。此时校正结束。反复推拉力传感器能够显示力的瞬时大小。

思考与练习

（1）请观察家中的手提磅秤的外形与结构，思考如何分别应用本节介绍的力传感器和位移传感器的实验方法，将磅秤改装成数字电脑磅秤。

（2）请思考电子水平仪在生活中可能的应用，制作一个电子水平仪并与市售的液泡式水平仪进行对比。

（3）请思考电子温湿度计在生活中可能的应用，制作一个电子温湿度计并与市售的寒暑湿度表进行对比。

第6章　进阶LabVIEW应用

本章内容与学习方法简介

在前面章节已经对简单的LabVIEW编程进行介绍，并结合具体的简单传感器控制实验电路，介绍了简单虚拟仪器程序的编写方法。这使我们能应用myDAQ结合LabVIEW软件进行简单的数据采集处理工作。但是，在更多的综合实验及工程应用中，这种简单的编程方法与思路是不够的。为了能对设备进行更快速的读取与控制，为了使人机交互界面有更快速流畅的响应，为了使程序更容易修改、维护及增减功能，需要有更规范化的编程方式和技巧作为支持，使编写的程序更加强壮、更有效率。本章就是介绍这些进阶编程方法与技巧。

6.1节介绍子VI的应用和模块化编程的思想。本节由于涉及比较高级的软件工程思想，故不做深入的展开，仅从缩减主程序框图节点数量方面从而方便阅读的角度切入，讲解子VI的使用领域与编写方法。进而简单介绍使用伪代码(自然语言描述)的方式对程序功能进行划分，并将所划分的功能与一个或几个子VI相联系的LabVIEW编程方法。

6.2节介绍使用更准确的系统定时循环的方法，以代替前面章节介绍的系统延时、定时方法，使编写的数据采集程序更具有时效性。

6.3节介绍简单的状态机编程与应用。在实验及工程应用中，一个程序总可以分解为多个按顺序完成，每一步均有特定功能目标的步骤。所以一个程序的执行可以看作是程序在一个个状态之间跳转的过程。因此用一个简单介绍如何用流程图、状态转换图描述一个系统的功能与流程以及将流程图、状态转换图转化为状态机编程之间的关系。

6.4节简单介绍通知与队列的概念与应用，简述这种编程方法的功能以及对程序效率的提升作用。

6.5节简要介绍可让多个功能循环同时执行的并行程序的编写方法，以“生产者—消费者”模式为例，介绍两者在并行程序编程中作为临时中转站的作用与意义。

6.1 子VI的应用与模块化编程初步

众所周知,生物体本质上是由细胞组成的。细小的细胞功能各异,但功能类似的细胞组成组织,进而构成器官,而一个个器官最终构成一个生物体。我们编写的程序也是一样,具有层次性、结构性。在 LabVIEW 程序中,如果把一个个数据端口、控件、函数节点比作功能各异的“细胞”,而把程序比作最终“生物体”,在“细胞”与“生物体”中间显然缺乏“组织”和“器官”了。而在这里要介绍的子程序正是充当这“组织”与“器官”的角色,方便主程序对某些固定的功能进行重复调用和重新组合,以达到简化程序、易于扩展与维护的目的。

任何一个 VI 程序都可以作为其他程序的子 VI 被调用,只要这个程序定义了图标图案和连线板引脚。这样层次调用的 VI 便构成了具有一定结构的 LabVIEW 程序系统。

1. 子VI的建立与调用

子 VI 的建立有两种方法：一种是直接创建法;另一种是程序创建法。

对于直接创建法,如图 6.1 所示。图 6.1 是一个具有生成一组数据并写入文件功能的 VI,中间 for 循环是实现数据生成的核心。出于简化程序框图以及在其他地方调用这个数据生成模块的目的,需要将这个 for 循环变成一个子 VI。

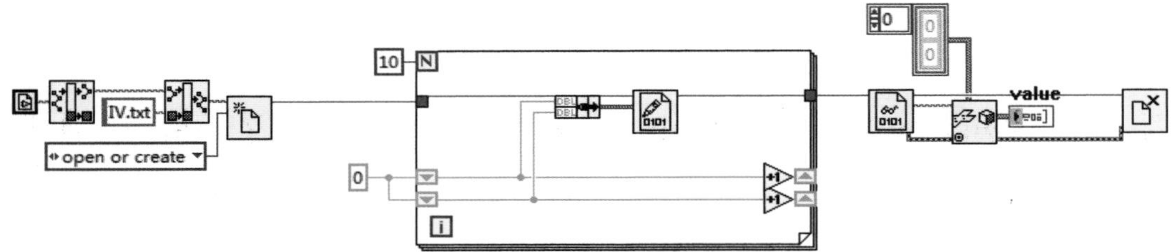

图 6.1 直接创建法创建子 VI 原程序框图

其步骤如下：

(1) 框选中间 for 循环部分代码,如图 6.2 所示。

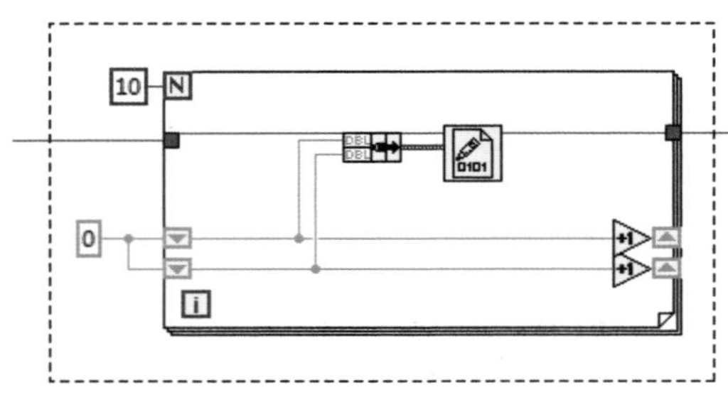

图 6.2 需要创建子 VI 的 for 循环程序

(2) 单击程序框图菜单栏 Edit→Create SubVI 菜单命令生成子 VI。此时框选的程

序代码缩减为一个子程序图标。双击该图标即可进入子程序。可以看到子 VI 中的代码就是之前框选的代码。而修改前程序的直接连线在子 VI 中变成了通过两个输入输出端子连接。这两个输入输出端子就是子 VI 对外的数据接口，如图 6.3 所示。若要查看更改这两个接口，可以将鼠标移至子程序前面板右上角的图标，右击选择快捷菜单中的 Show Connector 命令，打开连接板显示器，进行连接引脚显示，如图 6.4 所示。

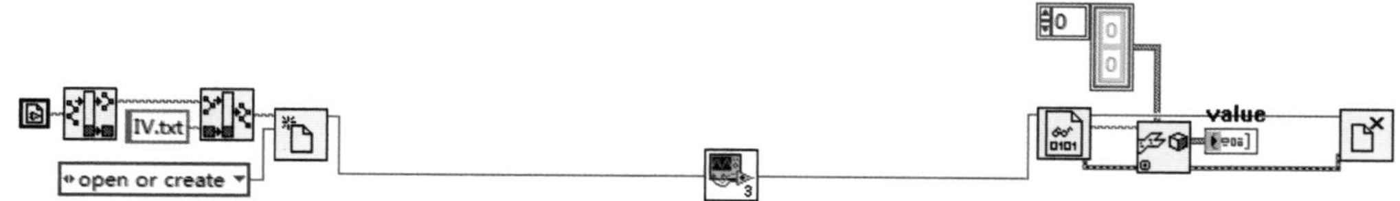

图 6.3　for 循环生成子 VI 后程序

(3) 在关闭子 VI 时，LabVIEW 会提示是否保存子 VI。选择 yes，并将子程序保存在调用主程序所在的文件夹中；否则在下次打开主程序时会出现调用子程序失败，子程序图标变成半透明状的情况。

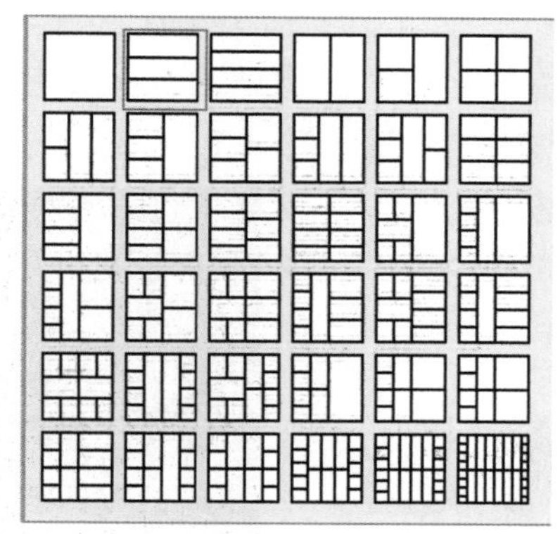

图 6.4　Show Connector 引脚选择面板

而对于使用文件创建法创建子 VI，大体过程与创建一个新程序相仿，关键是要把需要与调用程序连接的端口或控件，在连接板中定义引脚端子，外部程序才能在调用该子 VI 时进行正确的连接以传递数据。其操作步骤如下：

① 在完成程序框图中的程序编写后，右击前面板右上角图标，选择快捷菜单中的 Show Connector 命令，把图标变成连接板显示。

② 右击连接板显示图标，在弹出的快捷菜单中选择 Pattern 中合适的引脚模板用以定义引脚。

③ 先选择连接板上的一个空格，使该空格颜色变深，然后在前面板选择一个控件即可完成引脚与控件的关联。注意，在连接板处该引脚的颜色与和它对应的控件数据类型所显示的颜色应相同。

(4) 重复第(3)步直到定义所有引脚位置。保存子 VI 即可。

(5) 若在主程序中需要调用该子 VI，在主程序框图的任意地方右击，在弹出的快捷菜单中选择“Select a VI...”命令。在子 VI 保存的文件夹只能够选取。

2. 模块化编程与系统功能划分初步

如前所述，子 VI 相当于程序系统的“组织”和“器官”，如果要了解一个程序系统的结构和功能，可以尝试使用类似生物学解剖的方法，将程序结构自上而下分解成一个个单独的部分。这样就能对程序的结构、层次、关联及功能有一个全面、深入的了解。

而根据一个目标进行程序设计与编写也可以遵循相同的步骤，这就是软件工程学中的"自顶向下"程序设计方法。下面将以实例介绍基本的"自顶向下"程序设计过程，并揭示该过程与子 VI 之间的联系。

例 6.1 编写能够利用声卡采集声音信号，并能对信号进行变频对比功能的声音处理程序。

要对声音信号进行变频处理，需要用到一种叫傅里叶分析的数学方法。所幸的是，LabVIEW 为我们提供了完整的傅里叶分析的分析子 VI，能让我们根据帮助提示在了解傅里叶分析基本概念以后即可应用其分析子 VI 完成声音的分析。傅里叶分析，简单来说就是将一个声音大小随时间变化的音频输入信号，转换成一个 0～20kHz 音频范围内各个频率成分幅度大小随频率变化的输出信号。

比如使用标注频率为"440"的音叉声音作为输入信号，可以看到进行傅里叶分析后输出信号中，440Hz 处出现一个幅度很大的尖峰，说明音频信号中主要含有 440Hz 频率，响度比较稳定。而在与 440Hz 成倍数关系的地方出现其他幅度各异的尖峰，并很快消失，这说明音叉在振动中同时产生了 440Hz 频率的各种倍频(音乐上称泛音)，倍频的响度不稳定且很快衰减消失，如图 6.5 所示。

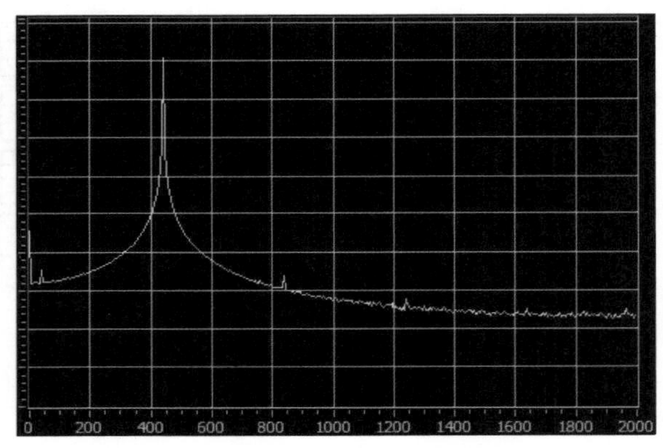

图 6.5 对含有 440Hz 音叉信号进行傅里叶分析结果

从例子可以看出傅里叶分析其实是基于输入声音信号，对声音频率成分与幅度之间关系的分析。而如果要对声音进行变声，改变原有的频率成分与幅度的对应关系即可。如果将幅度大小(尖峰)往频率高的方向移动，那么输出声音音调将会变高；如果将幅度大小往频率低的方向移动，那么输出声音音调将会变低。

基于以上分析，可将程序功能流程分为如图 6.6 所示的几部分，并将每一个流程作为一个子 VI。

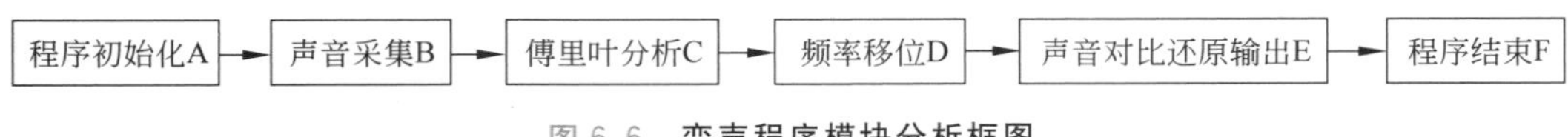

图 6.6 变声程序模块分析框图

根据程序功能及人机交互的需要，主程序面板、程序分析框图如图 6.7 和图 6.8 所示。

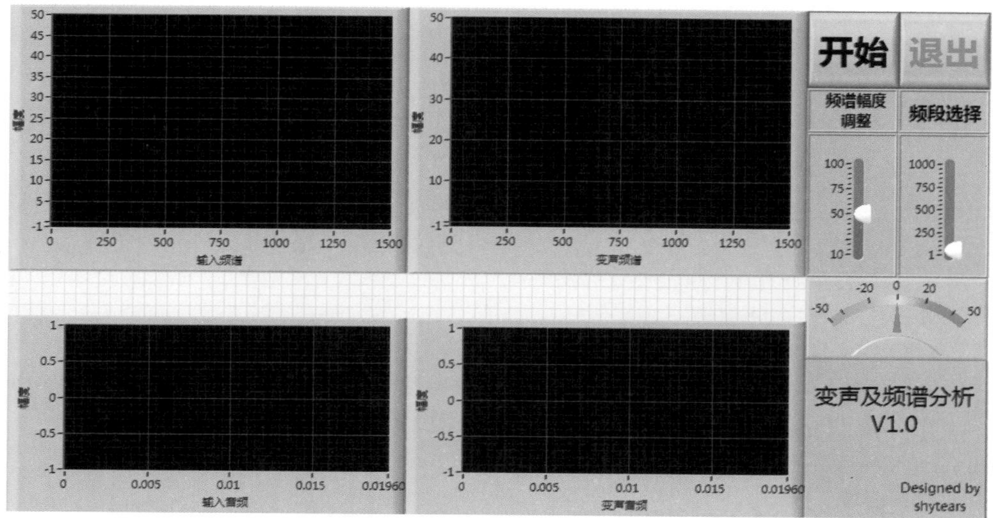

图 6.7　变声及频谱分析程序前面板设计

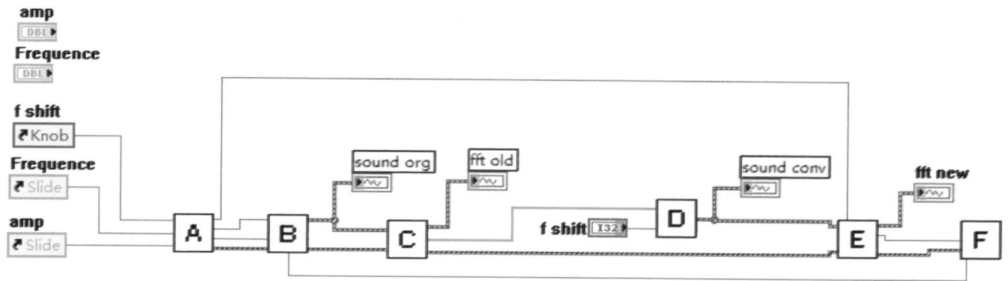

图 6.8　变声子 VI 设计程序分析

初始化子程序 A，如图 6.9 所示。

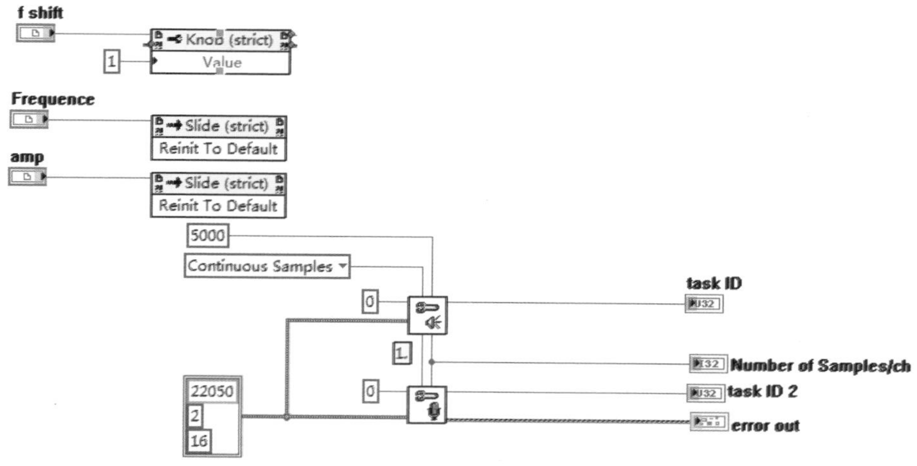

图 6.9　初始化子 VI 程序

声音采集子程序 B,如图 6.10 所示。

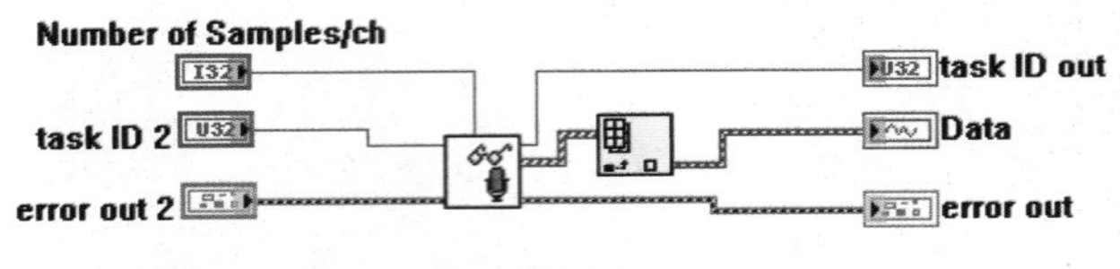

图 6.10　声音采集子 VI 程序

傅里叶分析子程序 C,如图 6.11 所示。

频率移位子程序 D,如图 6.12 所示。

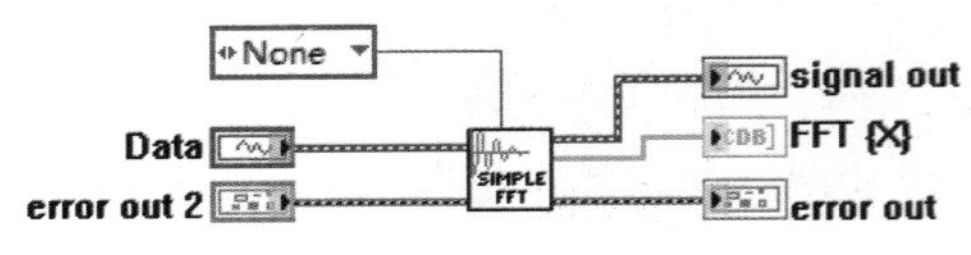

图 6.11　傅里叶分析子程序

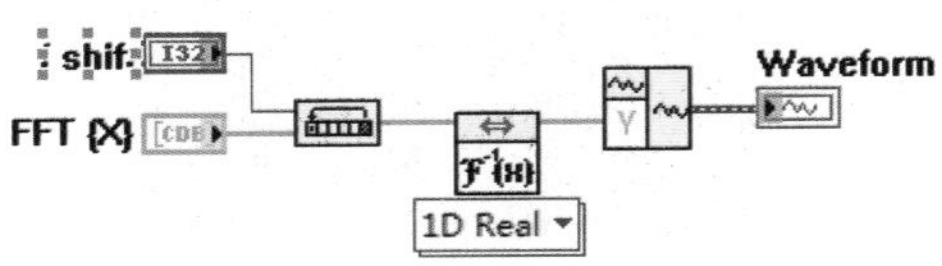

shif
FFT {X}
1D Real
Waveform

图 6.12　频率移位子程序

声音对比还原输出子程序 E,如图 6.13 所示。

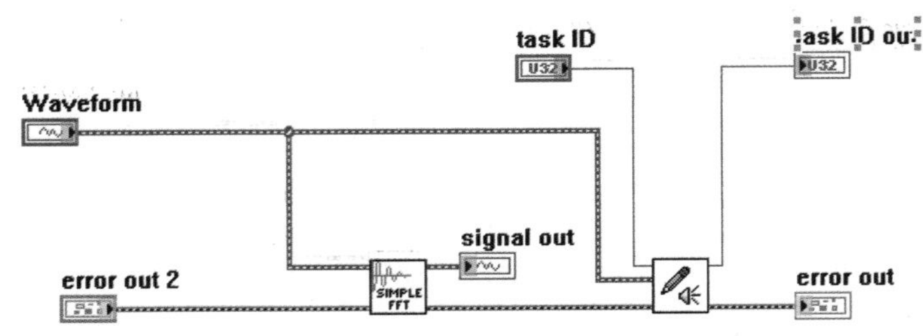

图 6.13　声音对比还原输出子程序

程序结束子程序 VI,如图 6.14 所示。

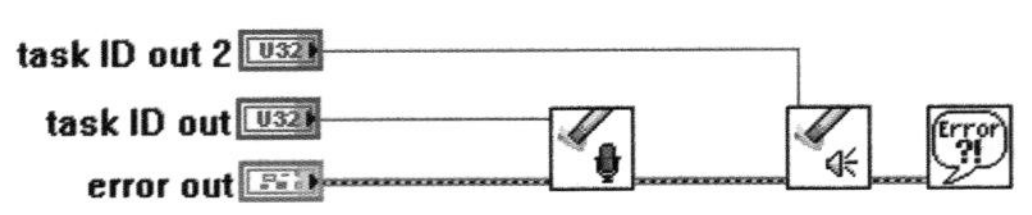

图 6.14　程序结束子程序

从以上实例可以看到,在简单的模块化程序设计过程中,首先将程序功能划分成若干个独立的功能模块,然后每一个模块可以打包成一个由几个运算或处理步骤的功能函数组成的子 VI,然后按照功能实现的顺序一次连接各个子 VI,即可实现设想的程序功能。可以认为,模块可以看作程序功能的概括,而子 VI 则是这种概括的具体实现,两者是抽象与具体的关系。这就是简单的“自顶向下”的程序设计方法。

这种程序设计方法可以帮助编程者清晰地理顺程序各个流程的顺序及其之间的关系,并根据这种关系合理安排程序的层次及功能实现,进而协助编程者清晰、快捷、准确地编写相关函数和子 VI。另一方面,由于事先定义了各个功能、模块及其输入输出接口,模

块之间具有相对独立性，这也方便将一个较大的程序分割成若干个部分，由不同编程者分别予以实现，最后在主程序中汇总调试，加快了程序开发的速度。

但是，读者应该认识到，这仅仅是基本的“自顶向下”设计思路。而严格意义上讲，该方法对于模块的划分还有更细致的要求，即抽象与封装。有能力的读者可以参考相关软件工程书籍作为进阶阅读。

6.2 程序结构与循环进阶

每一个程序都有一定的组织形式，称为程序的结构。基本的程序结构可分成分支结构、循环结构两大类。而相对 LabVIEW 语言来说，则增加了一种称为 Sequence 的顺序结构，以方便 LabVIEW 的数据流编程方式。

1. 分支结构

分支结构，就是程序在分支处按照一定的条件进入不同的程序分支继续执行。可以简单地理解为，如同行驶在道路上的汽车，到了只有方向标识灯号的路口后，根据不同指向的交通灯号进入相应道路继续行驶，最后到达目的地。

在 LabVIEW 中，和其他文本语言一样，分支结构称为 Case 结构。可依次单击 Progamming→Structures→Case Structure，将鼠标变成 Case 拖放图形，并在程序面板中生成 Case 结构，如图 6.15 所示。Case 结构图框是一个复用型的结构，各个分支中的程序被定义在各自的页面中，通过切换进行显示及编辑。因此，在这里定义一个规则，在本书中凡表述 Case 结构的程序功能时，都会分别将各个分支的程序分别画出，图 6.15 所示的对应一个布尔变量控制的 Case 结构具有“真(True)”分支和“假(False)”分支。

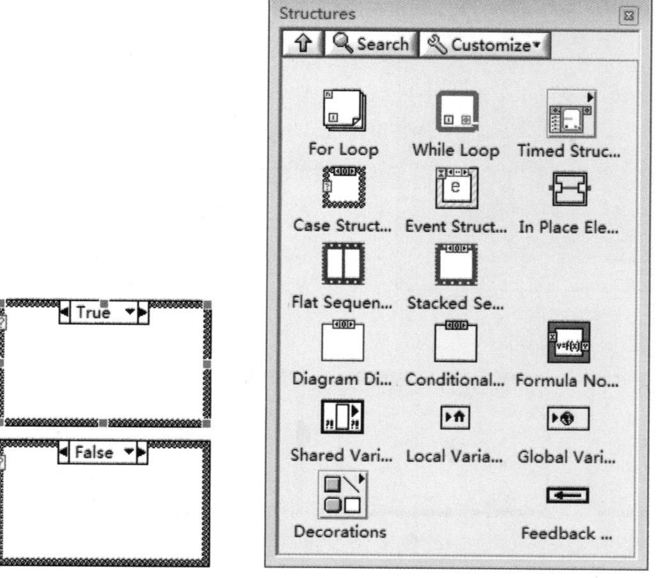

图 6.15 分支程序结构代码框及在菜单中的位置

其中，Case图框左方 符号是用于连接输入的控制数据，而问号的颜色会跟随不同输入数据类型而改变，与输入数据类型的颜色相同。图框上方 是结构帧的标识及其标识符号数据，如出现红色的帧标识数据 "sina"，则证明该帧标识与输入的控制数据类型不符，需要做相应的修改。一般正确的帧标识颜色为黑色。

实际中，Case结构并不只能被布尔变量所控制。在Case执行选择分支的功能时，首先将输入数据与分支中各个结构帧的标识数据进行比较，如果发现标识中存在与输入相同的数据，程序则跳转到相应的Case分支结构中。如果标识不存在与输入相同的数据，程序则执行被定义为Default的结构帧。定义Default帧的方法有二：一是在需要定义成Default的帧的标题 1 上右击出现快捷菜单，选择Make this Default命令；二是直接在帧标题上右击出现快捷菜单，直接选择Make this Case×××，Default命令。

因此，如前所述，Case结构可以被多种数据进行控制，如整型数据（I×× I32）、字符串数据（String abc）、枚举数据（Enum）、布尔数据（Boolean TF）。

下面将举例整型数据控制Case程序跳转的方法。其余数据控制，读者作为练习，仿照该例子进行修改。

例6.2 利用输入不同的数字x，在输出框中显示x被4整除后不同余数所指向的文本信息。

如图6.16所示，在程序前面板放置一个整数Control，并命名为“输入”；放置一个字符串Indicator，并命名为“字符显示”。在程序框图面板拖放一个Case图框，并将“输入”Control与 相连。在Case框图0帧中插入一个字符串常量，输入“这个是零”，并用连线将常量连到Case框图的右侧边缘上。此时边缘出现一个粉色空心小方框，这代表

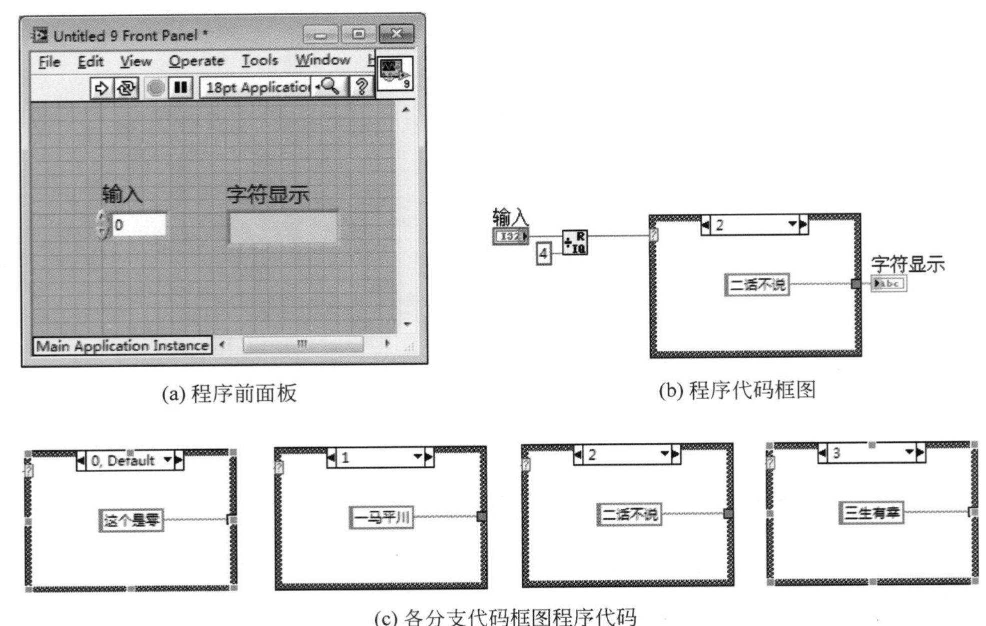

(a) 程序前面板　(b) 程序代码框图

(c) 各分支代码框图程序代码

图6.16 分支实例程序及其各分支代码

Case 框图还有其他帧没有向此节点输出数据，若程序运行，会出现错误。接着，在帧标题上单击右键出现快捷菜单，选择 Add Case After 命令，生成下一个帧页面。然后依次在 1、2、3 的页面中输入“一马平川”、“二话不说”、“三生有幸”3 个字符常量信息，然后分别将这 3 个字符常量连接到前面所述的粉色空心小方块中。此时若连线正确，空心小方块将变成实心小方块。

此时，单击“循环执行”按钮，执行程序后可以看到，在输入控件中改变输入的数字，即可以使文本框得到对应的文本输出。

2. 循环结构

循环结构则是程序编写结构的核心。在各种程序语言中，一个程序都是将主程序设计成一个死循环，能不间断、依次执行程序所设定的各种功能。如同其他程序设计语言一样，LabVIEW 同样具有循环功能，它们是之前提及过的 while 循环、for 循环以及 LabVIEW 特有定时循环。这些循环由循环体(用于装载在循环过程需要执行的程序代码)和结束条件(判定继续执行还是结束的条件)两部分组成。对于有具体的结束条件，使程序能在执行若干次以后就能自动停止的，称为有限循环，如 for 循环。也有一些程序结束的条件需要靠外部获取才能满足的，在这些条件并不存在时，程序将一直运行。这种循环称为无限循环，如 while 循环和定时循环。

对于 for 循环、while 循环、定时循环，可以在 Programming→Structures 菜单中找到。其中 For Loop 代表 for 循环， While Loop 代表 while 循环，在 Timed Structure 菜单下面的 Timed Loop 代表定时循环。下面将分别叙述各个循环的特性和使用方法。

1）for 循环

for 循环是一种将循环体执行指定次数的有限循环。程序循环次数必须是正整数，可以由控件指定也可以由计算过程产生。for 循环框结构如图 6.17 所示。

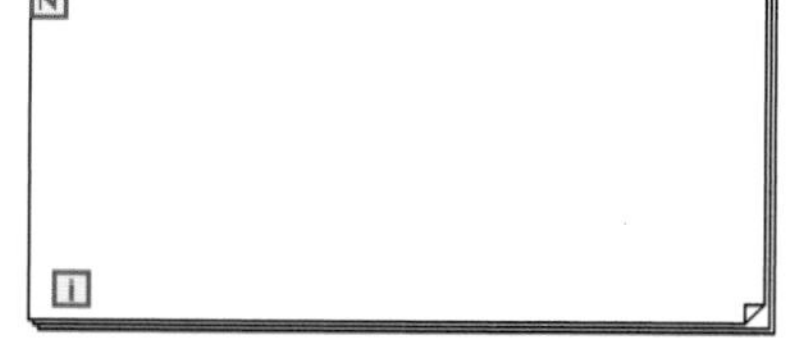

图 6.17　for 循环程序框

外部整个框体以内是放置循环执行程序的地方；左上角符号称为循环次数端子，用以指定程序循环次数；左下角程序框体内的符号称为序数端子，用以输出该次循环的序数(注：序数从 0 开始)。

例 6.3　建立一个循环次数可以由控件产生 for 循环，循环次数由显示控件显示。

(1) 新建一个空白 VI。

(2) 在前面板从 Modern→Numeric 菜单中拖放一个 Knob 控件并命名为“循环次数”。使用前面修改属性的方法在 Properties 菜单中分别设置 Knob 的输入范围最小值为 0，最大值为 10，步进为 1，并设置控件初始值为 2。另外，在 Modern→Numeric 菜单中拖放一个 Num Indicator 显示控件，并命名为“显示次数”。

(3) 在程序框图中拖放一个 for 循环框，并调整框至合适大小。

(4) 将“循环次数”控件连接到循环次数端子，“显示次数”控件与序数端子相连。程序如图 6.18 所示。

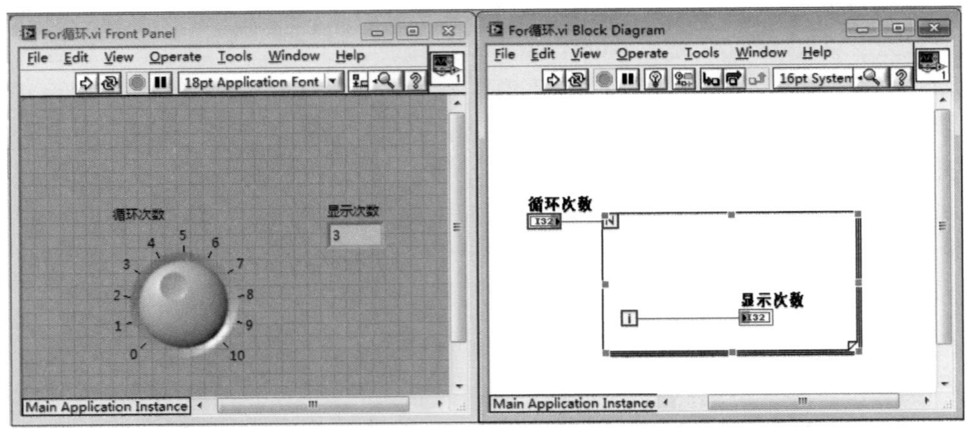

(a) 程序前面板　　　　(b) 程序框图

图 6.18　可控制循环次数的 for 循环实例

(5) 单击“高亮执行”按钮，切换到高亮执行状态，并单击“循环执行”按钮启动程序。

读者可在程序循环执行，并且不断改变“循环次数”控件值的情况下，分别观察到 for 循环的特点：“显示次数”控件所显示的当前循环序数的值的最大值总比循环次数小 1；在 for 循环没有结束之前，“循环次数”控件值的改变对 for 循环没有影响，只有在循环结束后再次读取“循环次数”控件数值时，当前控件值就被作为下一次 for 循环的循环次数。

2) while 循环

while 循环一般是一种由程序产生结束条件的无限循环。while 循环一般使用布尔变量或者包含布尔变量的其他数据类型控制程序的运行，有两种循环条件：“当条件为真时结束(Stop if True)”和“当条件为真时继续(Continue if True)”。

图 6.19　while 循环程序框

拖放的 while 框图如图 6.19 所示，外部框体内是放置循环执行程序的地方。左下角程序框体内的 i 符号称为序数端子，用以输出该次循环的序数。右下角程序框体内符号称为循环条件，可以通过单击切换。其中代表 Stop if True，代表 Continue if True。

例 6.4　建立一个具有按键停止功能的 while 循环，并且在循环中能显示循环的次数。

在这个例子中，需要使用一个新的函数 Wait。通过设定一个常数，使程序等待这个常数所设定的时间，单位是毫秒(ms)。在例程中通过这样的设定能够使程序近似 100ms 执行一次，并显示循环执行的序数。

(1) 新建一个空白 VI。

(2) 在前面板在 Modern→Numeric 菜单中拖放一个 Num Indicator 显示控件，并命

名为“循环次数”。

(3) 在程序框图中拖放一个 while 循环框，并调整框至合适大小。

(4) 将“循环次数”控件连接到序数端子。然后打开 Programming→Timing 菜单拖放 Wait 函数在 while 循环框中，并在毫秒设定端子创建一个常数，赋值 100。

(5) 在条件端子处创建一个控件 Control，程序自动生成一个布尔控制控件，并命名为 Stop。最后程序如图 6.20 所示。

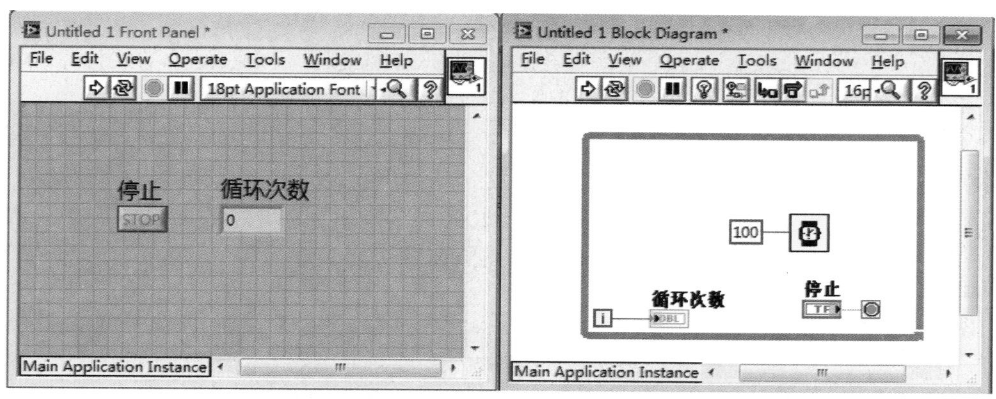

(a) 前面板　　(b) 程序框图

图 6.20　**具有按键停止功能的 while 循环且在循环中能显示循环的实例**

(6) 单击“高亮执行”按钮，切换到高亮执行状态，并单击“执行”按钮启动程序。

在程序执行过程中，读者可以发现，虽然没有选择循环执行，但是程序依然不断地自动运行，循环次数也不断增加。这是因为停止按钮没有按下而一直为“假(False)”值，程序中循环的条件“当条件为真时停止(Stop if True)”一直不能得到满足。一旦停止按键被按下，“真(True)”值被读到循环条件中，while 循环就能结束，而程序最终停止。

这样的程序结构被广泛应用于 VI 程序用作最上层的人机交互程序框架。这样的结构能够控制程序在按下程序停止按钮后，结束程序。希望读者能仔细体会理解，并慢慢尝试应用于自己的程序编写中。这种程序框架还能够在 Express→Exec Control→While Loop 中自动生成。

3) 定时循环

如上一个例程所示，可以通过编程，使程序以固定的时间间隔执行相应的操作。但是随着程序越来越复杂与庞大，程序各个部分执行的时间越来越长且不同步，简单的定时延时已不能满足精确时间间隔的控制。因此 LabVIEW 引入了具有精确定时延时功能的时间循环。实际上，定时循环是 LabVIEW 为精确定时而特地开发的循环模块，属于一种称为 Express VI 的便于快速程序开发的模块 VI 程序。使用它能很方便地设定循环的周期频率、延时大小等重要的时间循环参数。

通过 Programming→Structure→Timed Structure 菜单中的 Timed loop 图标，可以往程序框图中拖放程序循环框，随后出现如图 6.21 所示的蓝色程序框。

蓝色程序框左方栏目是设定与显示程序定时的节点栏。可以通过双击该栏进入菜单

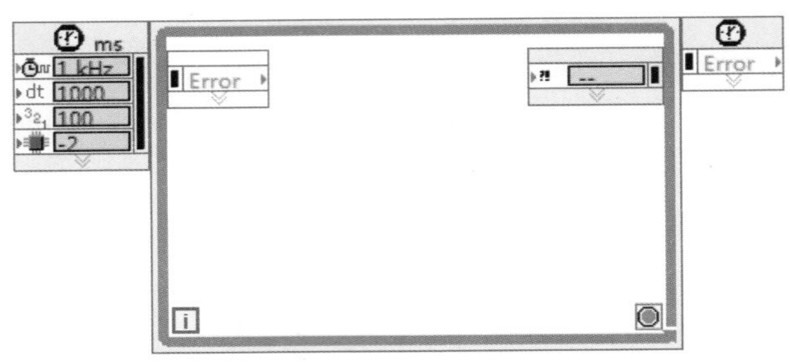

图 6.21 可编程定时循环程序框

设定，也可以连接相应的端子为端子赋值方法设定。定时循环默认为 1000Hz 的循环，也可以进行修改设定，其调整的最小值为 1Hz。

例 6.5 仿照 while 循环的例程，建立精确的 1000Hz 定时循环程序。

(1) 仿照 while 循环步骤，拖放定时循环框后，分别添加“循环显示”、“停止”控件。最终程序如图 6.22 所示。

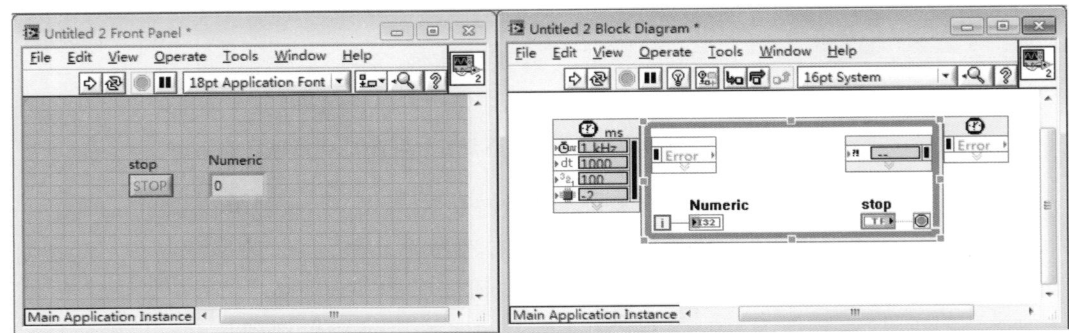

图 6.22 建立精确的 1000Hz 定时循环程序

(2) 单击“高亮执行”按钮，切换到高亮执行状态，并单击“执行”按钮启动程序。此时，程序通过结合软硬件编程，精确定时循环时间为 1ms，频率为 1000Hz。

6.3 状态机原理和应用

回头重新审视声音采集分析程序的工作流程可以发现，程序的每一个模块都进行着一项独立的工作。程序相当于一条流水线，在完成一道工序以后自动进入下一道工序，直到所有工序都被完成。这是一个简单而理想化的流水线，如图 6.23 所示。因为在实际的、连续的工作中，程序可能出现各种各样意外情况需要处理。这样，程序就需要加入各种的判断与控制环节，以保证程序的正确、顺利运行。因此如果要实现各个模块的自由跳转，而在程序结构上能够方便修改和阅读，就必须采用比流水线结构更加灵活的程序结构。人们把这种结构称为状态机。

状态机是大名鼎鼎的阿兰·图灵在 1936 年提出的概念。他设想有一个盒子带有纸带输入(输入字母表)、一系列状态(起始状态)和一种将输入映射到下一个状态的机制。

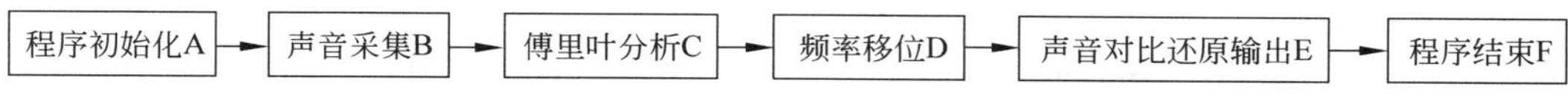

图 6.23 **整个程序的 6 个状态**

起始状态机原理不难理解。如果把上面声音采集分析程序的各个模块看作程序的一个独立状态，则整个程序具有 6 个确定的状态（一系列起始状态），并且为每个状态赋予唯一的标识作为各个状态之间沟通交流的符号（输入字母表），如同图 6.23 中的 A～F 的英文标识。那么在执行过程中，某个指定的时刻，程序必然处在一个确定的状态，而两个状态之间的切换以当前状态工作完成为条件，并且前一个状态通过向程序递交下一个状态的标识而让程序跳转到指定的状态（状态映射机制）。

回想之前叙述过的 Case 结构，非常适合作为储存各种状态的容器。Case 结构的控制数据输入端子可以用作输入控制数据，而各个结构帧则可以存储每个状态需要执行的程序内容。如果程序需要循环控制状态的变化，并且管理在程序执行中产生的各种数据，只需要加入 While Loop 循环结构和一个转换寄存器就可以了。基于这种思考，可以将声音采集程序改写为具有状态机结构的程序，方便读者进行对比理解。

在此之前，有必要先简单介绍一下在状态机中需要用到的，while 循环中一个重要功能——移位寄存器。

在程序框图中拖放一个 while 循环。在结构框左侧边框上单击右键调出快捷菜单，选择“添加移位寄存器(Add shift resistor)”命令后，在循环结构框中出现标识。这个就是移位寄存器。其中左边符号是移位寄存器的输出端子，负责向当前循环输出移位寄存器当前值；而右边符号则是移位寄存器的输入端子，负责接受循环结束以后程序向移位寄存器发送的新值，并将此值转送到左边输出端子用作向下一次循环进行输出，如图 6.24 所示。

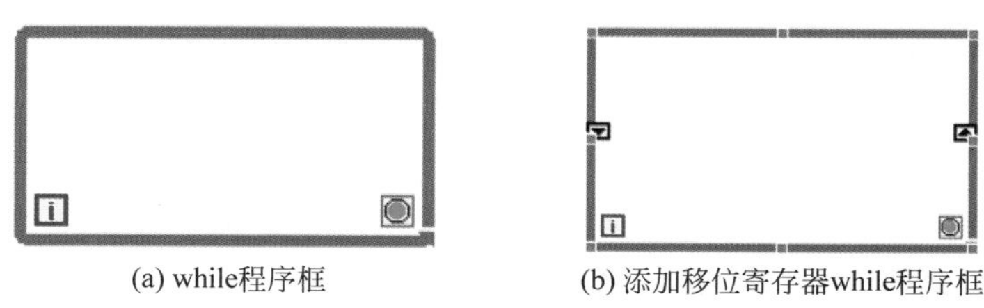

(a) while程序框　　(b) 添加移位寄存器while程序框

图 6.24 **为 while 循环添加移位寄存器**

至此，结合移位寄存器、Case 结构，尝试将声音采集程序改写成具有状态机结构的形式。

例 6.6 用状态机结构改写声音采集程序（不作具体的数据连线）。

(1) 新建空白 VI。

(2) 新建一个枚举常量，并输入 A～F 作为各个枚举项，如图 6.25 所示。

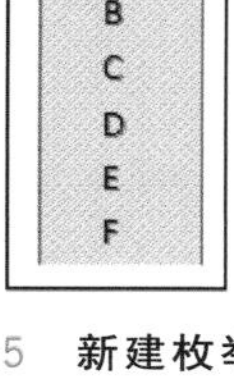

✓A
B
C
D
E
F

图 6.25 **新建枚举常量**

(3) 向程序框图拖放 while 循环框、移位寄存器、Case 框，程序如图 6.26 所示。

(4) 设定 Case 帧。将创建的枚举常量连到移位寄存器左边的初始化端子，并将移位寄存器右边的输出端子与 Case 结构的控制端子相连。此时移位寄存器、Case 控制端子均变成蓝色，而 Case 结构帧中也自动生成枚举变量中的头两项“A”、“B”。然后在 Case 结构帧标识上单击右键弹出快捷菜单，从中选择 Add Case For Every Value 命令，为 Case 结构添加枚举变量中设定的各个项目。通过单击结构帧标识，可以看到从 A～F 项均顺利添加，如图 6.27 所示。

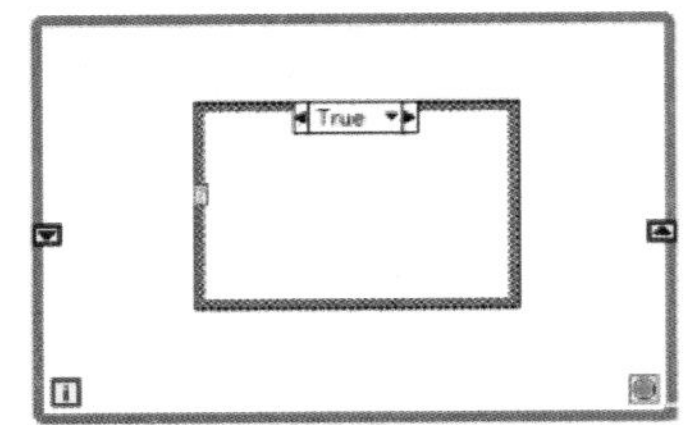

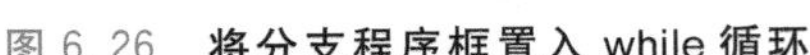

图 6.26　**将分支程序框置入 while 循环**

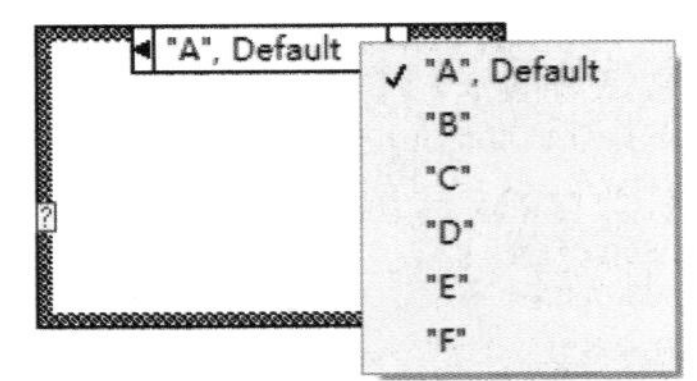

图 6.27　**用枚举常量为分支程序添加对应程序框**

(5) 输入各 Case 帧的程序内容。将之前 A～F 各个子程序分别拖放到 Case 结构 A～F 各帧。然后在各帧中放置对应下一个需要跳转的状态的枚举常量。如在 A 帧中放置 B。完成后各帧如图 6.28 所示。

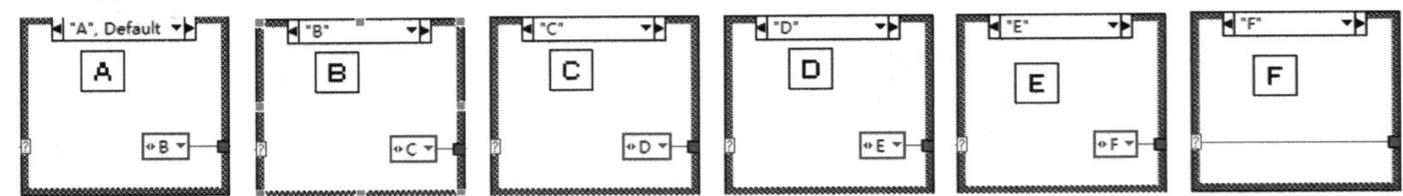

图 6.28　**结合状态机跳转设置的各个分支结构程序示意图**

(6) 放置程序结束条件。当程序完成 F 子 VI 的执行，程序结束。因此，在 while 循环中，将移位寄存器输出当前枚举值与枚举常量 F 比较，如果相同时，向 while 循环条件端子输出“真(True)”值，否则输出“假(False)”值程序继续执行。编程如图 6.29 所示。

(7) 高亮执行程序并观察。最终完成的程序如图 6.30 所示。单击“高亮执行”按钮，切换到高亮执行状态，并单击“执行”按钮启动程序。由于 A、B、E、F 模块没有连接某些必要的连线，因此在执行中会出现错误提示框。只需要单击提示框中 Continue 按钮

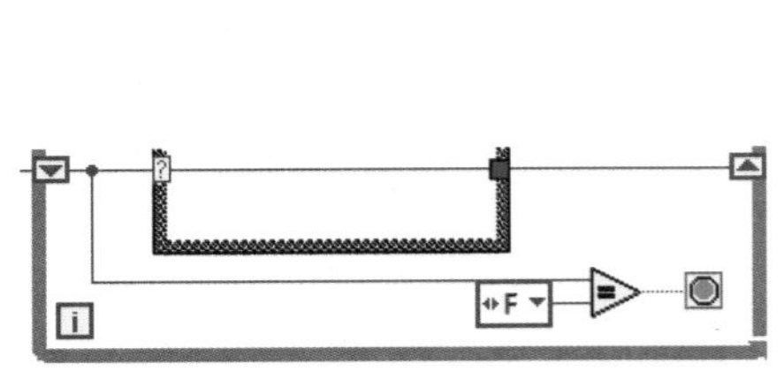

图 6.29　**程序执行编程**

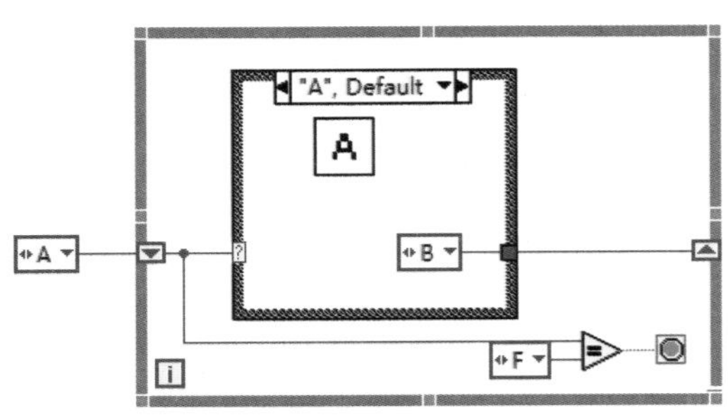

图 6.30　**最终完成的程序**

继续执行程序即可，对观察状态机状态跳转没有影响。可以观察到，在整个高亮执行过程中，每一次循环开始，都会从移位寄存器输出端子读出当前枚举常量并与 F 比较，用以确定循环执行完成后是否继续循环。当完成每一个 Case 帧的操作以后，下一个 Case 帧的枚举常量就会被储存到移位寄存器，以便程序在下一次循环中跳转到相应的状态。如此往复，一直到程序执行完“F”子程序为止。

由此可以总结出一般状态机工作的流程：执行程序指向的结构帧程序；指向下一个结构帧；判断程序是否继续循环执行。而从范例中可以看到，由于状态的指向是任意指定的，而结构帧的增减也是比较灵活的。所以使用状态机结构编程，对编写和修改的过程有很大的便利。状态机结构能够帮助编程者快速调整程序的工作流程，增减工作状态，以及在调试过程中很便捷地帮助编程者发现工作流程以及状态设定中可能出现的错误，并加以修改。因此，尝试领悟状态机及其编程方法，是编程者走向提高的一个重要环节。

从另一个方面来说，本范例也是数据采集编程中使用状态机的基本表达形式。数据采集程序一般包括程序初始化、数据采集、数据分析、数据输出、程序结束等 5 种状态，如图 6.31 所示。而对于具有开关控制的数据采集流程则增加了一个等待命令的状态以及是否结束程序、是否结束等待两个判断，其余流程大体不变。因此本范例可作为读者今后编写数据采集程序的一个重要参考模板。

图 6.31　**数据采集程序**

6.4　通知和队列初步

在介绍通知与序列之前，请读者思考如何解决下面两个故事中存在的问题及其解决方案。

故事一：

李主任是某学校物理实验室负责人，他负责领导 4 名物理实验教师 A、B、C、D，分别管理 4 个不同的实验室。但是由于 4 个人上班时间不一样，李主任苦恼于很多突发事情不能迅速通知 4 个人，并同时得到反馈。某天，其中实验教师 A 提议他们 5 个人一起加入同一个集群网，李主任遇到需要通知的事情，就通过集群网群发短信，每个老师在收到短信后执行相关的任务或通过短信方式反馈给李主任。经过一段时间的运作发现，这样的方式能大大提高通知的时效性。这个故事，相信读者能很容易在自己的生活找到相似的情形。

故事二：

一个有二人劳动小组在花卉培植基地挑水浇花。同学 A 负责挑水，同学 B 负责浇花。由于去挑水的路途比较远，为了在 A 同学去挑水的时间内 B 同学持续有水可浇，提高劳动效率减少等待的时间，他们找来一个大水缸并约定挑水的同学 A 采用稍大的水桶去挑水灌入水缸中，浇花的同学 B 使用稍小的水桶去水缸中取水浇花。实际操作中发现，两人可以各司其职，互不干扰地完成任务。

上面这两个故事说明了两个程序通信中重要的概念：故事一描述的是“广播”的概念，而故事二描述的是“堆栈缓冲”的概念。广播是指一点发送数据，多点同时接收相同数据的程序通信过程。而堆栈缓冲是指利用一片存储区域作为临时数据存取区，程序在某一时间段向临时存取区按序写入数据，另一时间段从临时存取区按序读出数据，互不干扰工作的程序工作方式。

在 LabVIEW 程序设计中，用作完成“广播”功能的，通常使用“通知器”；而用作完成“堆栈缓冲”的通常使用“队列”。在具体的使用中两者有一定的相似之处，希望读者能仔细体会区分其区别，在正确的场合使用相应的功能。

1. 通知器及其应用

通知器(Notifier)是 LabVIEW 用作完成程序信息的广播功能函数节点。一般用来完成一点对多点的信息、命令广播，以达到程序间信息通信、程序同步动作的作用。若要调用通知器的相关操作，可以从 Programming → Synchronization（同步）→ Notifier Operation 中调出通知器操作菜单，如图 6.32 和图 6.33 所示。

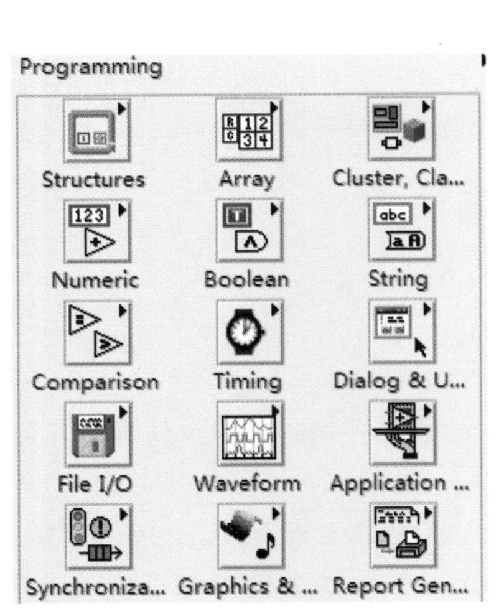

图 6.32 编程快捷菜单

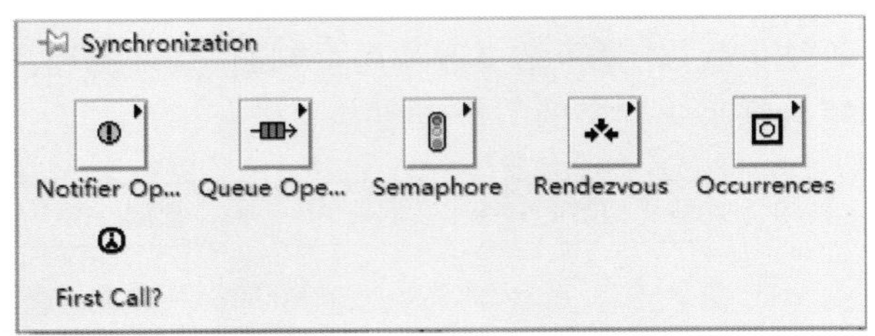

(a) 同步菜单

(b) 通知器操作菜单

图 6.33 同步菜单与通知器操作菜单

其中在通知器操作菜单中包含主要功能如表 6.1 所示。

表 6.1 通知器操作函数功能一览表

图　标	函　　数	功　　能
	Obtain Notifier 定义通知器	创建一个通知器
	Send Notification 发送通知	通过通知器发送一个通知信息
	Wait Notification 等待通知	等待从通知器接收一个通知信息

续表

图 标	函 数	功 能
	Cancel Notification 清除通知	清除、忽略通知器的通知信息
	Release Notifier 释放通知器	释放通知器资源

在程序中调用通知器一般包含以下流程。

(1) 使用 Obtain Notifier(定义通知器)函数节点定义通知器。

(2) 在需要接收信息的地方放置 Wait Notification(等待通知)函数节点,用于等待通知。每当程序运行到该函数节点时均自动挂起,以等待通知。

(3) 在发送需要发送信息的地方放置 Send Notification(发送通知)函数节点,用于发送通知,每当发送通知函数节点发出一个通知,其他已经挂起的 Wait Notification 函数节点均第一时间唤醒,接收这一个通知并产生输出。

(4) 当程序结束之前,需要使用 Release Notifier(释放通知器)函数节点,释放通知器所占用的空间。

下面用一个不具备实用意义的简单范例来说明这一过程。

例 6.7 向 3 个接收端发送一条信息的通知器范例。

(1) 新建一个空白 VI。

(2) 从 Programming→Synchronization(同步)→Notifier Operation 中调出通知器操作菜单,往程序框图中拖放 Obtain Notifier 函数节点。节点左侧第一个 Name 端子用以创建通知器的名字,用一个字符串常量相连并命名为 Sample。节点左侧第二个 Element Data Type 端子用以定义所要传输通知数据的数据类型,在这里传送字符串作为通知数据,因此使用一个字符串常量相连,或者与前面的"sample"字符串常量相连。完成后如图 6.34 所示。

(3) 从通知器操作菜单往程序框图中拖放 3 个 Wait Notification(等待通知)函数节点作为接收信息端。节点左侧第一个 Notifier 端子与 Obtain Notifier 函数节点右侧第一个 Notifier out 端子相连。节点右侧第二个 Notification 用于显示所接收的通知信息,使用一个 String Indicator(字符串显示器)与之相连。完成后如图 6.35 所示。

图 6.34 设置通知器名称与数据格式　　图 6.35 设置等待通知函数

(4) 从通知器操作菜单往程序框图中拖放 Send Notification(发送通知)函数节点。

为了使“等待通知”和“发送通知”两个函数不同时执行，在“发送通知”操作之前需要添加等待 300ms 的操作，并使用 Flat Sequence(顺序执行结构)使两个操作先后执行。发送通知函数节点左侧第一个 Notifier 端子依然需要与 Obtain Notifier 函数节点右侧第一个 Notifier Out 端子相连，左侧第二个 Notification 端子与需要发送的信息“message”字符串常量相连。此步骤完成后如图 6.36 所示。

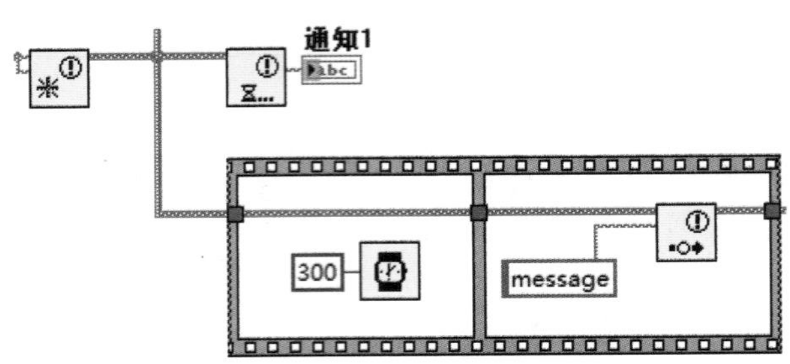

图 6.36　设置发送通知操作函数

(5) 程序执行完毕，释放通知器空间。从通知器操作菜单往程序框图中 Release Notifier(释放通知器)函数节点，并将节点左侧第一个 Notifier 端子与 Send Notification(发送通知)函数节点右侧第一个 Notifier Out 端子相连。整个程序完成后如图 6.37 所示。

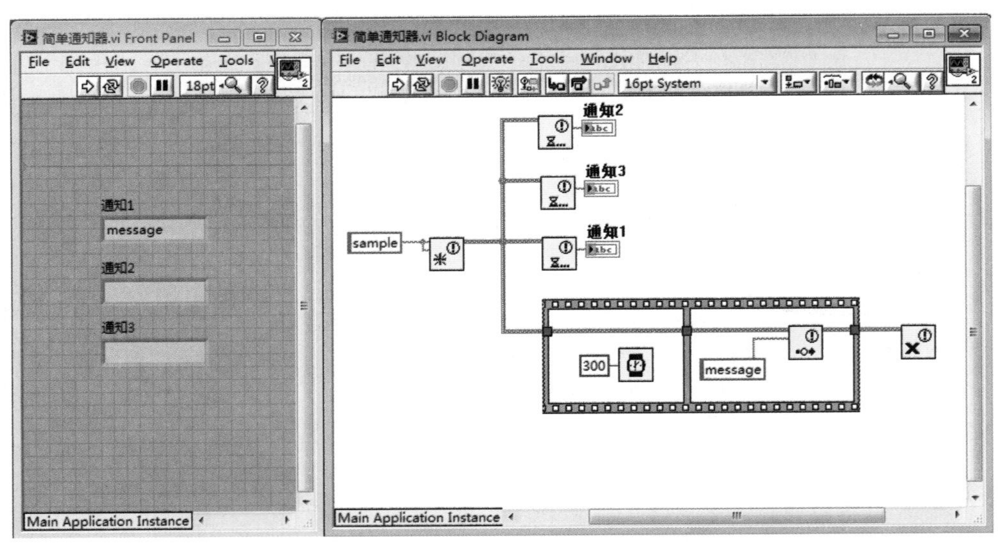

图 6.37　通知器发送、接收程序最终 LabVIEW 程序

(6) 高亮执行程序并观察。最终完成的程序如图 6.37 所示。单击“高亮执行”按钮切换到高亮执行状态，并单击“执行”按钮启动程序。可以观察到程序执行在完成定义通知器后，分成 4 路分别执行，其中 3 路分别在 3 个等待通知节点挂起程序，另一路在等待 300ms 后到达发送通知节点，广播发送 message 通知。此时观察左侧前面板 3 个原本空白的字符串显示器，在发送通知节点执行的瞬间就同时显示接收到的信息 message。

之后程序释放通知器空间。至此程序执行结束。

例 6.8　一个具有实用意义的主程序与子程序之间通信的通知器程序。主程序持续生成正弦波数据，通过通知器 A 广播到 3 个客户端子程序；另外主程序通过通知器 B 发布程序中止控制命令，使主程序停止的同时子程序也能同步停止。

(1) 新建信息发布主程序"通知发送.vi"，如图 6.38 所示。首先创建两个不同的通知器 A、B，其中通知器 A 与浮点数据常量 0.00 相连，通知器 B 与布尔常量 F 相连。While 循环中正弦函数节点计算所得的数据由通知器 A 的 Send Notification 函数节点负责广播，并且送到程序前面板中的示波器(Waveform Chart)显示。前面板 Stop 按钮所产生的逻辑控制信号数据通过通知器 B 的 Send Notification 函数节点负责广播，以同步各程序结束。其余 3 个用户子程序(user1～user3)由下面步骤创建。

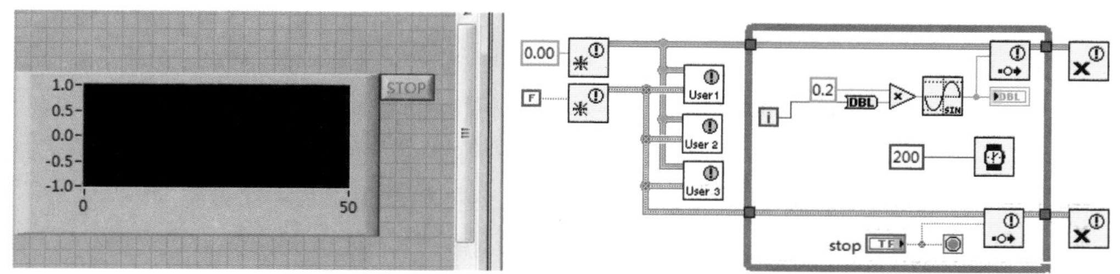

图 6.38　利用通知器进行主从程序间波形数据传输的主程序

(2) 新建客户端子程序如图 6.39 所示。创建一个传送浮点数据的 Numeric 通知器 Control 和一个传送布尔数据的 Boolean 通知器，并在端口接线板(Show Connector)中定义为子程序外部引脚。在循环程序中两个 Wait Notification(等待通知)函数节点负责分别将正弦数据传送给子程序的示波器而显示波形，布尔控制数据传送到循环条件端子，从而控制程序是否继续循环。3 个子程序结构相同，分别存为 3 个不同文件名 user1.vi、user2.vi、user3.vi 以方便调用，故不赘述。

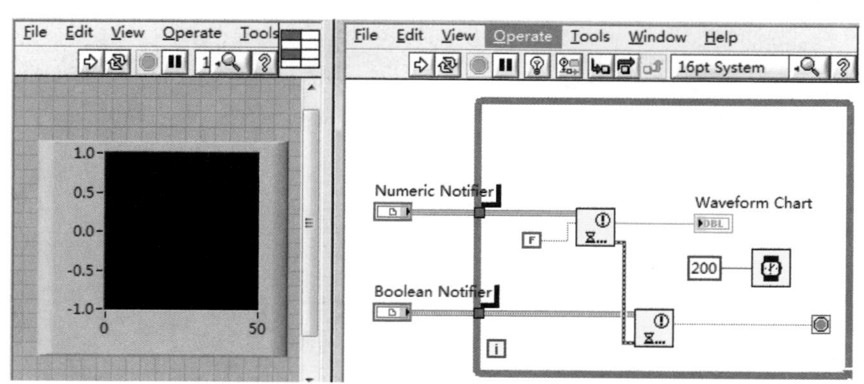

图 6.39　利用通知器进行主从程序间波形数据传输的从程序

(3) 在主程序选择运行。可以看到 3 个子程序前面板同时被打开，并且主程序与子程序之间波形数据同步，选择主程序 Stop 按钮，可以同时停止各个程序。数据显示效果

如图 6.40 所示。

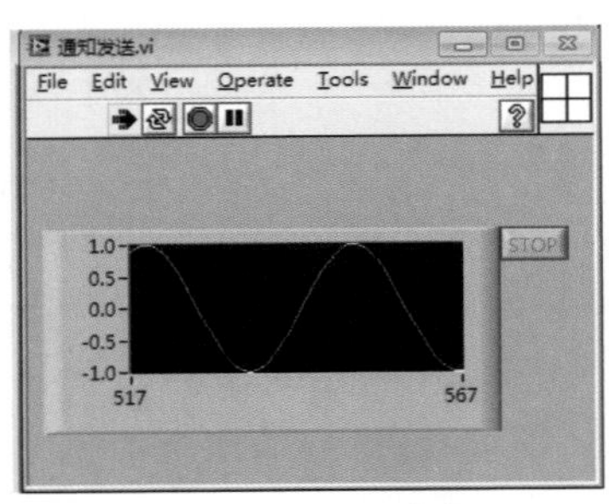

(a) 主程序发送波形

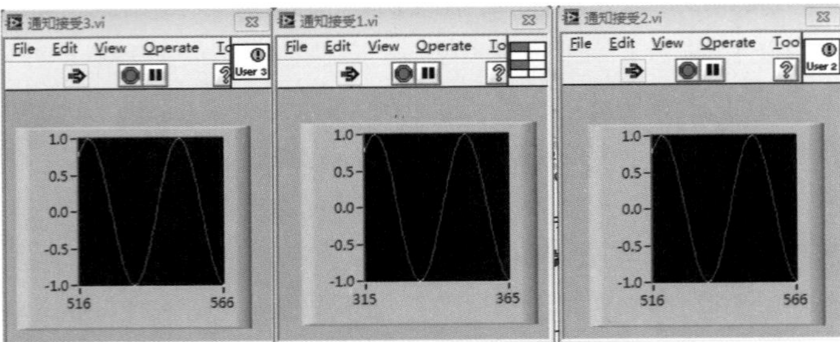

(b) 3个从程序同时接收显示的波形

图 6.40　**利用通知器进行主从程序间波形数据传输的程序波形**

2. 队列及其应用

队列(Queue)是 LabVIEW 用作构造缓存堆栈的功能。一般用来完成数据缓冲、解决不同步数据存储的操作冲突等。若要调用队列的相关操作,可以从 Programming→Synchronization(同步)→Queue Operation 中调出队列操作菜单,如图 6.41 和图 6.42 所示。

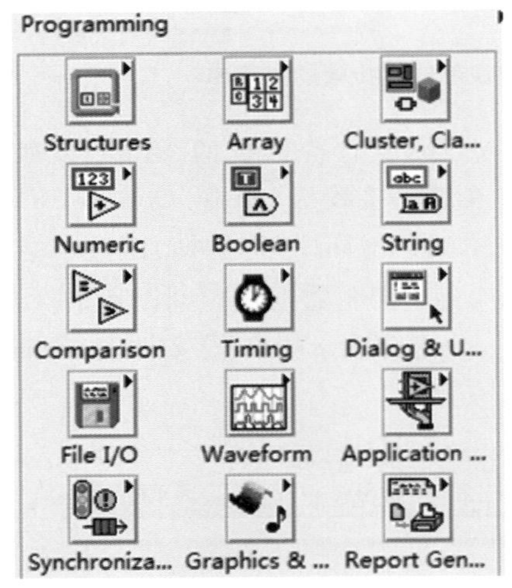

图 6.41　**编程快捷菜单**

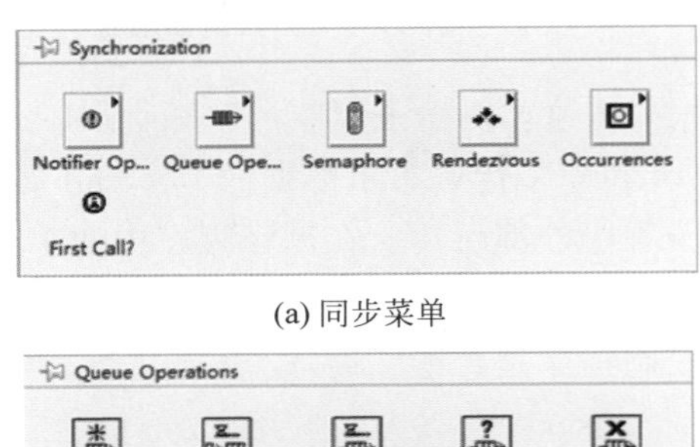

(a) 同步菜单

(b) 队列操作菜单

图 6.42　**同步菜单与队列操作快捷菜单**

其中在通知器操作菜单中包含主要功能如表 6.2 所示。

表 6.2　**队列操作函数功能一览表**

图　标	函　　数	功　　能
	Obtain Queue 定义队列	定义一个队列,创建一个储存队列数据的存储空间
	Enqueue Element 元素入队列。	将一个元素加入队列尾部

续表

图 标	函 数	功 能
	Dequeue Element 元素出队列	从队列头部移出并读取一个元素
	Flush Queue 清除队列	清除队列
	Release Queue 释放队列	释放队列资源

在程序中调用通知器一般包含以下流程。

(1) 使用 Obtain Queue(定义队列)函数节点定义队列。

(2) 在放置数据元素进入队列的地方放置 Enqueue Element(元素入队列)函数节点,用于将数据送入队列进行数据缓存,等待其他程序或者程序其他部分调用。

(3) 在调用队列元素的地方放置 Dequeue Element(元素出队列)函数节点,用于调用队列中数据为程序所用,并且缩短了队列长度,避免队列空间用尽(缓存溢出)。

(4) 当程序结束之前,需要使用 Release Queue(释放队列)函数节点,释放队列所占用的空间。

从队列元素的调用来看,队列元素的进出与通知器中消息发送与接收是不一样的。首先,通知器的即时性。消息接收端在等待消息的过程中程序挂起等待,通知一旦发布,立即触发挂起的接收端以接收信息。在这个过程中通知发布端是主动的,接收端是被动的。但队列元素的出入完全是不同步的两个操作,不具有即时性,属于异步操作。其次,消息传递主要以单个信息传递为主,接收端在新消息到来前不能取出消息,则旧的消息将会被新的消息覆盖,从而造成信息的丢失。而队列则以缓冲区的形式按数据发出的先后顺序进行存储,队列接收端按照指定规则对缓冲区进行读取,不会出现数据丢失的现象。

例 6.9 简单队列应用。程序的两个 For 循环。一个产生队列元素并让元素入队列,另一个部分以较慢的速度读取队列中的数据。两个循环均运行 20 次。

(1) 建立空白 VI。

(2) 从 Programming→Synchronization(同步)→Queue Operation 中调出通知器操作菜单,往程序框图中拖放 Obtain Queue 函数节点。节点左侧第一个 Name 端子用以创建队列的名字,用一个字符串常量相连并命名为"Sample"。节点左侧第二个 Element Data Type 端子用以定义所要传输通知数据的数据类型,在这里传送整数作为队列元素,因此使用一个整型常量相连。完成后如图 6.43 所示。

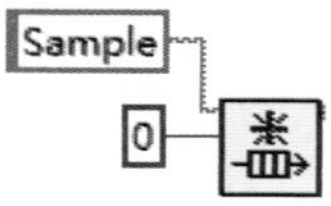

Sample

0

图 6.43 **设置通知器名称与数据格式**

(3) 创建一个循环 20 次的 For 循环框,从队列操作菜单往程序框图中拖放一个 Enqueue Element(元素入队列)函数节点作为元素送出端。节点左侧第一个 Notifier 端子与 Obtain Queue 函数节点右侧第一个 Queue Out 端子相连。节点左侧第二个 Element 与 For 循环序数相连,并将这个序数用一个命名为"队列输入"的 Indicator 显示,使该循环的序数作为队列数据储存入队列。完成后如

图 6.44 所示。

(4) 创建另一个次数为 20 的 For 循环。从队列操作菜单往程序框图中拖放 Dequeue Element(元素出队列)函数节点，并将该节点右侧第二个端子 Element 与一个整数 Indicator 相连，用以显示出对列的数据。为了使两个循环工作有一定时间差，在本循环中使用等待函数添加等待 1ms 的操作。元素出队列节点左侧第一个 Notifier 端子依然需要与 Obtain Queue 函数节点右侧第一个 Queue Out 端子相连。此步骤完成后如图 6.45 所示。

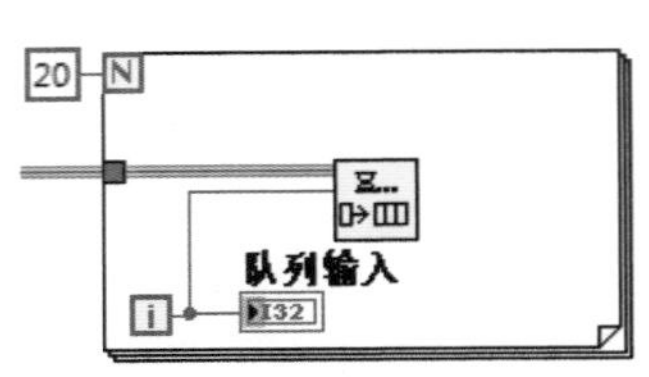

图 6.44 使用 For 循环为队列添加 20 个元素

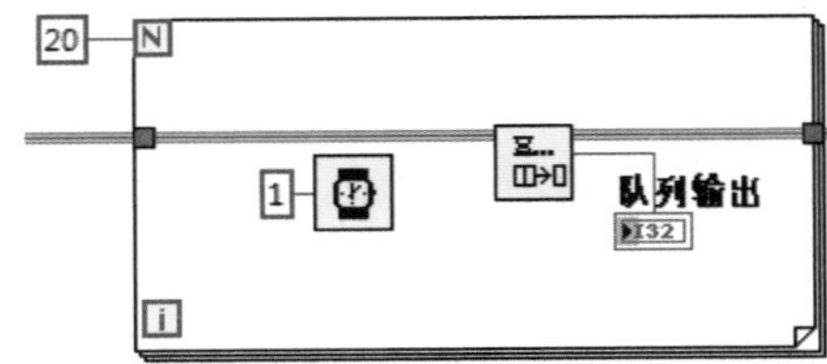

图 6.45 使用 For 循环逐个提取队列元素并显示

(5) 程序执行完毕，释放通知器空间。从队列操作菜单往程序框图中 Release Queue(释放队列)函数节点，并将节点左侧第一个 Queue 端子与 Dequeue Element(元素出队列)函数节点右侧第一个 Queue Out 端子相连。整个程序完成后如图 6.46 所示。

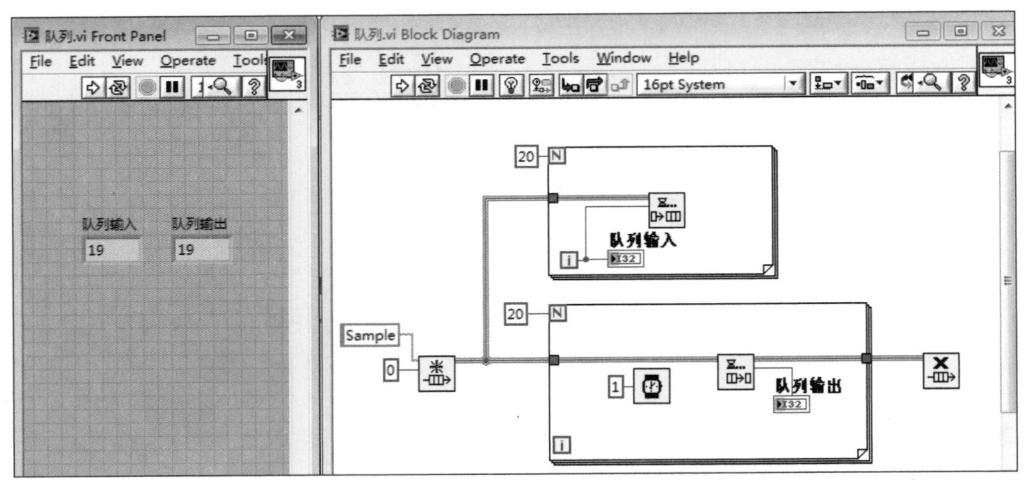

图 6.46 使用队列进行数据在循环间传递的实例程序

(6) 高亮执行程序并观察。最终完成的程序如图 6.46 所示。单击"高亮执行"按钮切换到高亮执行状态，并单击"执行"按钮启动程序。可以观察到程序执行在完成定义通知器后，分成两路执行，上方的元素入队列循环不断将该循环的循环序数送入队列，而下方的元素出队列循环不断读出队列中的循环序数。虽然两个循环的执行速度不一样，但是并不影响两者的工作，对数据的正确性和连续性也未产生影响。由此可见，使用队列功能可让执行速度不一样的发送数据端和接收数据端能够通过一个缓冲地带达到稳定数据共享工作、消除彼此干扰的作用。这个例子也是下面要叙述的并行多循环内容的

一个铺垫，希望读者能用心体会。

6.5 并行多循环初步

LabVIEW 软件开发平台在设计之初就将多任务执行考虑在平台设计中，因此，在 LabVIEW 程序编写中，多任务同时执行是其编程特色之一。编程者无须考虑如何分配计算机资源以完成多任务执行的细节，只需要按照一定的规则编写程序，则 LabVIEW 平台的执行程序在后台自动安排资源完成多任务并行执行的具体操作，使编程者的工作更加简单而有效率。

从前面章节可以看到，LabVIEW 编程以循环作为程序的核心，每一个循环代表这一系列动作的重复执行。在实际生活中可能需要有多个这样重复执行的任务或者系列动作，那么反映在 LabVIEW 程序编写中可能就会编程有若干个循环需要同时执行。这就是本节需要介绍并行多循环程序编写方法。

从前面的例子中可以看到，如同电路中并联电路一样，如果从一个节点的一个端子引出一条连接线，分别接到若干个相同或不同的节点端子，当程序执行时，数据就像电流一样同时经过这几条连线，从而触发这几个不同的节点操作。这个就是函数节点的并行操作。而特别的，如果一条连线引出后，分别连接的是两个以上的循环程序框，则会引发循环的并行操作，就如同例 6.8“简单队列”应用一样。在这个例子中，定义队列函数节点的引线分别与两个 For 循环相连，两个循环同时执行，并行不悖。这也就是最简单的并行多循环的应用例子。

实际上，并行多循环大多应用在需要同时响应前面板操作、数据采集、数据处理显示等多个任务的场合，以便能让程序以最快的速度和最高的效率完成人机交互与数据采集显示。编程者在任务描述时就要将需要同时执行的任务划分为各自独立运行的并行循环，然后再将具体的任务代码在循环中描述。而在各个循环执行中产生的需要交换的数据或者同步的动作，则使用队列、通知器等功能进行数据共享和程序同步。

因此，需要进一步了解以至于独立编写一个具有人机交互功能的数据采集程序的读者，需要仔细体会本节的内容，并将本节介绍的程序框架多应用于数据采集程序编写中。

在介绍生产者—消费者模式前，先回顾一下上一节的例 6.8“简单队列”。可以形象地认为，程序上方的循环不断将循环序号入队，可以视作队列的“生产者”——不断生产数据的人；而程序下方循环不断将队列中的元素取出并显示，可以视作队列的“消费者”——消耗数据的人。如前所述，由于“生产”与“消耗”速度的不一样可能导致的“供大于求”或者“供不应求”的情况出现，使用队列作为缓冲的“蓄水池”，避免上述情况发生。由此，这个例子可以作为说明“生产者—消费者”模式的最简单的例子，如图 6.47 所示。

因此，可以对“生产者—消费者”编程模式做以下描述：“生产者—消费者”模式就是使用队列功能建立一条数据缓冲通道，使数据产生/采集循环与数据消费/显示循环得以共享数据，异步执行的一种编程模式。使用这种编程模式重新审视接触到的编程任务可以发现，数据采集程序是一种典型的“生产者—消费者”模式。前端的传感器、数据采集卡就是产生数据的来源，而用于人机交互或者记录数据的数据分析、显示、存储模块就是消

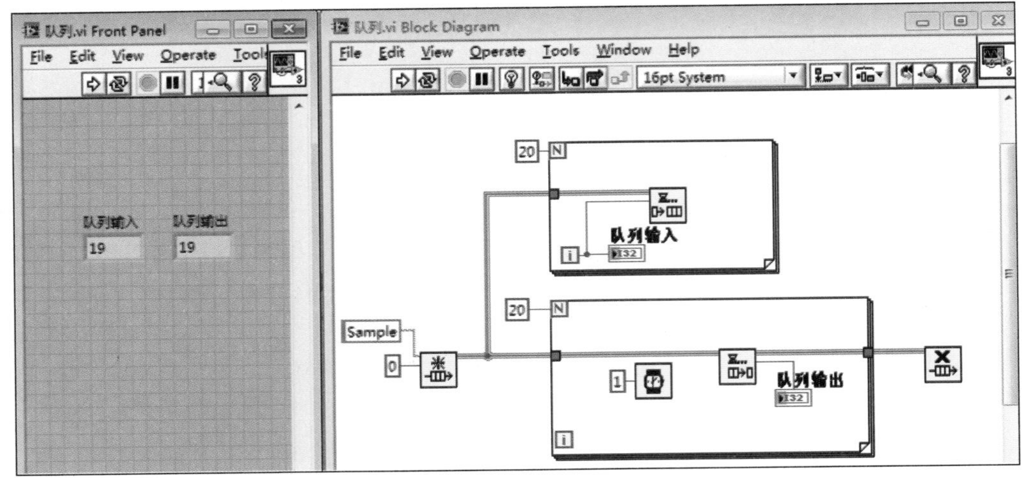

图 6.47　并列多循环程序

耗数据的地方。因此，数据采集程序常用"生产者—消费者"模式编写。图 6.48 所示是一个读取 USB 鼠标位移数据，并将其运动轨迹送到示波器显示的简单数据采集显示程序。

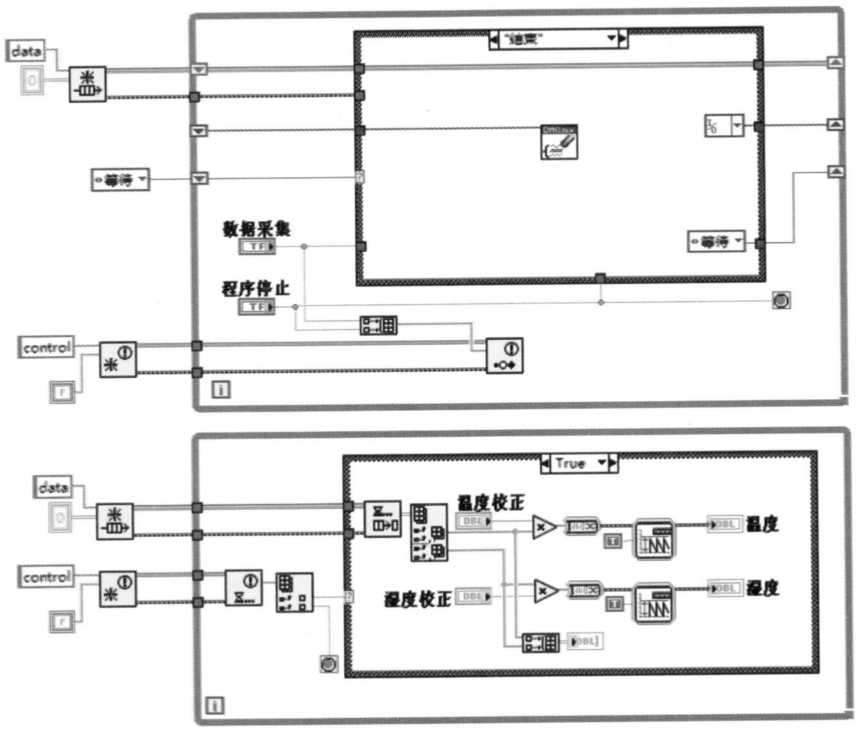

图 6.48　一个使用并行多循环结构的 USB 鼠标数据采集显示程序范例

如图 6.48 所示，程序由两个循环组成。一个是使用了状态机的数据采集循环，根据前面板的程序开关、采集开关等控件的状态决定程序对 USB 数据的采集动作，采集模块

一旦采集数据即被送入数据队列。另一个是简单的数据处理、显示循环。该循环根据采集循环的采集开关控制是否进行数据显示，一旦程序开始采集便触发对应的数据读取、处理和显示。

结合上面两个例子，可以总结出使用“生产者—消费者”进行程序设计的基本模式。

首先，将根据任务量大小及处理的时间长短，对信号采集、处理、显示 3 个部分按需要进行整合与分割。如采集数据量大，采集频率高，而显示、处理任务轻，可以考虑将数据采集独立于一个循环，而显示及处理结合到一个循环；反之亦可。如果存在更复杂的情况如采集、显示与处理的任务量都很大的情况，可以考虑三者各独立于一个循环，并用两个队列进行数据采集和数据显示的缓冲。有兴趣、有能力的读者可以自行思考此种程序的结构。

其次，根据数据采集、处理及显示的各个任务步骤，选择合适的程序实现方式。如果任务步骤不多、程序简单，可以直接将代码在循环中编写。但是如果步骤复杂、程序状态变化较多时，应该考虑采用状态机、子 VI 等编程技术对代码进行分类简化。

最后，使用队列功能用以沟通两个循环中的采集显示数据。可以考虑使用通知器功能用以同步程序的开关。根据这样的模式，可以使用功能模块伪代码的形式，绘制出应用该模式编写数据采集处理显示程序的一般程序框架，如图 6.49 所示。命名为 data 的队列作为数据缓冲，协调数据采集模块和数据分析模块之间的数据共享。另一个名为 control 的通知器负责接收数据采集循环中“程序停止”、“数据采集”两个控件的逻辑状态，控制并同步两个循环的数据采集和程序停止功能。按照这样的程序框架，只需要写好“采集.vi”和“分析.vi”两个子程序模块，就可以应用该框架快速建立数据采集显示程序。

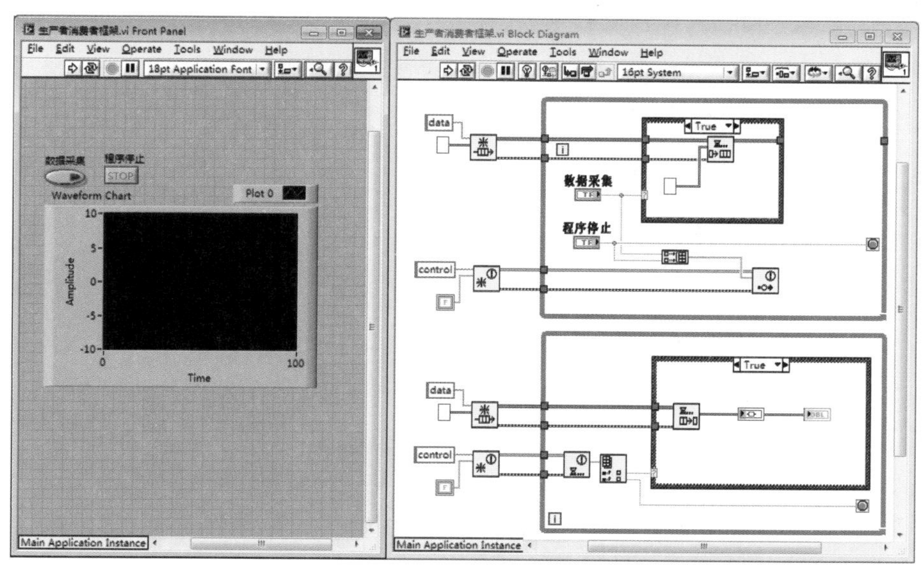

图 6.49　使用“生产者—消费者”模式的并行多循环数据采集程序模板

例 6.10　应用 myDAQ 设备作为数据采集设备，编写能根据光电池电压换算成照度的照度测量程序。

实验原理：

光电池作为光电传感器能够将光强转换成电压信号，通过 myDAQ 的电压数据采集功能可以将实际的光强信息转换成计算机中可显示或存储的光电压数据。并且通过将该光电池在相同的光照条件下与标准照度计比对，或者通过标准光强发生装置产生照射光电池的标准光强，将转换的光电压数据与标准照度一一对应，从而将该光电池及其虚拟仪器面板标定为标准照度计。

(1) 根据程序框架，首先编写“采集.vi”。根据光电池电压输出特性，使用 myDAQ 设备的 AI 0 作为电压采集接口，并且应用 Express VI 简化编程。在 Function→Express→Input 菜单中选择 DAQ Assist，按照菜单进行配置。若要修改配置则双击该图标重新进行配置。

DAQ Assist 配置方法如下：

① 在出现第一个 NI-DAQ Assistant 配置窗口中，如图 6.50 所示，选择 Acquire Signals→Analog Input→Votage，代表采集模拟输入端的电压信号。单击该项后进入自动进入下一页。

② 选择 myDAQ ai0 信道。

③ 根据光电池特性，使用 0～3V 电压作为输入电压范围，在 Signal Settings 的 Max 为 3，Min 为 0。另外，在 Acquisition Mode 设置中选择“N Samples”即采集 N 个样本。

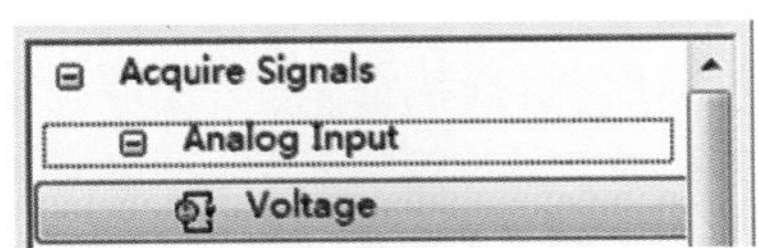

(a) 选择采集电压信号

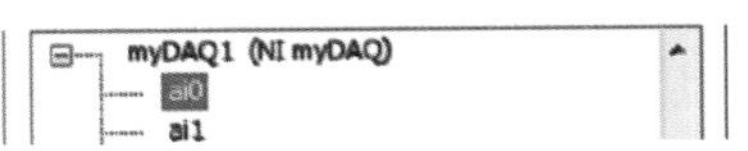

(b) 选择ai0为电压采集通道

图 6.50 使用 NI-DAQ Assist 编写 DAQ 采集程序

④ 如图 6.51 所示，将生成 EXPRESS VI 转换成 NI-DAQmx 代码，然后将采集函数的采集模式更改为“Analog 1D DBL 1 Chan NSamp”，此部分代码最终如图 6.52 所示。此代码意为一次采集一个通道的 100 个数据，并以一维数组的形式输出。

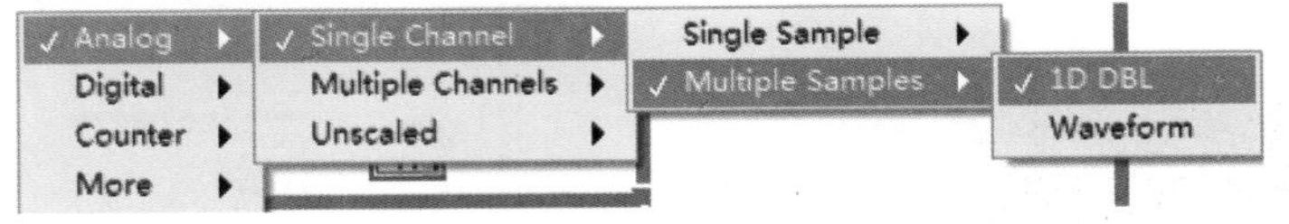

图 6.51 模拟电压信号采集模式 DAQmx 代码设置

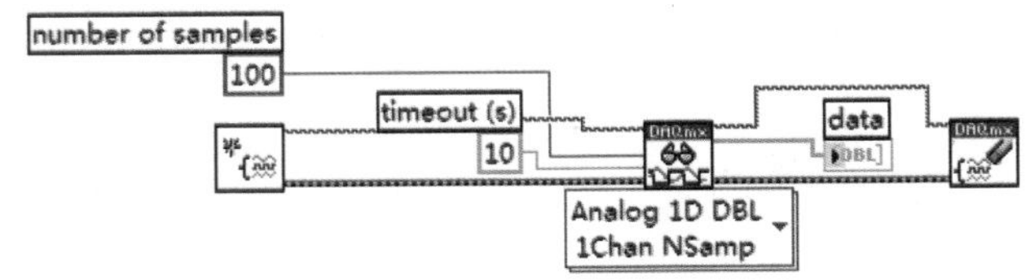

图 6.52 电压信号采集子 VI 程序的 DAQmx 代码编写

⑤ 在前面板中，将 data 变量设定成输出端子，保存并关闭“采集.vi”。

(2) 编写“分析.vi”。在主程序中，从队列送来的是直接采样过来电压数据数组，需

要根据标定或者调节后才能得到相应的光强值。另外，由于在实际的数据转换过程中，由于电路噪声及环境杂散光的影响，采集得到的数据会产生一定幅度的波动。若需要在显示时得到一个稳定的数值，则需要通过平均、滤波等手段进行数据处理，削弱噪声的影响，还原最接近真实的数据。编写"分析.vi"需执行以下步骤。

① 建立一个新的空白 VI，并命名为"分析.vi"。

② 创建滤波 EXPRESS VI。由于作为照度计使用时，光电池实际上测量的是投射到光电池面积上光强的平均值，并且光强变化速度一般较慢，即光强的变化频率低。因此如果测量数据中叠加了高频率的无用的噪声信号数据，根据需要测量的光强属于低频段信号，而噪声属于高频段的信号的特点，使用有滤除特定频段的滤波函数就能达到去除噪声、还原信号的作用。使用 EXPRESS VI 中的"Filter(滤波器)"即可起到这样的作用。

在程序框图中通过 Programming→EXPRESS→Signal Analysis 菜单，拖放 Filter 图标到程序框图中。随后，出现滤波器设置对话框。在对话框中可以设置滤波器的类型、滤波器的截止频率(即需要滤除的频率的界限)、滤波器的结构和阶数。首先设置滤波器类型。程序中示波器的类型通常有"Lowpass(低通)"、"Highpass(高通)"、"Bandpass(带通)"、"Bandstop(带阻)"、"Smoothing(平滑)"5 种。不同滤波器类型，下方的设置都有相应选项。根据程序需要，选择 Lowpass 作为示波器类型。然后设置 Cutoff Frequency 为 20Hz。接着，在多个滤波器结构中选择"Butterworth(巴特沃兹)"，并选择阶数为 3，如图 6.53 所示。对于滤波器结构和阶数，读者可以在参考相关书籍后选择不同选项进行实验，以观察滤波效果。

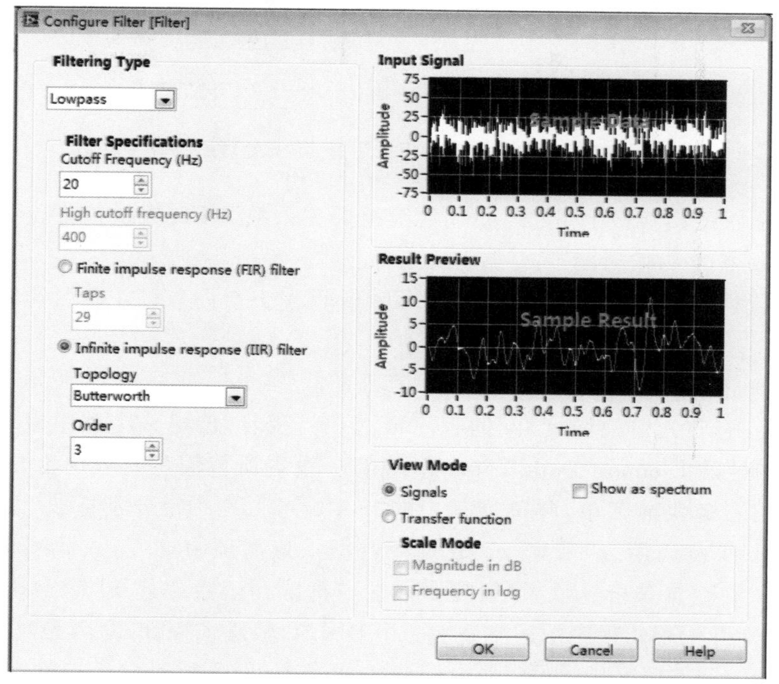

图 6.53 Configure Filter 对话框设置

③ 使用 EXPRESS VI 计算数据平均值。为了在显示实时光照度波形数据的同时能够显示一个相关的数值表示一段短时间内的光照度的平均值，从而反映照度的强度，对每一组采集的数据进行求平均处理，得出数据平均值。可以使用 EXPRESS VI 的 AMP&Level 函数功能。在程序框图中通过 Programming→EXPRESS→Signal Analysis 菜单，拖放 AMP&Level 图标 。放置后出现 Configure Amplitude and Level Measurement 对话框，单击“Cycle Average(周期平均)”即可设定 EXPRESS VI 进行平均操作。将从 Filter 函数的输出端子的数据与 AMP&Level 函数的 Signals 端子相连。

④ 新增输入输出控件。完成后 EXPRESS VI 生成后，新建一个数组控件，并命名为 data，作为数据输入子 VI 的端子。新建一个 DBL 数值控件作为输入标定系数的端子，命名为“系数”。data 控件和“系数”控件相乘，使从 data 输入的数组每一个元素都与“系数”控件指定的数值相乘，最终结果连接到 EXPRESS VI 图标中的 Signal 端子。这时程序会自动在 EXPRESS VI 和数组控件之间增加动态数据转换函数，通过转换使输入输出数据格式匹配。在 Filtered Signal 端子上创建一个示波器显示控件，并命名为 Filtered Signal，在 Cycle Average 端子上创建一个 DBL 数值显示控件，命名为“平均照度”，如图 6.54 所示。

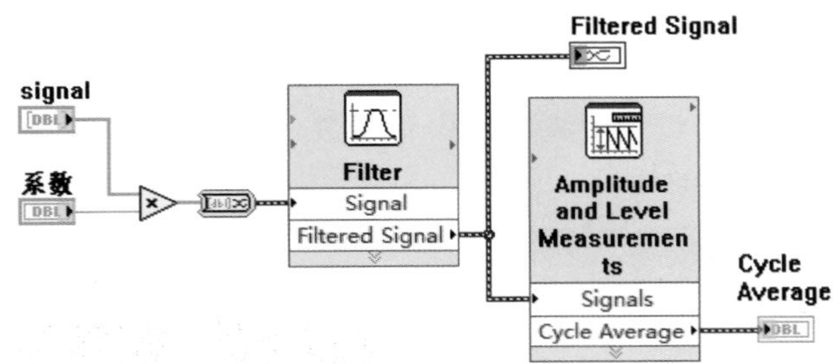

图 6.54 将为信号添加系数相乘运算、滤波处理后计算平均值

⑤ 从前面板的接线板上，设定 data 数组控件、“系数”DBL 数值控件作为输入端子，Filtered Signal 控件为输出端子。

(3) 利用消费者—生产者框架进行改写。新建一个空白 VI，并命名为“光电池照度计. vi”。

然后，打开前面例子所建立的“生产者消费者框架. vi”，如图 6.49 所示，并将程序框图中的程序复制到“光电池照度计”的程序框图中。接着，创建一个数组常数，并与名为 data 的队列图标的 Element Data Type 端子相连，设置所传输队列数据为数组。然后在程序框图使用右键快捷菜单，并选择其中的“Select VI...”命令分别拖放“采集. vi”、“分析. vi”作为子 VI 被调用。“采集. vi”放置在数据采集循环中，并与入队列函数相连接。“分析. vi”放置在数据分析显示循环，其输入端与出队列函数相连接，输出端与示波器控件相连。在“分析”子 VI 程序中还要添加一个 DBL 数值输入控件，命名为“标定系数”，用于在标定过程中调整照度显示的大小。还要添加一个 DBL 数值显示控件，命名为“平均照度”，用于显示传感器采集计算得到的平均光强值。程序完成后最终框图如图 6.55 和

图 6.56 所示。

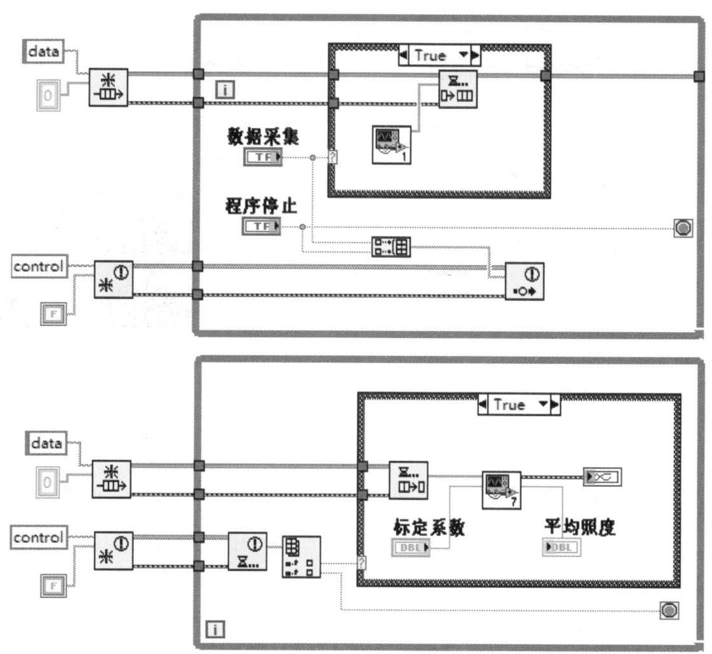

图 6.55　将“生产者—消费者”程序框架改写为照度测量程序

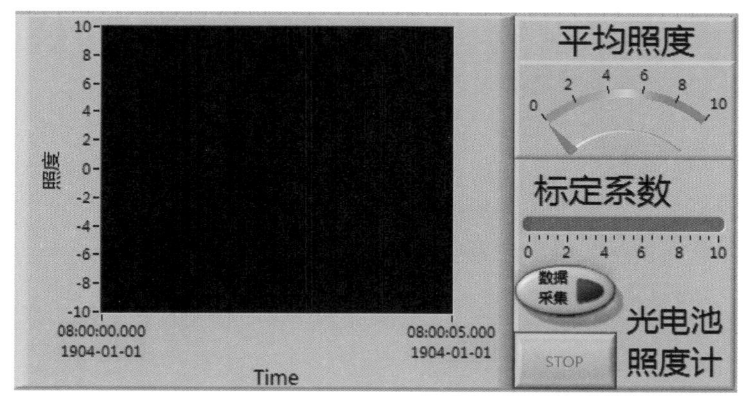

图 6.56　将“生产者—消费者”程序框架改写为照度面板

从图 6.55 中可以看到，利用 data 队列，采集程序和分析显示程序进行数据的共享与交流，实现了采集和分析显示的独立运行操作，效率较高。并且，从程序编制过程中也能发现，使用生产者—消费者模板，快速添加、配置、修改操作函数模块，适应各种不同功能的应用场合，而且程序清晰易读，可维护性强。

(4) 连接硬件电路，使用实验方法标定光电池照度计。将光电值正极与 AI 0＋相连，负极与 AI 0－、AGND 相连，如图 6.57 所示。

在照度标定中，使用积分球与标准照度计辅助光电照度计虚拟仪器的标定。积分球

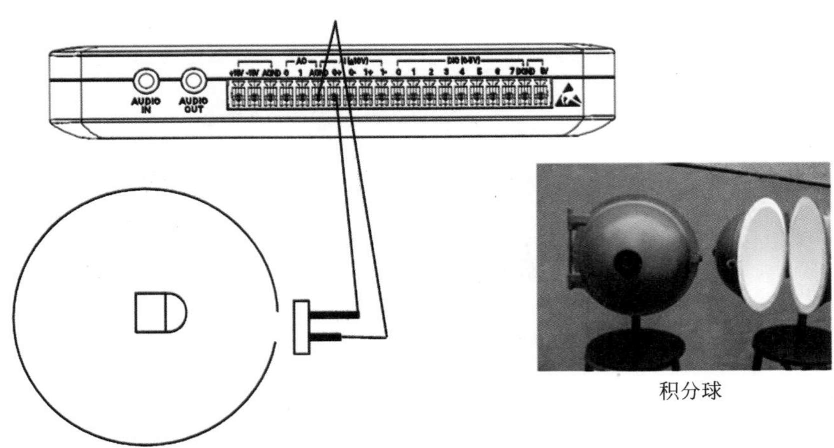

图 6.57　**照度计装置示意图及测量校订方法**

是光度测量用的中空球体。在球的内表面涂有无波长选择性的(均匀)漫反射性的白色涂料。在球内任一方向上的照度均相等。通过积分球的小窗可以用于放置检测器。将可调照度的光源放置在球内,分别将标准光强计和本例中制作的光电池照度计放置于小窗前,通过反复调整程序前面板的标定系数,使程序中显示的平均光强值与标准照度计所测得的光强值相等。至此,光电池照度计虚拟仪器面板标定完成。

思考与练习

(1) 什么是循环？循环的作用是什么？
(2) 什么是通知、队列？它们的区别和联系是什么？
(3) 队列与通知在程序编写中的作用是什么？
(4) 什么是状态机？它与任务的描述有何关系？
(5) 请结合案例描述利用生产者—消费者模式程序的一般过程。

第7章 myDAQ在物理、数学、工程中的应用

本章内容与学习方法简介

本章是全书的综合性运用章节。利用前面章节所叙述的编程技巧和模式、传感器特性等知识,对实际问题进行分析与解决。

本章列举3个具有实际应用价值的综合性任务,应用myDAQ作为数据采集核心,LabVIEW编写的结构化程序作为数据采集与显示的界面予以解决。从中体现出LabVIEW程序结合myDAQ设备作为传感器数据采集解决方案的优点,为读者独立设计myDAQ传感器数据采集装置,编写相关传感器控制、采集程序提供一些良好的范例与模式。

7.1 制作 myDAQ 温湿度测量仪

温度和湿度是日常生活、生产中一个重要的气象信息。比如每年南方的梅雨季节，地面温度低，空气湿度大就容易使空气在地面附近凝结成雾水，俗称“回南天”。如何得到地面温度和空气湿度，以便能推测出何时会出现“回南天”的情况，这就需要有温、湿度检测装置同时检测地面温度与空气湿度，并且将信息进行一系列计算与判断，从而得出预报情况。又比如在温室大棚中，为了给植物生长一个最佳环境，其中两个参数就是温度和湿度的检测。在测量温度和湿度的基础上，通过一系列的运算将温、湿度信息转换成控制加温器和加湿器的控制信息，从而实现温室大棚的恒温恒湿。因此，温、湿度检测是实现一系列相关控制与操作的信息基础。

要制作温湿度测量仪，可以分别将前面实验的温度检测模块和湿度检测模块分别接入 myDAQ 的 ai0、ai1 两个端子，以便将两个传感器的电压信号送到 myDAQ 的数据采集端供采集。若要进一步添加外部控制，如控制继电器、灯控制信号，可以将相关的控制器的控制信号输入端连到 myDAQ 的 ao0 或 ao1 的模拟电压输出端，又或者 DIO 数字输入输出端口予以控制。

实验原理：

使用热敏电阻串联回路分压测量温度，将温度变化转化为电压变化；使用 5V 集成湿敏电阻模块，将 0%～99%的相对湿度转化为 0～5V 的电压变化。两个电压变化同时通过 myDAQ 设备的 AI 0 和 AI 1 口进行识别采集，如图 7.1 所示。

在软件上，为了形成一个具备可扩充性的软件架构，使用“生产者—消费者”模式和状态机技术编写软件，软件的状态转换与数据流转如图 7.2 所示。

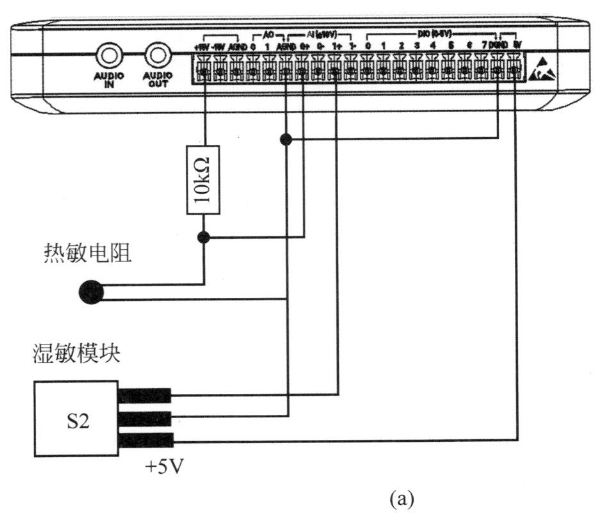

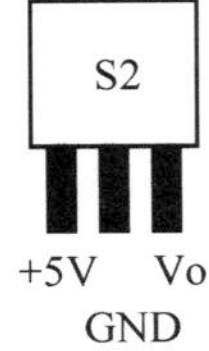

(a)

图 7.1 **温、湿度检测仪装置连接**

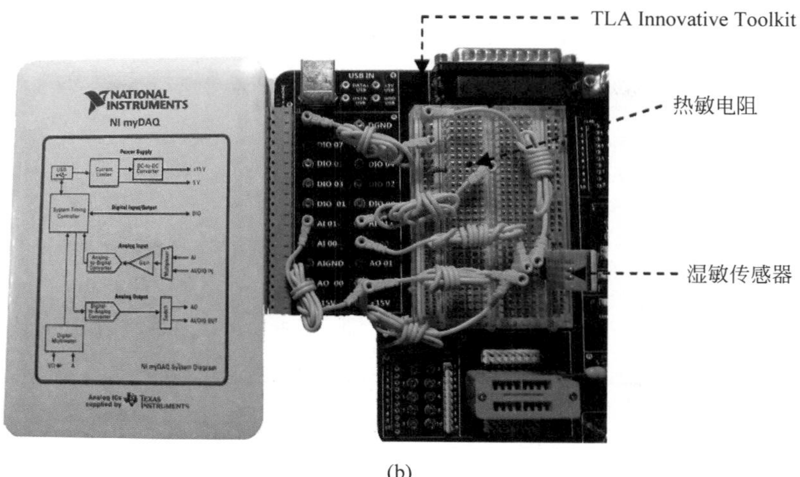

(b)

图 7.1(续)

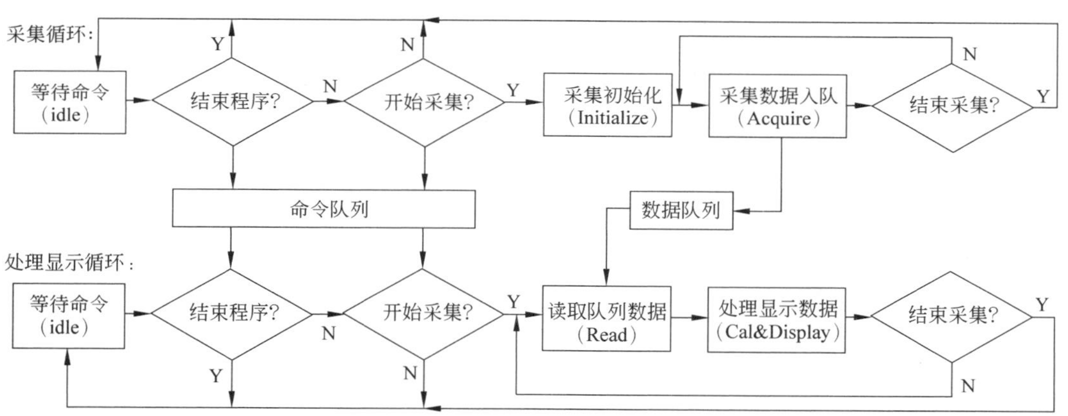

图 7.2 **软件的状态转换与数据流转流程**

实验器材:

(1) NI myDAQ 数据采集器。

(2) 热敏电阻一个,集成湿敏传感器一个。

(3) 10kΩ 电位器一个。

(4) 导线若干。

实验过程:

(1) 程序初始化。借用“生产者—消费者”数据采集显示程序框架,设计“数据采集”、“数据处理显示”两个并行循环,并分别创建 data 和 control 队列在两个循环中传输数据和命令,其中 data 队列数据类型为二维数组,control 队列数据类型为布尔数组。

(2) 在数据采集循环中,创建具有采集功能的状态机。首先新建一个枚举常量,分别输入“等待”、“初始化”、“采集”、“结束”作为各个枚举项。向程序框图拖放 While 循环框、

移位寄存器、Case框，程序如图7.3所示。由于状态机需要嵌入数据采集循环，因此当状态机处于“等待”状态时，结束状态机循环，执行数据采集循环中其他命令。

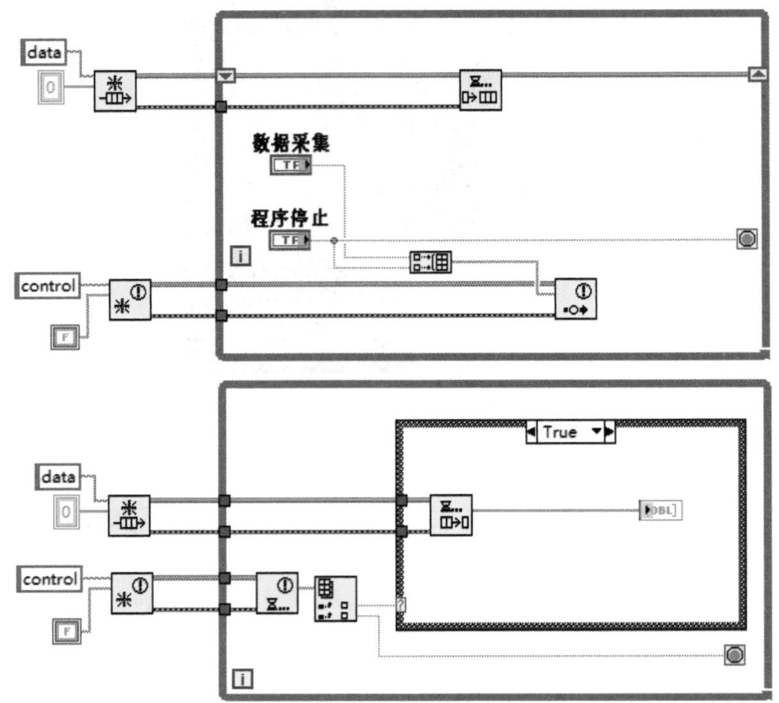

图7.3　将“生产者—消费者”模板改写成温、湿度检测仪程序框架

设定Case帧。将创建的枚举常量连到移位寄存器左边的初始化端子，并将移位寄存器右边的输出端子与Case结构的控制端子相连。然后在Case结构帧标识上单击右键弹出快捷菜单，从中选择“Add Case for Every Value”命令，为Case结构添加枚举变量中设定的各个项目。通过单击结构帧标识，可以看到从“等待”、“初始化”、“采集”、“结束”项均顺利添加。

输入各Case帧的程序内容。根据前面的状态图关系与顺序，设定各个Case帧向下一个状态的跳转关系。特别要注意的是“等待”和“采集”帧中，需要根据控制数据开关和程序开关的控件“数据采集”、“程序停止”布尔控件状态，选择下一帧的跳转。在程序处于“等待”状态时，当“数据采集”按钮被按下，“数据采集”控件输出布尔值为真，状态机应该从“等待”向“初始化”状态跳转。当程序处于“采集”时，一旦停止数据采集，“数据采集”控件输出值为假，或者“程序停止”输出值为真时，程序应该从“采集”状态向“停止”状态跳转。完成后各帧如图7.4所示。

(3) 通过EXPRESS VI创建数据采集代码。通过在Programming→Express-Input菜单中向程序框图中拖放DAQ Assistant EXPRESS VI图标。选择对话框中树型菜单Acquire Signals→Analog Input→Voltage，选择ai0、ai1作为模拟电压信号输入采集端子。因此在myDAQ允许的输入范围内，选择0～5V作为两个通道的电压输入范

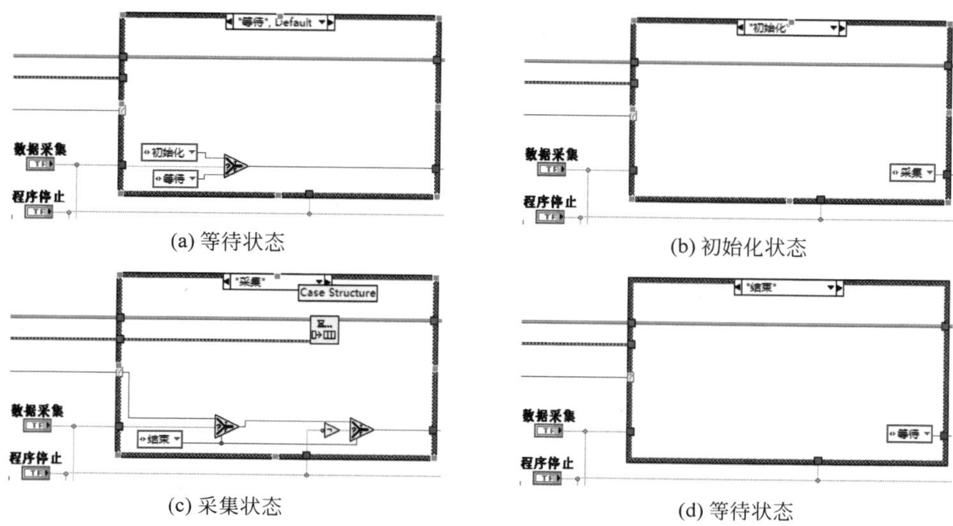

(a) 等待状态　(b) 初始化状态

(c) 采集状态　(d) 等待状态

图 7.4　受"数据采集"、"程序停止"布尔控件控制的各分支状态程序代码

围。另外，在 Timing Setting 栏中 Acquisition Mode 下拉列表框中选择 Continuous Samples 选项，即持续采样，如图 7.5 所示。完成后，将 EXPRESS VI 转换成 DAQmx 代码，其设置如图 7.6 所示。即 myDAQ 采集双通道的模拟电压信号，每一次一组数据，数据格式为双精度浮点数组。

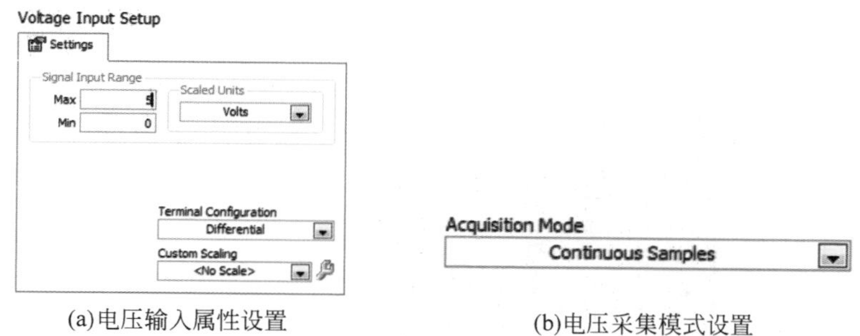

(a)电压输入属性设置　(b)电压采集模式设置

图 7.5　电压输入属性设置

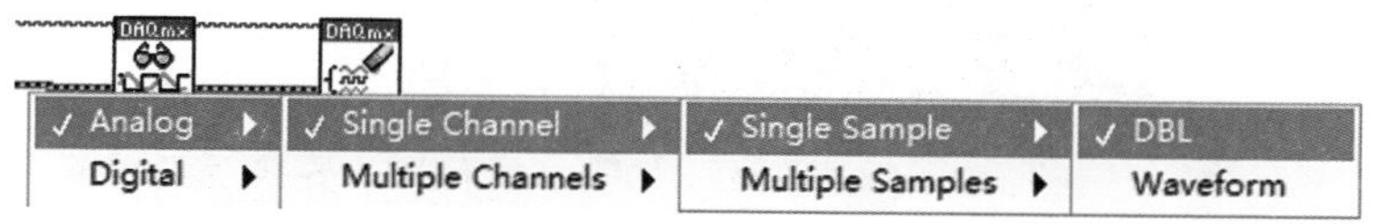

图 7.6　模拟电压信号采集模式 DAQmx 代码设置

（4）根据数据采集流程，将数据采集代码中的各个函数分别拖放到不同状态机帧页面中，做连接与设定。首先，将初始化子 VI 、开启采集任务函数 放入"初始化"状态帧中，并依次运行。并将任务输出端子 Task Out 所生成的任务输出信息连接到一个 While 循环的移位寄存器中，供后续的数据采集任务函数使用。其次，将读数据函数

放入“采集”状态帧中，并将读出的二维数组与入队列函数的element端子相连，将数据入队列。接着，将清除采集任务函数放入“结束”状态帧中，当状态跳转到结束状态时能结束数据采集任务。最后，在“等待”帧中，加入5ms的程序等待时间，使数据采集循环在没有采集任务时不至于运行太快，消耗太多程序资源。至此，数据采集循环编写完毕，程序各Case帧如图7.7所示。

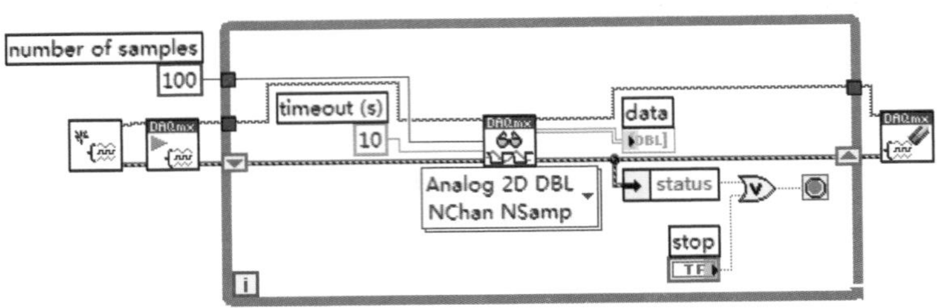

图7.7　数据采集流程代码

(5) 前面板设计。首先创建一个Wave Form Graph数据波形图控件，用以显示温度、湿度的实时变化。然后，分别创建两个“Gauge(仪表板)”，并分别命名为“温度”、“湿度”，并且通过右键快捷菜单设置View Item→Digital Display，用于用指针和数字同时显示数据。最后，创建两个旋钮控件，分别命名为“温度校正”、“湿度校正”，并通过Properties→Scale菜单设置控件范围为1～10，用于将传感器采集的数据转换成最终显示的温度和湿度值。最终前面板整合设计如图7.8所示。

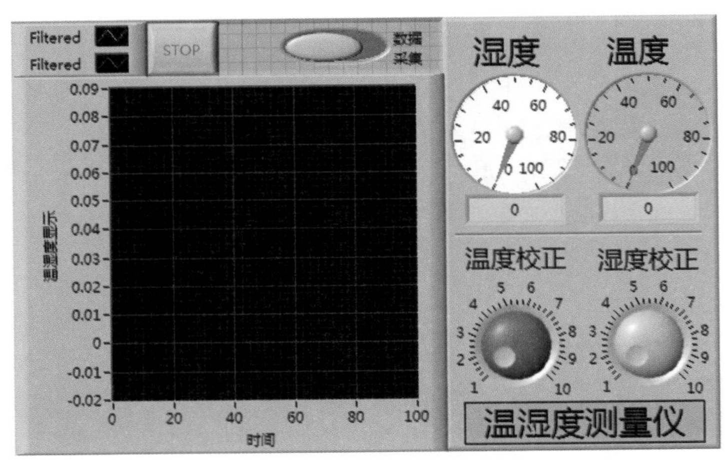

图7.8　温湿度测量仪前面板

(6) 编写数据处理显示循环。数据处理显示循环通过队列接收的是一个包含有湿度、温度两个通道的二维数组。首先从二维数组分别提取两通道的数据形成两个一维数组，分别与校正系数相乘后再合成新的二维数组，送到数据波形图中显示温度、湿度的实时变化。然后，在程序框图中通过快捷菜单EXPRESS→Signal Analysis→Amp&Level

分别创建计算温度、湿度平均值的快捷处理函数。在放置函数后出现 Configure Amplitude and Level Measurement 对话框，选择"Cycle Average(周期平均)"即可设定 EXPRESS VI 进行平均操作，接着在函数图标上通过右键快捷菜单选择 View as Icon(以图标显示)命令，将大函数图标变成小图标以节省空间。最后，将校正后的两通道一维数组与之相连，计算温度、湿度数据序列的平均值，并通过"温度"、"湿度"显示控件显示，如图 7.9 和图 7.10 所示。

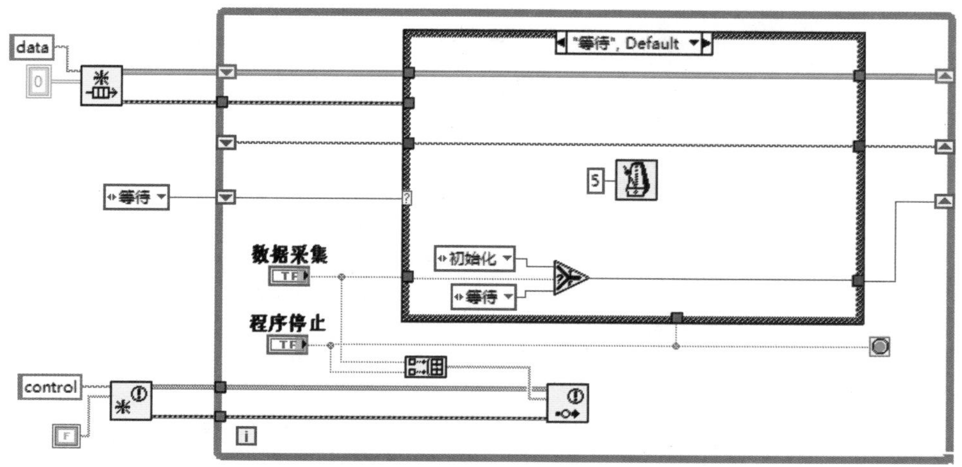

图 7.9　温湿度测量仪 LabVIEW 数据采集循环代码

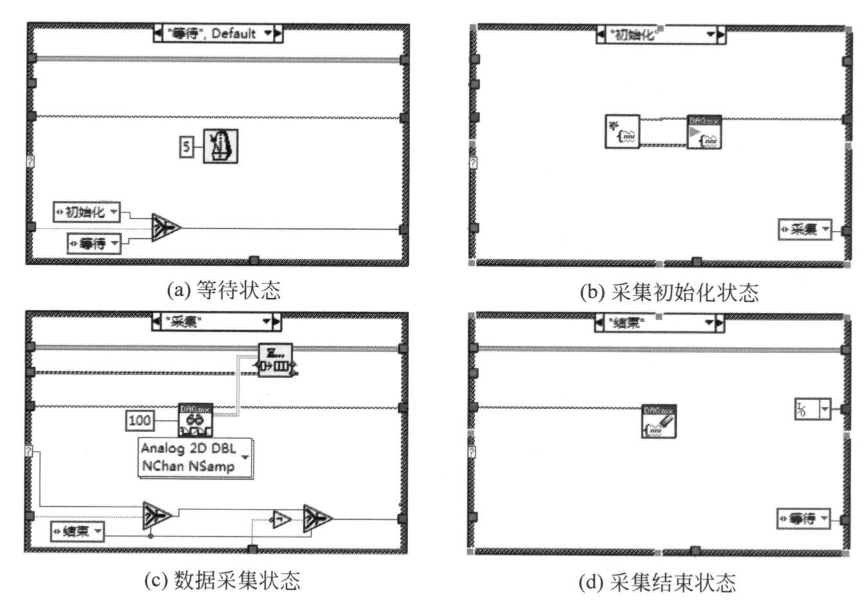

(a) 等待状态

(b) 采集初始化状态

(c) 数据采集状态

(d) 采集结束状态

图 7.10　温湿度测量仪各状态分支程序代码

(7) 程序最终编写完成，程序框图如图 7.11 所示。单击⇨按钮，即可运行程序。按动"数据采集"开关，用于开始与结束数据采集过程。

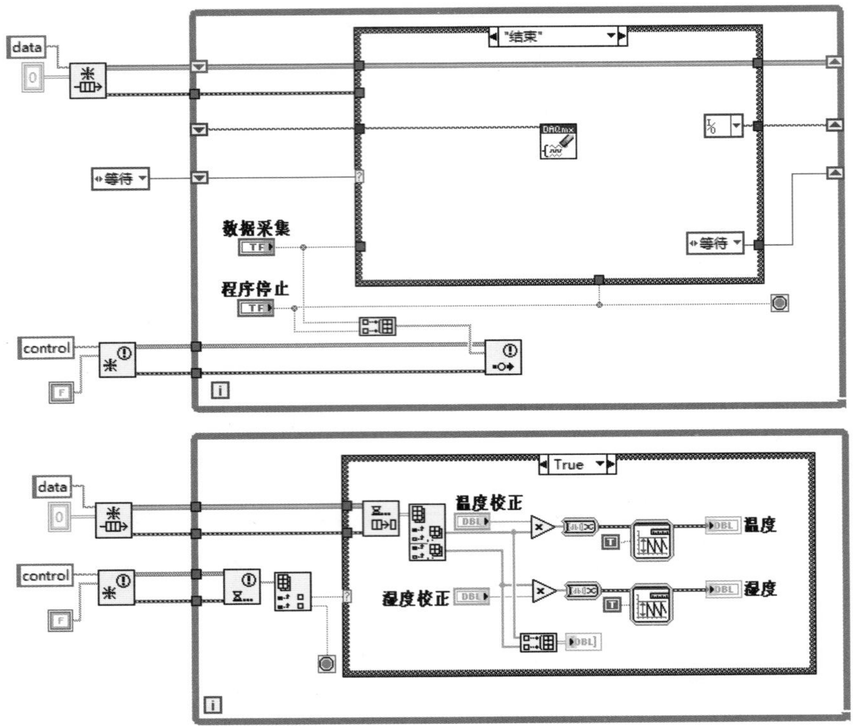

图 7.11 温湿度测量仪 LabVIEW 程序最终代码

7.2 制作 myDAQ 自动控制鱼缸

在家中放置一个鱼缸，能为家庭增加许多生气，特别是神态慵懒的神仙鱼、活泼可爱的小丑鱼这些热带鱼受到许多人的喜爱。但是热带鱼对温度、盐度的要求非常高，太低的温度、太高的盐度会导致热带鱼的疾病与死亡。因此，设计一个能够保持恒定水位、恒定温度的鱼缸，能够保证和调节热带鱼的生存环境条件，避免热带鱼生病甚至死亡。

实验原理：

如前面介绍的双阈限控温实验所示，可以通过 myDAQ 采集外部温度值，进而控制与加热棒串联的继电器开关，从而可以进行温度恒定控制。同理，通过水位传感器测量水位数据，然后控制电磁阀开关，使水位低于一定幅度时，能打开电磁阀补充水量，提高水位。其连线如图 7.12 所示。

实验器材：

(1) NI myDAQ 数据采集器。

(2) 热敏电阻 1 个、水位传感器 1 个。

(3) 10kΩ 电位器 1 个。

(4) 电磁阀 1 个、电磁继电器 2 个。

(5) 12V 电源 1 个。

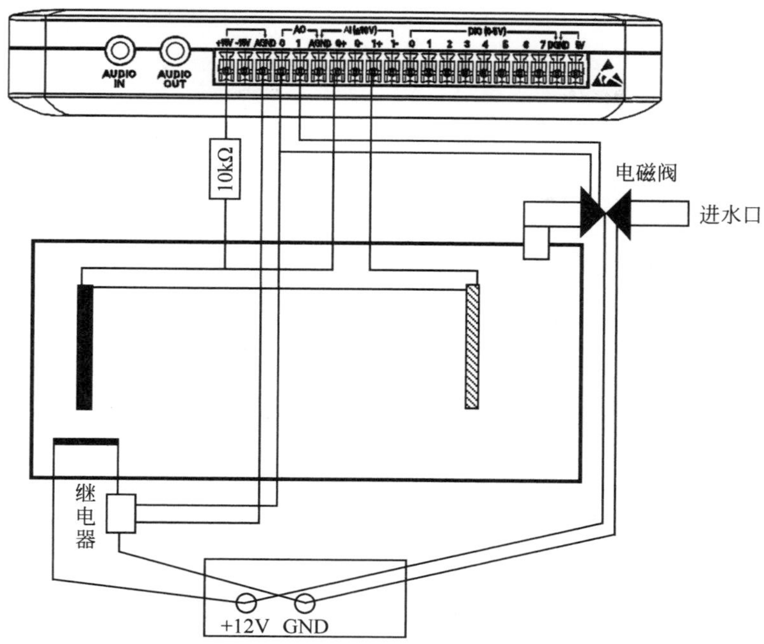

图7.12 鱼缸温度、水位自动控制器

(6) 导线若干。

实验过程：

(1) 新建一个空白VI，并命名为“自控鱼缸.vi”，开始编程。

(2) 创建输入EXPRESS VI。在Programming→Express-Input 菜单中找到DAQ Assistant EXPRESS VI 图标。将图标拖放到程序框图中时，出现“Create New Express Task...”对话框。因为任务要求进行电压采集，因此选择对话框中树型菜单Acquire Signals→Analog Input→Voltage，进入下一个对话框。根据连线要求，复选ai0、ai1作为模拟电压信号输入采集端子，如图7.13所示。然后，设置模拟通道参数。进入Data Assist，设置输入电压范围。由电路特性分析可知，电压范围在0V以上，因此在myDAQ允许的输入范围内，选择0～10V作为电压输入范围。在Channel Setting中Voltage Input Setup框的Signal Input Range的Max文本框中输入“10”，Min文本框中输入“0”。Scaled Units(幅值单位)保持为“Volts(电压)”不变。另外，在Timing Setting栏中Acquisition Mode下拉列表框中选择N Sample(On Demand)选项，如图7.14所示。即每一次调用返回100个电压数据样板。完成后，创建EXPRESS VI，并将EXPRESS VI转变成DAQmx代码，如图7.15所示。

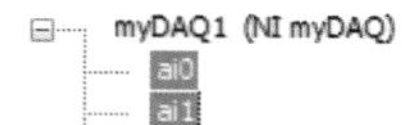

图7.13 电压输入端子设置

(3) 创建输出EXPRESS VI。在Programming→Express-Output 菜单中找到DAQ Assistant EXPRESS VI 图标。将图标拖放到程序框图中时，出现“Create

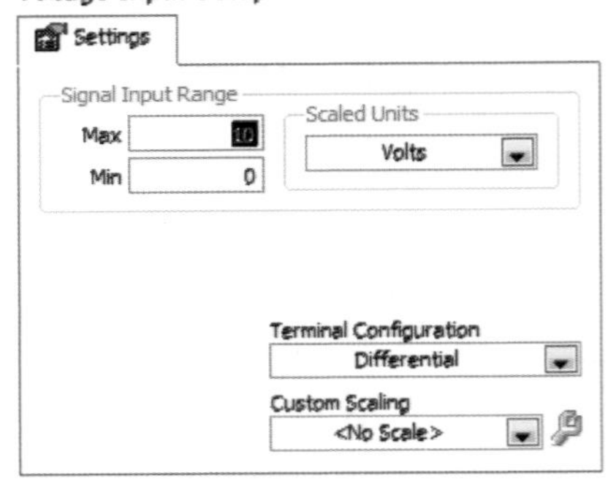

(a) 电压输入属性设置

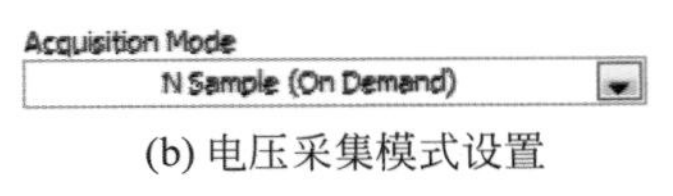

(b) 电压采集模式设置

图 7.14 **电压输入属性设置**

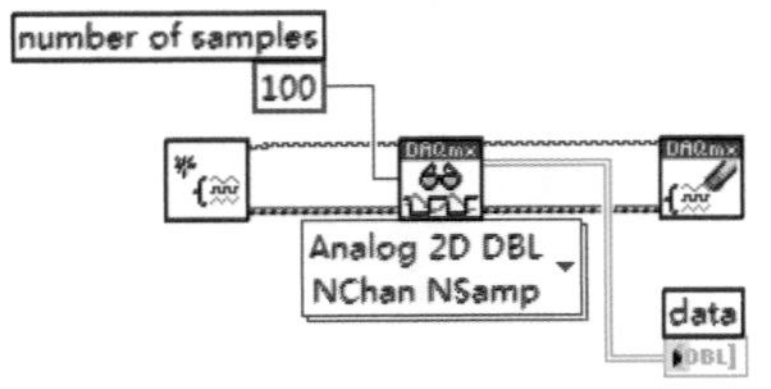

图 7.15 **数据采集 DAQmx 代码**

New Express Task...”对话框。因为任务要求进行电压采集，因此选择对话框中树型菜单 Acquire Signals→Analog Output→Voltage，进入下一个对话框。根据连线要求，选择 ao0、ao1 作为模拟电压信号输出端子。接着，设置模拟通道参数。进入 Data Assist，设置输入电压范围。由电路特性分析可知，电压范围在 0V 以上，因此在 myDAQ 允许的输出范围内，选择 0～10V 作为电压输出范围。在 Channel Setting 中 Voltage Output Setup 框的 Signal Output Range 的 Max 文本框中输入“10”，Min 文本框中输入“0”。Scaled Units（幅值单位）保持为“Volts（电压）”不变。此外，在 Generation Mode 选项中，设置为“1 Sample（On Demand）”，让程序在每次得到命令后输出一个电压值。完成所有设置后，生成 EXPRESS VI。随后将其转换成 DAQmx 代码，如图 7.16 所示。

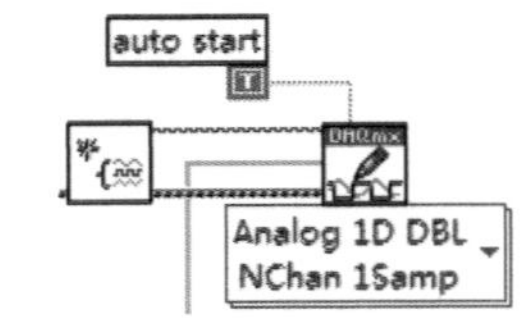

图 7.16 **数据采集 DAQmx 代码**

（4）设计前面板。首先，在前面板中拖放一个 Waveform Chart 波形显示器控件，命名为“温度水位”，用于显示温度值和水位值随时间变化的曲线。然后，在前面板中拖放两个水平条控件，分别命名为“温度系数”和“水位系数”，两个控件通过 Properties→Scale 菜单设置范围为 1～10，用于将输入数据值转换为最终温度值和水位值。接着，在前面板中拖放两个数值旋钮控件，分别命名为“控温温度”和“控制水位”，用作设定控温目标温度和目标控制水位。最后，拖放两个温度计数值控件，分别命名为“温度”、“水位”，用于显示两个通道的温度数据。最终面板设计如图 7.17 所示。

（5）根据任务要求，编写控制函数。如任务所描述，当采集温度值、水位高于设定值时，程序输出一个低电压 0V，控制继电器断开加热丝电路和电磁阀。当采集温度值、水位值低于设定值时，程序输出一个高电压 10V，控制继电器吸合，接通加热丝电路和电磁阀。因此，首先，在读数据函数读入一组采集数据后，分别提取数组中两个数据值，分别与

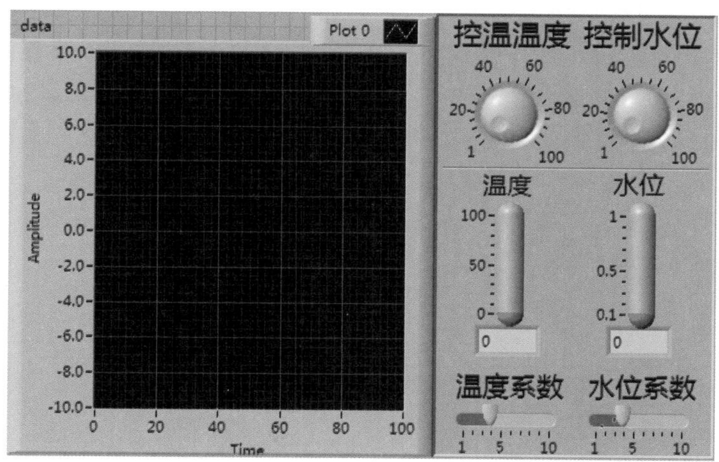

图 7.17　鱼缸温度、水位自动控制器前面板设计

“温度系数”、“水位系数”相乘，并送到“温度”、“水位”显示控件，并且将两个温度值通过创建簇函数将两个温度数据形成一个簇，显示在“温度”示波器控件中。接着，将两个温度值分别与“控温温度”所设定的数值比较，并将选择结果通过选择赋值函数控制将要从电压输出端口的电压值大小。比较输出程序如图 7.18 所示。最后，将生成的两个控制电压值用创建数组函数形成输出数据，送到信号输出函数，控制 myDAQ 通过电压输出端子，向两个继电器输出控制电压。双路控温程序最终输出程序如图 7.18 所示。

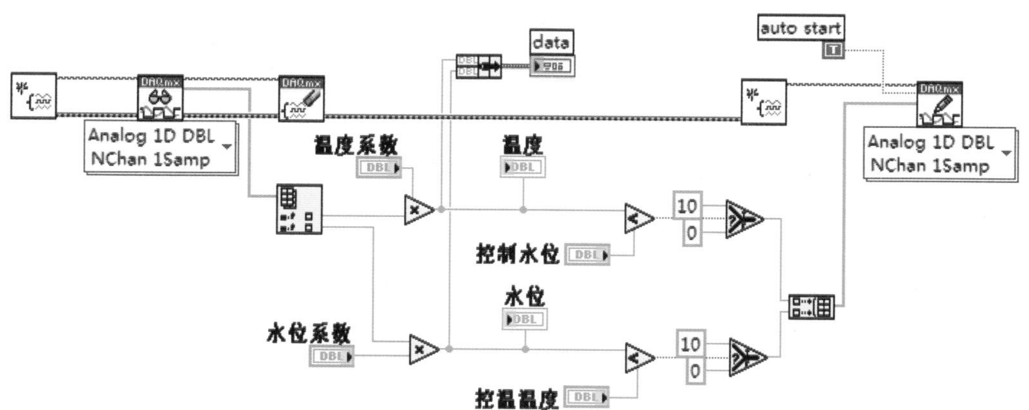

图 7.18　鱼缸温度、水位自动控制器 LabVIEW 程序代码

7.3　制作 myDAQ 超声波测距仪

超声波测距仪是常用的非接触测距仪器。如汽车倒车雷达就是利用了超声波测距的原理进行倒车碰撞的预警提示。市面上有大量商品化的超声波测距模块可供选择，非常方便。

实验原理：

使用市面的超声波模块进行制作，该超声波模块通过内部产生信号往外发送超声波，并将接收到的信号进行处理以后，从一个输出端子输出一个高电平时间和距离成正比的脉冲信号。使用 myDAQ 测量该脉冲信号的高电平时间，就可以得到距离的信息。

实验器材：

（1）NI myDAQ 数据采集器。

（2）5V 超声波测量模块。

（3）导线若干。

实验过程：

使用 myDAQ 设备的计数器输出端口的一个端子 ctr0/PFI3 输出信号，一个端子 ctr0/PIF1 口读入信号。

（1）新建一个空白 VI。

（2）建立一个数字信号输出。从 EXPRESS→Output 菜单中拖放一个 DAQ Assist 图标到程序框图，并如前述方法按要求设置。在“Create a New Express Task...”对话框中选择 Generate Signals→Counter Output→Pulse Output（图 7.19），在下一个菜单中选择 ctr0 PFI3 线作为信号输出线（见图 7.20），并单击 Finish 按钮完成功能设定，进入 DAQ Assist 设定对话框。

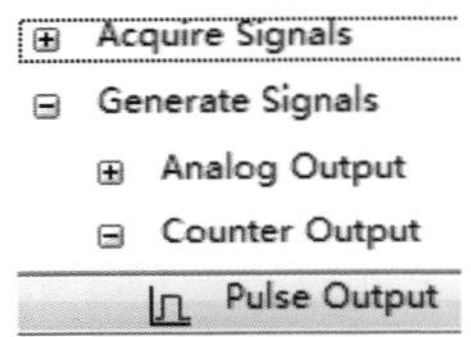

图 7.19　**数字信号输出模式设置**

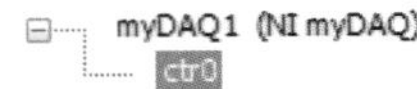

图 7.20　**数字信号输出端口设置**

（3）设置脉冲输出虚拟通道参数。参数设定按默认设置即可。在 Pulse OutputRange Setup 栏中，可以设置输出脉冲的高电平时间（High Time）和低电平（Low Time）。按默认设置，设备将输出一个高电平、低电平各为 10ms 的，频率为 50Hz 的脉冲。另外，在 Generation Mode（生成模式）中可以选择“1 Pulse（一个脉冲输出）”、“N Pulse（*N* 个脉冲输出）”和“Continuos Pulse（持续脉冲输出）”等。在本例中，选择“1 Pulse”，如图 7.21 所示。

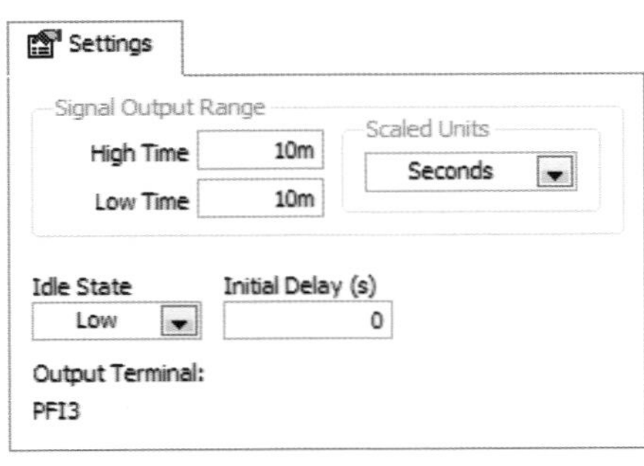

(a) 数字脉冲信号特性设置

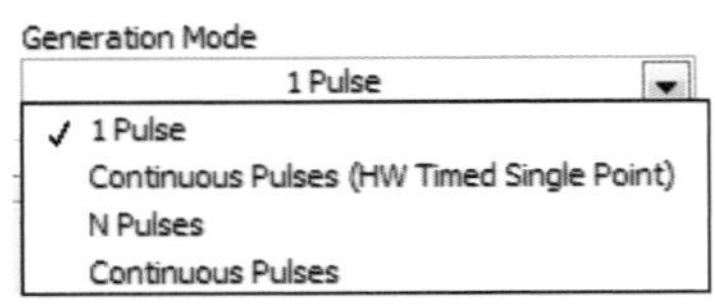

(b) 数字脉冲信号模式设置

图 7.21　**数字脉冲信号特性、模式设置**

(4) 单击 run 按钮运行测试。可以使用 ELVISmx 中的示波器程序，辅助测量是否能按设定获得正确的脉冲电压。

(5) 完成设定以后，将 DAQ Assist 图标转换成 DAQmx 代码，如图 7.22 所示。

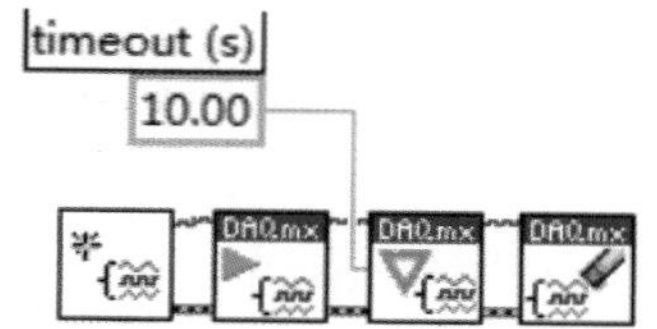

图 7.22　数字信号输出 DAQmx 代码

(6) 建立一个读入数字信号输入的程序。在 EXPRESS→Input 菜单中拖放 DAQ Assist 图标到程序框图，并按要求设定。并如前述方法按要求设置。在“Create a New Express Task...”对话框中选择 Acquire Signals→Counter Input→Frequency，表示测量输入信号的频率，如图 7.23 所示。设定并进入下一个菜单中选择 ctr0 口 作为信号输入线(图 7.24)，并单击 Finish 按钮完成功能设定，进入 DAQ Assist 设定对话框。

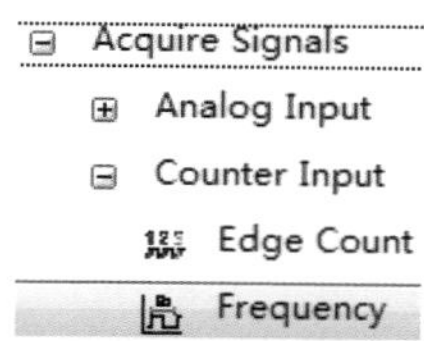

图 7.23　数字信号输入模式设置

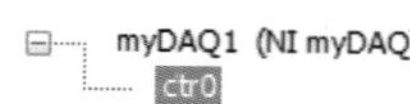

图 7.24　数字信号输入端口设置

使用 Counter Input 中的其他选项可以测量输入信号的不同参数，比如占空比、计数等。读者可以按照需要逐个尝试。

(7) 设置线输入虚拟通道参数。参数设定如图 7.2 所示，按默认设置即可，程序自动测量从 2～100Hz 的频率信号。另外，在设置面板中的 Generation Mode(生成模式)下拉列表框中选择“1 Sample(On Demand)”(在请求时产生一个样本)。

(8) 在单击 run 按钮运行测试。在测试框的 Measured Value 中可以显示所测量到的脉冲的频率值。可以利用 ELVISmx 中的信号发生器程序，辅助测量端子是否能按设定获得脉冲频率信息，如图 7.25 所示。

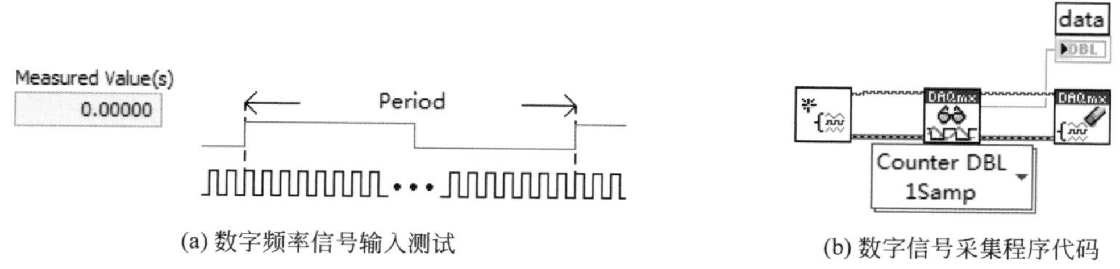

(a) 数字频率信号输入测试　　(b) 数字信号采集程序代码

图 7.25　数字频率信号输入测试及 LabVIEW 程序代码

(9) 完成设定以后，将 DAQ Assist 图标转换成 DAQmx 代码，并且将线输入程序与前面线输出程序按照顺序连接，以先产生数据输出，再读入数据的效果。最终程序效果如图 7.26 所示。

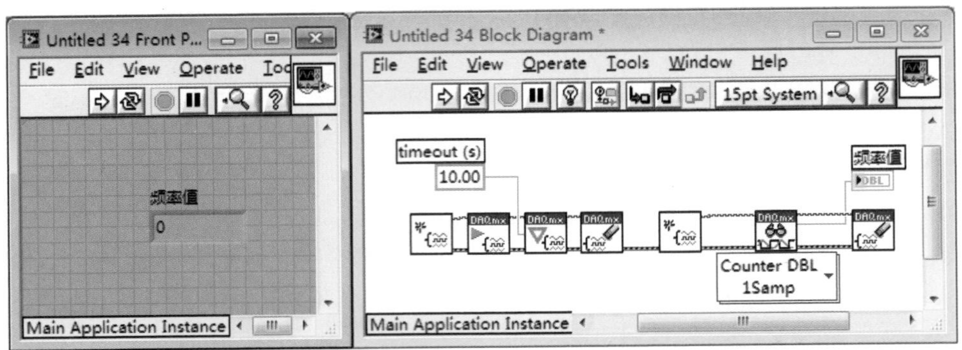

图 7.26　**超声波测距仪最终 LabVIEW 程序代码**

单击按钮循环执行程序，此时，“频率值”测量设备不断发出的一个 50Hz 脉冲，并将该脉冲实际接收时频率测量值显示出来。

附录 A　myDAQ 和 LabVIEW 学习资源介绍

1. www. k12lab. com
2. www. vihome. com
3. www. gsdzon. net
4. www. ni. com
5. www. ni. com/myDAQ/chs

附录 B　LabVIEW 软件界面介绍

LabVIEW 具有多个图形化的操作模板，用于创建和运行程序。这些操作模板可以随意在屏幕上移动，并可以放置在屏幕的任意位置。操纵模板共有 3 类，为工具(Tools)模板、控制(Controls)模板和功能(Functions)模板。

图 B-1　**工具模板**

1. 工具模板(Tools Palette)

工具模板为编程者提供了各种用于创建、修改和调试 VI 程序的工具。如果该模板没有出现，则可以在 Windows 菜单下选择 Show Tools Palette 命令以显示该模板。当从模板内选择了任一种工具后，光标箭头就会变成该工具相应的形状。当从 Windows 菜单下选择了 Show Help Window 命令后，把工具模板内选定的任一种工具光标放在框图程序的子程序(SubVI)或图标上，就会显示相应的帮助信息。工具模板及功能介绍如图 B-1 和表 B-1 所示。

表 B-1　**工具模板功能介绍**

工具名称	图　标	功　　能
操作工具		使用该工具来操作前面板的控制和显示。使用它向数字或字符串控制中输入值时，工具会变成标签工具的形状
选择工具		用于选择、移动或改变对象的大小。当它用于改变对象的边框大小时，会变成相应形状
标签工具		用于输入标签文本或者创建自由标签。当创建自由标签时它会变成相应形状
连线工具		用于在框图程序上连接对象。如果联机帮助的窗口被打开时，把该工具放在任一条连线上，就会显示相应的数据类型
对象弹出菜单工具		用鼠标左键可以弹出对象的弹出式菜单
漫游工具		使用该工具可以不需要使用滚动条而在窗口中漫游
断点工具		使用该工具在 VI 的框图对象上设置断点

续表

工具名称	图　标	功　　能
探针工具		可以在框图程序内的数据流线上设置探针。程序调试员可以通过控针窗口来观察该数据流线上的数据变化状况
颜色提取工具		使用该工具来提取颜色用于编辑其他的对象
颜色工具		用来给对象定义颜色。它也显示出对象的前景色和背景色

2. 控制模板(Controls Palette)

用控制模板可以给前面板添加输入控制和输出显示。每个图标代表一个子模板。如果控制模板不显示,可以用 Windows 菜单的 Show Controls Palette 命令打开它,也可以在前面板的空白处右击,以弹出控制模板。

控制模板如图 B-2 所示,它包括如表 B-2 所示的几个子模板。

图 B-2　控制模板

表 B-2　控制模板功能介绍

子模板名称	图　标	功　　能
数值子模板		包含数值的控制和显示
布尔值子模板		逻辑数值的控制和显示
字符串子模板		字符串和表格的控制和显示
列表和环(Ring)子模板		菜单环和列表栏的控制和显示

续表

子模板名称	图　标	功　　能
数组和群子模板		复合型数据类型的控制和显示
图形子模板		显示数据结果的趋势图和曲线图
路径和参考名(Refnum)子模板		文件路径和各种标识的控制和显示
控件容器库子模板		用于操作 OLE、ActiveX 等功能
对话框子模板		用于输入对话框的显示控制
修饰子模板		用于给前面板进行装饰的各种图形对象
用户自定义的控制和显示		
调用文件		存储在文件中的控制和显示的接口

3. 功能模板(Functions Palette)

功能模板是创建框图程序的工具。该模板上的每一个顶层图标都表示一个子模板。若功能模板不出现,则可以用 Windows 菜单下的 Show Functions Palette 功能打开它,也可以在框图程序窗口的空白处右击以弹出功能模板,如图 B-3 所示。表 B-3 列出了各功能子模板的功能。

图 B-3　功能模板

表 B-3 **功能模板功能介绍**

子模板名称	图 标	功 能
结构子模板		包括程序控制结构命令，如循环控制等，以及全局变量和局部变量
数值运算子模板		包括各种常用的数值运算符，如＋、－等；以及各种常见的数值运算式，如＋1 运算；还包括数制转换、三角函数、对数、复数等运算，以及各种数值常数
布尔逻辑子模板		包括各种逻辑运算符及布尔常数
字符串运算子模板		包含各种字符串操作函数、数值与字符串之间的转换函数，以及字符（串）常数等
数组子模板		包括数组运算函数、数组转换函数及常数数组等
群子模板		包括群的处理函数及群常数等。这里的群相当于 C 语言中的结构
比较子模板		包括各种比较运算函数，如大于、小于、等于
时间和对话框子模板		包括对话框窗口、时间和出错处理函数等
文件 IO 子模板		包括处理文件输入/输出的程序和函数
仪器控制子模板		包括 GPIB（488、488.2）、串行、VXI 仪器控制的程序和函数，以及 VISA 的操作功能函数
数据采集子模板		包括数据采集硬件的驱动程序，以及信号调理所需的各种功能模块
信号处理子模板		包括信号发生、时域及频域分析功能模块
数学模型子模板		包括统计、曲线拟合、公式框节点等功能模块，以及数值微分、积分等数值计算工具模板
图形与声音子模板		包括 3D、OpenGL、声音播放等功能模块
通信子模板		包括 TCP、DDE、ActiveX 和 OLE 等功能的处理模块
应用程序控制子模板		包括动态调用 VI、标准可执行程序的功能函数
底层接口子模板		包括调用动态连接库和 CIN 节点等功能的处理模块
选择 VI 子程序子模板		包括一个对话框，可以选择一个 VI 程序作为子程序（SUB VI）插入当前程序中

附录 C TLA Innovative Toolkit for myDAQ 实验板简介

TLA Innovative Toolkit for myDAQ 是一款专为 myDAQ 设计的快速实验、创新工具，如图 C-1 所示。通过 20pin 专用接口与 myDAQ 进行连接，并将 myDAQ 的 20 个接

(a)

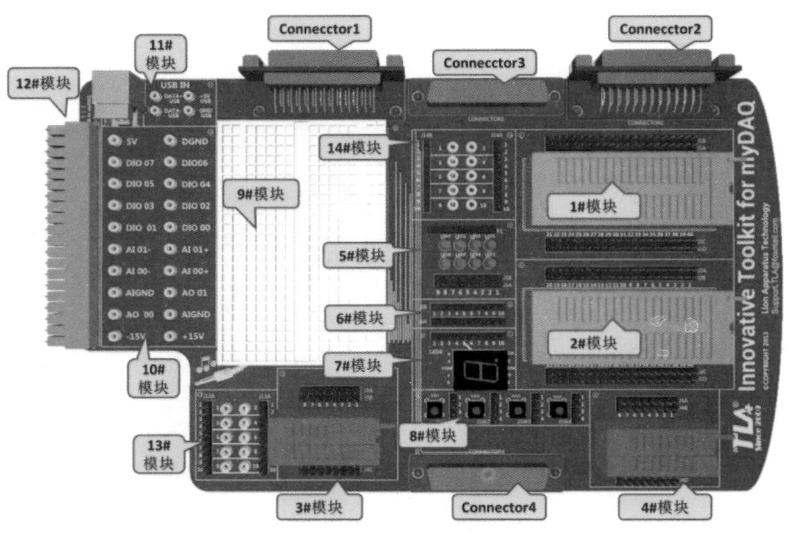

(b)

图 C-1 TLA Innavative Toolkit for myDAQ 硬件及模块图

口资源连接到实验板的 14 个模块。开发板详细资料请参考产品相关网站：http://www.sh-chengtec.com/。

14 个模块及其电器连接图的作用分别描述如下。

（1）1＃模块区域（最大 40pin，宽型 IC）的，实物及连线图如图 C-2 所示。

(a)

Bus18	U01	U01	Bus19
Ln1(53)	1	40	Ln1(157)
Ln2(54)	2	39	Ln2(140)
Ln3(55)	3	38	Ln3(142)
Ln4(56)	4	37	Ln4(144)
Ln5(57)	5	36	Ln5(153)
Ln6(58)	6	35	Ln6(146)
Ln7(208)	7	34	Ln7(151)
Ln8(60)	8	33	Ln8(141)
Ln9(209)	9	32	Ln9(139)
Ln10(210)	10	31	Ln10(147)
Ln11(211)	11	30	Ln11(148)
Ln12(212)	12	29	Ln12(149)
Ln13(213)	13	28	Ln13(150)
Ln14(214)	14	27	Ln14(143)
Ln15(215)	15	26	Ln15(152)
Ln16(216)	16	25	Ln16(145)
Ln17(217)	17	24	Ln17(154)
Ln18(218)	18	23	Ln18(155)
Ln19(219)	19	22	Ln19(156)
Ln20(220)	20	21	Ln20(138)

J1A	Bus18	J1B
○	Ln1(53)	○
○	Ln2(54)	○
○	Ln3(55)	○
○	Ln4(56)	○
○	Ln5(57)	○
○	Ln6(58)	○
○	Ln7(208)	○
○	Ln8(60)	○
○	Ln9(209)	○
○	Ln10(210)	○
○	Ln11(211)	○
○	Ln12(212)	○
○	Ln13(213)	○
○	Ln14(214)	○
○	Ln15(215)	○
○	Ln16(216)	○
○	Ln17(217)	○
○	Ln18(218)	○
○	Ln19(219)	○
○	Ln20(220)	○

J1C	Bus19	J1D
○	Ln1(157)	○
○	Ln2(140)	○
○	Ln3(142)	○
○	Ln4(144)	○
○	Ln5(153)	○
○	Ln6(146)	○
○	Ln7(151)	○
○	Ln8(141)	○
○	Ln9(139)	○
○	Ln10(147)	○
○	Ln11(148)	○
○	Ln12(149)	○
○	Ln13(150)	○
○	Ln14(143)	○
○	Ln15(152)	○
○	Ln16(145)	○
○	Ln17(154)	○
○	Ln18(155)	○
○	Ln19(156)	○
○	Ln20(138)	○

(b)

图 C-2 1＃模块实物及连线图

（2）2＃模块区域（最大 40pin，宽型 IC）实物及连线图如图 C-3 所示。

（3）3＃模块区域（最大 16pin，窄型 IC）实物及连线图如图 C-4 所示。

(a)

Bus30	U02 引脚	U02 引脚	Bus20
Ln1(137)	1	40	Ln1(164)
Ln2(136)	2	39	Ln2(163)
Ln3(135)	3	38	Ln3(8)
Ln4(126)	4	37	Ln4(4)
Ln5(125)	5	36	Ln5(3)
Ln6(123)	6	35	Ln6(2)
Ln7(122)	7	34	Ln7(158)
Ln8(121)	8	33	Ln8(221)
Ln9(120)	9	32	Ln9(222)
Ln10(118)	10	31	Ln10(18)
Ln11(113)	11	30	Ln11(224)
Ln12(94)	12	29	Ln12(84)
Ln13(93)	13	28	Ln13(226)
Ln14(92)	14	27	Ln14(227)
Ln15(91)	15	26	Ln15(80)
Ln16(90)	16	25	Ln16(85)
Ln17(89)	17	24	Ln17(82)
Ln18(88)	18	23	Ln18(83)
Ln19(86)	19	22	Ln19(87)
Ln20(81)	20	21	Ln20(225)

J2A	Bus30	J2B
○	Ln1(137)	○
○	Ln2(136)	○
○	Ln3(135)	○
○	Ln4(126)	○
○	Ln5(125)	○
○	Ln6(123)	○
○	Ln7(122)	○
○	Ln8(121)	○
○	Ln9(120)	○
○	Ln10(118)	○
○	Ln11(113)	○
○	Ln12(94)	○
○	Ln13(93)	○
○	Ln14(92)	○
○	Ln15(91)	○
○	Ln16(90)	○
○	Ln17(89)	○
○	Ln18(88)	○
○	Ln19(86)	○
○	Ln20(81)	○

J2C	Bus20	J2D
○	Ln1(164)	○
○	Ln2(163)	○
○	Ln3(8)	○
○	Ln4(4)	○
○	Ln5(3)	○
○	Ln6(2)	○
○	Ln7(158)	○
○	Ln8(221)	○
○	Ln9(222)	○
○	Ln10(18)	○
○	Ln11(224)	○
○	Ln12(84)	○
○	Ln13(226)	○
○	Ln14(227)	○
○	Ln15(80)	○
○	Ln16(85)	○
○	Ln17(82)	○
○	Ln18(83)	○
○	Ln19(87)	○
○	Ln20(225)	○

(b)

图 C-3　2♯模块实物及连线图

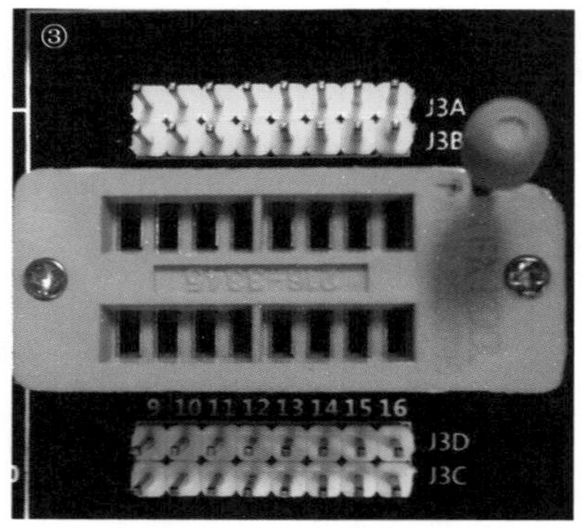

(a)

图 C-4　3♯模块实物及连线图

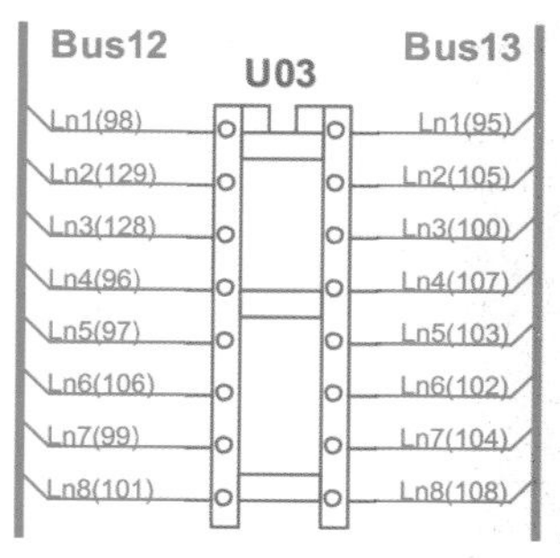

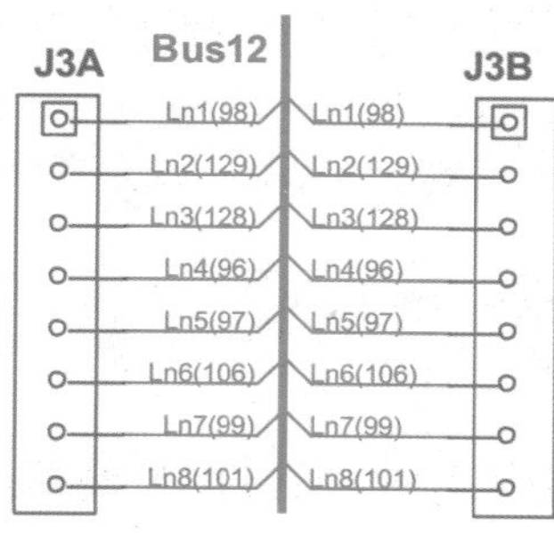

(b)

图 C-4(续)

(4) 4#模块区域(最大14pin,窄型IC)的实物及连线图如图C-5所示。

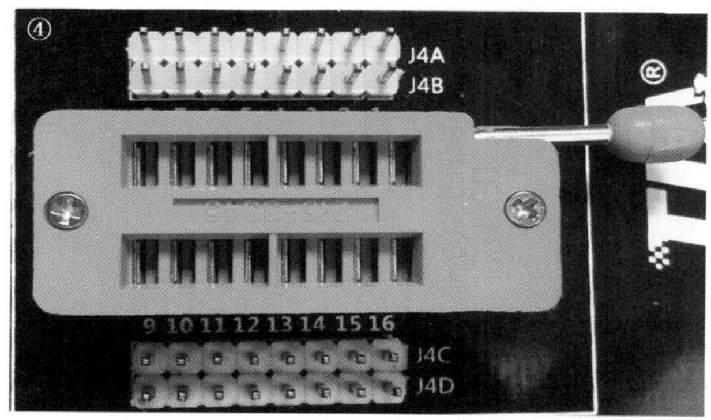

(a)

(b)

图 C-5 4#模块实物及连线图

(5) 5#模块区域为发光二极管区域,是用于支持对MCU电路或原型电路显示用途的外围器件。8个LED通过1kΩ上拉排阻连接+5V电源。5#模块实物及连线图如图C-6所示。

(6) 6#模块区域为10位插针、插座模块,用于线路的中转或固定。其实物及连线图如图C-7所示。

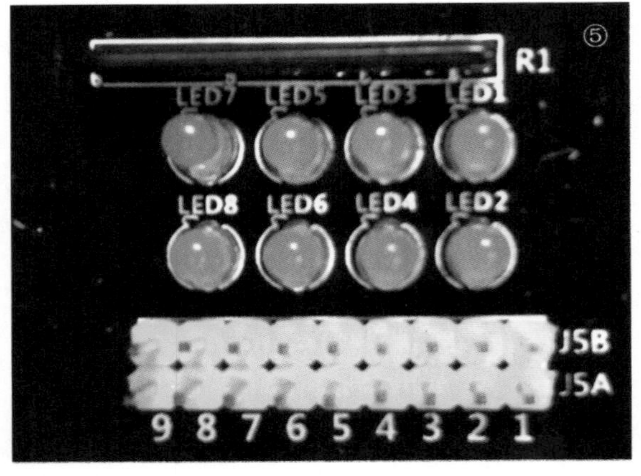

(a)

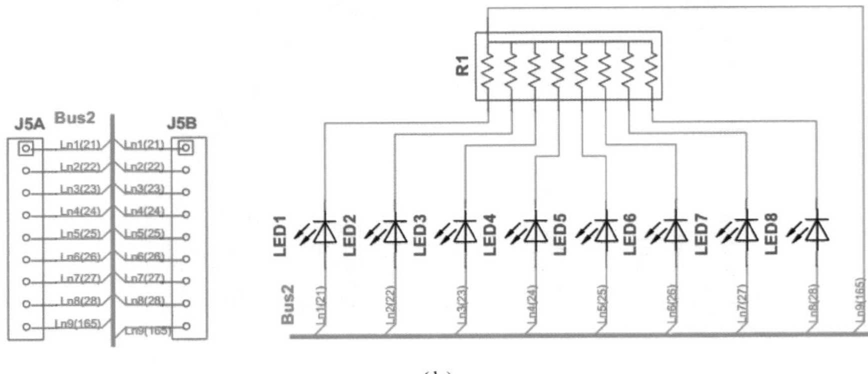

(b)

图 C-6　5＃模块实物及连线图

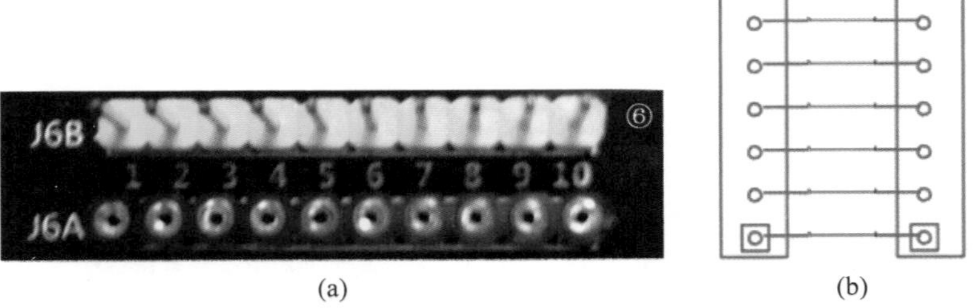

(a)　　　　(b)

图 C-7　6＃模块实物及连线图

(7) 7＃模块区域为7段数码管显示区域，是用于支持MCU电路或原型电路数码字符显示用途的外围器件。本区域中使用共阴极7段数码管。7＃模块实物及连线图如图C-8所示。

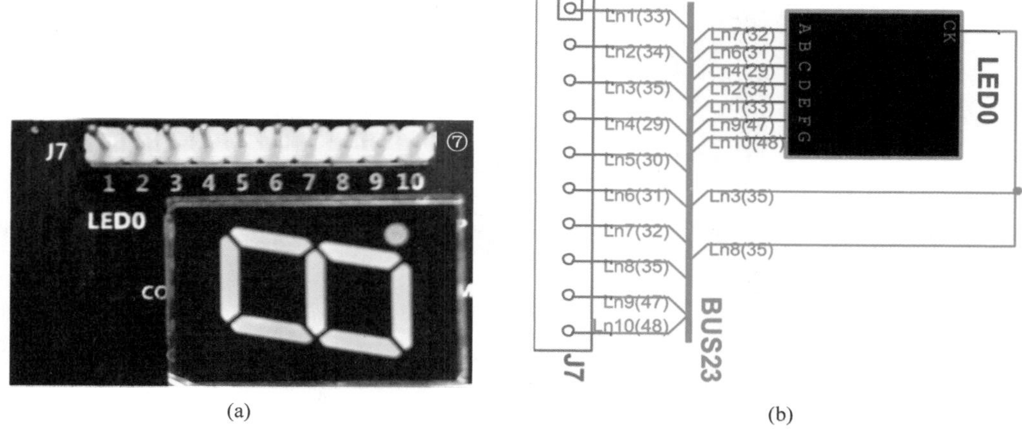

(a)　　(b)

图 C-8　7＃模块实物及连线图

(8) 8＃模块区域为按钮开关区域，用于对简单控制输入要求提供自动复位按钮输入。本区域使用4个自动复位按钮。8＃模块实物及连线图如图C-9所示。

(a)

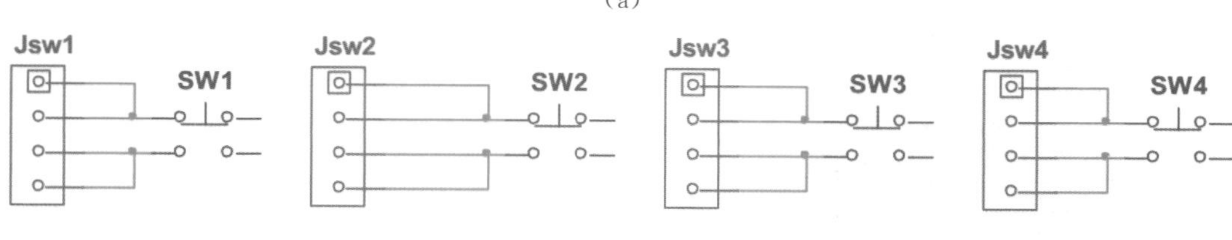

(b)

图 C-9　8＃模块实物及连线图

(9) 9＃模块区域为面包板，用于搭建电路原型，通过插针导线连接至排母连接器区域，如＃13B、＃14B、＃6A。9＃模块实物及连线图如图C-10所示。

(10) 10＃模块区域设置了20个镀金连接孔，分别对应myDAQ的20个引脚资源。其实物及连线图如图C-11所示。

(11) 11＃模块区域的J15提供了对B型USB连线的标准连接。通过该连接，可传送USB连线传输的电源、数据信号至DATA＋usb、DATA-usb、＋5Vusb、GNDusb镀金

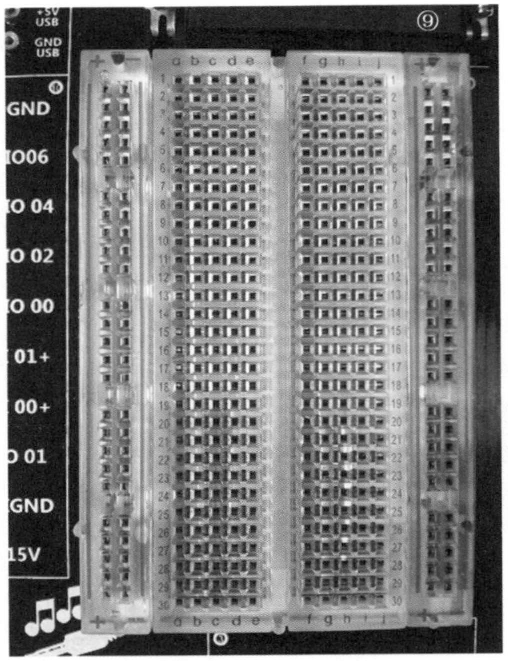

图 C-10　9♯模块实物及连线图

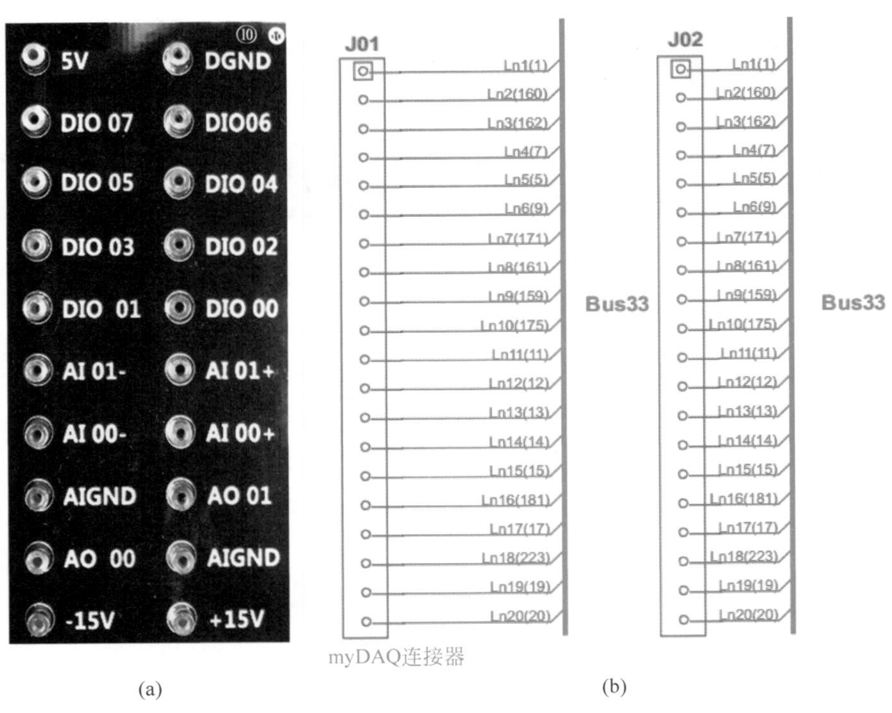

(a)　(b)

图 C-11　10♯模块实物及连线图

连接孔。11#模块实物如图C-12所示。

图C-12 11#模块实物

(12) 12#模块区域是连接myDAQ的绿色连接口,其实物如图C-13所示。

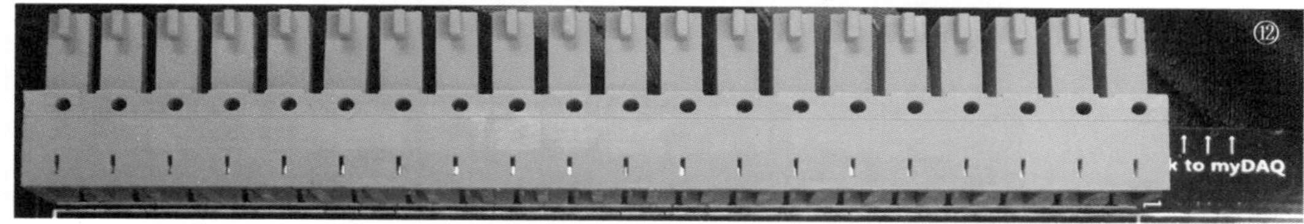

图C-13 12#模块myDAQ连接口

(13) 13#模块区域作为中转连线的过渡接口,其实物如图C-14所示。

(14) 14#模块区域作为中转连线的过渡接口,其实物如图C-15所示。

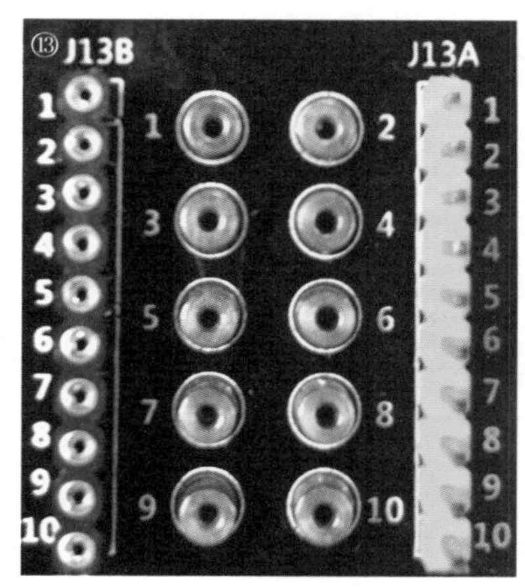

图C-14 13#模块中转连线过渡接口

图C-15 14#模块中转连线过渡接口

Connector 1和Connector 2用于在板卡的上侧方向连接延展子卡,或者利用Connector 1连接25针D型连接器的适配连接线引出myDAQ的20个引脚资源。Connector 1与J01已经内部连线。Connector 1和Connector 2实物如图C-16所示。

Connector 3和Connector 4用于在板卡的正面向下叠插延展子卡,或者利用Connector 4连接25针D型连接器的适配连接线引出J01的20个引脚资源。Connector 4与J01已经内部连线。Connector 3和Connector 4实物如图C-17所示。

Connector 1

Connector 2

图 C-16　Connector 1 和 Connector 2 硬件图

Connector 3

Connector 4

图 C-17　Connector 3 和 Connector 4 硬件图

参考文献

[1] 郑剑春. LabVIEW 与机器人科技创新活动[M]. 北京：清华大学出版社，2012.

[2] 张洪润. 传感器技术大全(上册/中册/下册)[M]. 北京：北京航空航天大学出版社，2007.

[3] Tom Petruzzel. 传感器电子制作 DIY(54 例)[M]. 李大寨，译. 北京：科学出版社，2011.

[4] Jon Conway, Steve Watts. 软件工程方法在 LabVIEW 中的应用[M]. 罗霄，周毅，等，译. 北京：清华大学出版社，2006.